VULNERABILITY

天有漏洞，女娲补天；网络漏洞，谁来"补天"？

漏洞

第二版

齐向东 著

U0347702

同济大学 出版社
TONGJI UNIVERSITY PRESS

图书在版编目（ＣＩＰ）数据

漏洞 / 齐向东著 . -- 2 版 . -- 上海：同济大学出版社，2021.8

ISBN 978-7-5608-9030-2

Ⅰ . ①漏… Ⅱ . ①齐… Ⅲ . ①计算机网络－网络安全－研究 Ⅳ . ① TP393.08

中国版本图书馆 CIP 数据核字 (2021) 第 137942 号

漏洞 <small>（第二版）</small>

齐向东 著

出版策划人　李　舒
出　品　人　华春荣
责 任 编 辑　卢元姗
责 任 校 对　徐春莲
装 帧 排 版　唐思雯

出版发行　　同济大学出版社　www.tongjipress.com.cn
地　　址　　上海市四平路 1239 号　邮编：200092　电话：021-65985622
经　　销　　全国各地新华书店
印　　刷　　浙江广育爱多印务有限公司
开　　本　　787mm×1092mm　1/16
印　　张　　16.75
字　　数　　335 000
版　　次　　2021 年 8 月 第 2 版　2021 年 8 月 第 1 次印刷
书　　号　　ISBN 978-7-5608-9030-2
定　　价　　68.00 元

《漏洞》出版至今，已有三年时间。三年前，奇安信还没有上市，《漏洞》实际上是一本在行业风口处写就的书。我在这本书中，多次提到了"数据驱动安全"的理念。当时，数据和安全的关系正在成为网络安全行业的共识。

现在，三年过去了，因缘际会，世界已经来到百年未有之大变局的路口。第四次工业革命、全面智能化和国际关系局势的变化，都面临一个加速度。如何更全面、更高效、更稳妥地保障网络安全，已经不再只是一个科技圈的行业焦点，而即将成为全社会乃至全人类共同关注的大命题。

这时候，我们有必要继续探索数据、安全和互联网的关系，有必要持续研究漏洞的起源及其演变。

今年夏天，就在我提笔写《漏洞》再版前言时，发生了轰动世界的"勒索软件大爆炸"事件。一家远程 IT 管理软件服务商出现系统漏洞，软件更新被篡改，以致其向客户传播勒索软件，要挟支付价值数千万美元的比特币。事件牵连了全球上千家企业，受影响最大的一家零售连锁企业，旗下至少 800 家门店被迫停业。同时，瑞典的一条铁道线路也受到波及。

再往前一个月，全球最大的肉类加工企业 JBS 遭受网络攻击，导致其大部分牛肉加工厂关停，一度引发了肉类供应中断的风险。

在《漏洞》中，我们曾一再重申，并预言了这类风险——网络攻击可能导致社会瘫痪、国家动荡，对人民生活、企业生产、社会稳定和国家安全来说，其严重性和影响力都难以估量。过去、今天和可见的未来，这样的危机仍然随时有可能在现实生活中真实地上演。

事实证明，这并非危言耸听。

过去这些年，在我国，网络安全被提升到前所未有的高度，成为了国家战略的重要组成部分。早在 2014 年，习近平总书记就提出要努力把我国建设成为网络强国。

2017 年，《网络安全法》正式实施。2019 年 12 月，《信息安全技术　网络安全等级保护基本要求》实施。2020 年 6 月，《网络安全审查办法》实施。2021 年 6 月，《数据安全法》出台。2021 年 7 月，《网络产品安全漏洞管理规定》《网络安全产业高质量发展三年行动计划（2021—2023 年）（征求意见稿）》接连问世……我国有关网络安全的顶层设计正在逐步完善。

现在，奇安信已经是中国规模最大的网络安全上市公司。我们身处数字化改革的大潮中，亲身经历了国家政策完备和行业风口越来越大，直至大风呼啸的全过程。我们一直在思考的问题是，企业需要做些什么才能够让网络安全更好地匹配数字化中国的伟大远景，从一项配套工程真正成为基础工程的一部分。

为了保障数字化这趟列车高速行驶，网络安全必须用新方法应对新需求。2019 年，我带领奇安信创新提出了"内生安全"的理念。可以说，"内生安全"是"数据驱动安全"的一个升级。数字技术是 21 世纪不可阻挡的发展潮流，催生了无数新场景和新应用。传统互联网时代"事后补救"的网络安全建设思路，已经无法满足数字时代发展需求。因此，"内生安全"主张将安全能力内置到信息化系统当中。2020 年，我们基于"内生安全"理念，利用系统工程的方法论，设计出了可落地的内生安全框架，能够根据业务场景的不同，调用不同的安全能力，实现协同联动，筑牢数字世界的安全底板。

这些变化让我有了更新《漏洞》的动力。在《漏洞》第二版中，我深入分析了近三年发生的网络安全事件，细数了近期名声大噪的白帽黑客和活跃的 APT 组织，盘点了网络安全领域的相关法律法规，梳理了奇安信最新的网络安全思想。我希望，这一版《漏洞》能够让更多读者了解到如今网络安全日新月异的变化。

2021 年是我踏入网络安全行业的第 16 年，也是奇安信集团上市的第二年。在数字世界里，安全是一个永恒的话题，当这个世界越变越大、越变越细、越变越精彩时，我相信，我们会一直在这里。如果我们能够紧紧抓住时代的机遇，做好数字时代网络安全的守护者，那么奇安信就真正有可能成为一家在未来的数字历史上足够伟大的公司。

到了那个时候，《漏洞》不再只是一本关于数字生存和安危的书，也是一本记录光荣和梦想的起源的书。

齐向东

2021 年 7 月

前言
Foreword

前不久，在新员工入职奇安信集团的训练营开营仪式上，我分享了一个感受：人生就是不断"二选一"的过程，每个看似无关紧要的"二选一"都会改变你以后的人生轨迹。

回首我自己的经历，在学生时代，我选择了每天比别人多学五小时，成为优秀的毕业生，摆脱了农民的宿命。参加工作后，我选择了没有怨言的付出，成为当时新华社里最年轻的局级干部之一。互联网大潮初起之际，我辞职下海，没有选择在大公司当高管，而是选择了与周鸿祎共同创办 360。

这十几年，中国互联网产业飞速发展，我一直在思考和探索一个问题：是什么推动了互联网产业的发展？

不满足现状矛盾的渴望，推动互联网应用的发展。 十九大报告指出，我们现在社会的主要矛盾是人民日益增长的美好生活需要和不平衡不充分的发展之间的矛盾。互联网应用的发展正是解决不平衡不充分发展的问题，搜索、移动支付、电子商务……一系列互联网应用的出现，解决了信息不对称的问题，提高了效率，让人们的生活更美好。

不满足技术缺陷的渴望，推动互联网技术的飞跃。 互联网的很多技术，都是基于对缺陷的改进，是不断快速迭代的发展过程。每一代技术的创新，都是在与网络攻击浪潮的攻防对抗中产生的。病毒的大规模增长，黑名单的瞬息万变，推动我们创新了"白名单"的第二代网络安全技术；APT 攻击逐渐成为网络攻击主流，"白利用"攻击手段的多样化，推动我们创新了"查行为"的第三代网络安全技术。

不满足制度欠缺的渴望，推动互联网规则的完善。 回想一下，欧盟《通用数据保护条例》的实施、我国《网络安全法》的出台、电子商务法的拟出台……一系列法律和规章，都是针对在经济社会发展中遇到的制度缺陷所采取的补救措施，规则的完善将推动互联网产业更健康地发展。

发展的路上有光明，也有阴影的存在。很多人背离了初心，利用手中掌握的技术、制度的漏洞，不择手段，所以网络"黑产"的规模正在指数级地快速增长，影响社会和人民稳定生活的高级别网络攻击正在不断发生。同时，在我们貌似强大的背后，也存在着自主信息技术的隐忧，与美国的贸易摩擦，戳穿了虚假的繁华。

没有安全的环境、载体、制度和保障，我们只是在透支互联网的价值，终将成为水中月、镜中花。

2014 年，我创办了奇安信集团。这是我人生中再一次重要的"二选一"。第四次工业革命的浪潮将把人类社会带入数字时代，现在我们所使用和遵循的传统 IT 的方法，都将成为过去时。在以往的信息化建设时代，发展是主，安全是辅。但在数字时代，人工智能、大数据、物联网是基础，安全成为发展的前提。人们的衣食住行都在被快速网络化，更重要的是，水电、煤气、地铁等关键信息基础设施全部联网以后，攻击者不费一枪一炮，通过网络攻击就可以战胜一个国家，这将是未来战争的形态。可以说，没有网络安全，就没有一切。

"有道无术，术尚可求，有术无道，止于术。"如果说，网络安全是互联网发展的"道"，漏洞则是互联网安全的"术"。

要谈网络安全，必须说清漏洞。若只谈漏洞，则不知言之所谓。本书从漏洞入手，谈网络安全，谈奇安信集团的价值观。

齐向东

2018 年 7 月

目录
Contents

第一章

善与恶：
漏洞是造成危害，
还是推动进步

在漏洞的海洋里，我们看到的永远只是浪花。

我一直在思考一个问题：什么是推动互联网发展和完善的动力？按照马克思主义的哲学观点，社会基本矛盾是社会进步的根本动力；社会进步是社会本身的自我否定即"扬弃"的过程。

在互联网领域，矛盾体现在哪里呢？体现在技术、设备、制度、行为方面的缺陷，也就是人们常说的"漏洞"。

漏洞在哪里？它就发生在身边，通常人们还毫无察觉。

漏洞有危害吗？它能引起系统瘫痪，甚至危害国家安全。

漏洞只有坏处吗？不，它还在推动互联网的革命和进步。

从技术发展的角度来看，人从会使用工具开始，到逐渐掌握各种客观规律，再到今天网络社会的高度发达，本质都是在尝试凭借自身的能力和外力工具来补上各种短板，克服漏洞，追求完善。所以，高尔基才说："人生的意义就在于人的自我完善。"

因此，无论你是否追求自我完善，无论你的能力、金钱和社会地位如何，漏洞都会裹挟着我们，左右着我们的生活，时刻与我们相伴。

"一念善，皆是善。一念恶，皆为恶。"凭借掌握的漏洞，有人为恶，有人行善。人如是，社会亦如是。

第一节　漏洞，源自人性的缺陷

曾经有领导问我："漏洞是天生的吗？"我不假思索地回答："是天生的。因为漏洞是客观存在，而且无法消灭干净的。"领导追问："既然是天生的，为什么设计者自己找不出来，需要你们去找？而且，被利用的可以叫漏洞，没被利用的，能叫漏洞吗？"这个问题引发了我的认真思考。

▣ 天生缺陷，难免漏洞

辞典里对"漏洞"一词的解释有两个：一是小孔、缝隙；二是法律、法令、条约或协议中制订得不周密的地方，破绽。

我对漏洞的理解是：漏洞本质上是被利用的缺陷。就像一条船的船底和船舱门板上都有一个小孔，这两个小孔都是缺陷。但其中，船底的小孔会导致进水，并最终船毁人亡，所以它就是漏洞。

法律条文里可能有若干缺陷，能被利用的是漏洞，犯罪分子可能因为利用漏洞而逍遥法外；金融运行体制里也可能有不少缺陷，能被利用的才是漏洞，抓住这个漏洞可能赚得"盆满钵满"；甚至我们人也是一样，生来有多疑、贪婪等很多缺陷，一旦被利用，会带来失败和痛苦。

1946 年 2 月，世界上第一台电子数字式计算机埃尼阿克在美国宾夕法尼亚大学正式投入运行，此后万维网逐渐建立，世界开始以一种更紧密的方式联系在一起。与技术相伴随的，是技术中存在的一个个缺陷。

"漏洞"一词，在有了互联网技术后，更多时候是一个被用于计算机领域的专有名词。由于缺陷是天生的，漏洞是不可避免的，因此网络被攻击是必然事件。

漏洞——利用人性的博弈

拿破仑曾经说："我是我自己最大的敌人，也是自己不幸命运的起因。"人，与生俱来就有贪婪、自私、猜疑、虚荣、恐惧、固执等弱点，一旦这些缺陷被利用，就演变成致命的漏洞。因此，我认为，漏洞存在三个支点：漏洞因人而生，因人心而用，因人性而决定使用之道。

三国时期，魏国派大将军司马懿挂帅进攻蜀国街亭，诸葛亮派马谡驻守失败后，司马懿率兵乘胜直逼西城，诸葛亮无兵迎敌。但他沉着镇定，大开城门，自己在城楼上弹琴唱曲。本就生性多疑的司马懿怀疑设有埋伏，引兵退去。这是《三国演义》第九十五回的故事，是民间最为著名的空城计故事。诸葛亮正是准确把握了司马懿多疑而谨慎这一心理缺陷，利用主帅的心理"漏洞"，使其错误判断了局势。

空城计并非诸葛亮首创，《三国演义》也不是第一本描述这一计策的文献。作为心理战的一种重要方式，空城计就是让敌人在疑惑中更加产生疑惑，造成错觉，从而在敌众我寡的情况下惊退敌军的战术。

"心理战"，本质上研究的就是如何充分利用人心理上的缺陷，把其打造成致命漏洞的方法，军事活动中尤为多见。

诸葛亮和司马懿的这一战虽然是虚构的故事，但历史上确有许多真实战例。从我了解的史料来看，我国历史上第一个使用空城计的例子可以追溯到春秋时期。

春秋时期，楚国的令尹公子元，在哥哥楚文王死后，非常想占有漂亮的嫂子文夫人。他用各种方法讨好，文夫人都无动于衷。于是他想建立功业，显示自己的能耐，以讨文夫人欢心。

公元前666年，公子元亲率浩浩荡荡的兵车六百乘攻打郑国。楚国大军一路连下几城，直逼郑国国都。郑国国力较弱，都城内更是兵力空虚，无法抵挡楚军的进犯。郑国危在旦夕，群臣慌乱，有的主张纳款请和，有的主张拼一死战，有的主张固守待援。这几种主张都难解国之危。上卿叔詹说："请和与决战都非上策。固守待援，倒是可取的方案。郑国和齐国订有盟约，而今有难，齐国会出兵相助。只是空谈固守，恐怕也难守住。公子元伐郑，实际上是想邀功图名讨好文夫人。他一定急于求成，又特别害怕失败。我有一计，可退楚军。"

郑国按叔詹的计策，在城内作了安排。命令士兵全部埋伏起来，不让敌人看见一兵一卒。大开城门，放下吊桥，摆出完全不设防的样子。又令店铺照常开门，百姓往来如常，不准露一丝慌乱之色。楚军先锋到达郑国都城城下，见此情景，心里起了怀疑：莫非城中有埋伏，诱我中计？先锋不敢妄动，等待公子元。公子元赶到城下，也觉得好生奇怪。他率众将到城外高地眺望，见城中确实空虚，但又隐隐约约看到了郑国的旌旗甲士。公子元认为其中有诈，不可贸然进攻，决定先进城探听虚实，于是按兵不动。

这时，齐国接到郑国的求援信，已联合鲁、宋两国发兵救郑。公子元闻报，知道三国兵到，楚军定不能胜。好在也打了几个胜仗，还是赶快撤退为妙。他害怕撤退时郑国军队会出城追击，于是下令全军连夜撤走，人衔枚，马裹蹄，不出一点声响。所有营寨都不拆走，旌旗照旧飘扬。

第二天清晨，叔詹登城一望，说道："楚军已经撤走。"众人见敌营旌旗招展，不信已经撤军。叔詹说："如果营中有人，怎会有那样多的飞鸟盘旋上下呢？他也用空城计在欺骗我们，已急忙撤兵了。"

这就是中国历史上第一个使用空城计的战例。双方都使用了空城计，都是以为或者在想当然地以为自己利用了对方的弱点。在中国的战争史中，空城计、利用心理漏洞的案例屡见不鲜，毛泽东在解放战争中巧妙用计吓退国民党的十万大军的案例堪称经典、精彩。

1948 年 10 月下旬，当人民解放军在前线取得节节胜利的时候，中共中央得到北平地下党的紧急情报：蒋介石密令驻守北平的傅作义，趁华北野战军主力远在绥远地区作战、冀中一线兵力空虚之际，以骑兵第九十四军、新编第二军共计 10 万余人的兵力，组织一支快速机动部队，经保定偷袭石家庄和西柏坡。

当时，解放军华北军区留守西柏坡的兵力只有一个约千人的团。华北军区共有 3 个兵团，一兵团在山西对付阎锡山部队，三兵团在绥远，只有二兵团在平绥路东段附近。从北平到石家庄只有 600 多里，其中北平到保定 300 里的铁路线基本为国民党军控制。保定到石家庄也有 300 多里的路程，敌军快速机动部队只需两天，最多三天即可到达石家庄。华北二兵团从平绥路东段，即使日夜兼程，赶到保定以南地区也要四天，石家庄告急。

面对这一严峻形势，中共中央领导人立即紧急研究对策，进行了周密部署。一方面，在军事上调动部队和民兵以抗阻奔袭南进之敌。另一方面，运用新华社等媒体发动宣传攻势，揭露敌人的偷袭阴谋。在这场特殊的宣传战中，毛泽东亲自组织和撰写了几篇重要新闻。

第一篇是胡乔木起草、毛泽东修改的新闻稿《蒋傅军妄图突袭石家庄》（新华社 10 月 25 日播出），把国民党军队企图突袭石家庄的消息及时公布于众。

第二条消息是毛泽东写的《华北各首长号召保石沿线人民准备迎击蒋

傅军进扰》（新华社10月26日播出），把这次偷袭的兵力组成、指挥官名单、装备等，揭露得一清二楚。甚至是明明白白地告诉敌人，解放区军民早已做好充分准备，严阵以待，必将歼灭敢于来犯之敌。

第三篇是毛泽东写的口播稿《蒋傅军已进至保定以南之方顺桥》（新华社10月29日播出），报道郑挺锋率两个师在28日推进到保定以南的方顺桥地区，显示解放军对敌人的具体行动了如指掌，一切均在掌握中。

第四篇是毛泽东写的述评稿《评蒋傅军梦想偷袭石家庄》（新华社10月31日播出）。这篇述评把国民党面临垂死挣扎的局势，以及偷袭石家庄的真实意图和经过等，剖析得一清二楚。

新华社播发的这些新闻，起到了巨大的震慑作用。在华北军区第七纵队和地方武装的顽强阻击下，进扰之敌进展缓慢，10月30日进至定县以北的唐河后再不敢冒进。与此同时，华北野战军第三纵队已陆续赶到。这次偷袭的敌军指挥、第九十四军军长郑挺锋报告傅作义，称："昨收听广播，得知对方对本军此次袭击石门（注：石家庄旧称"石门"）行动，似有所警。广播谓本军附新二军两师拟袭石门，彼方既有所感，必然预有准备，袭击恐难收效。"傅作义得知阴谋暴露，大为吃惊，他见中共方面不仅详知自己的计划，做了准备，还有了歼灭部署。"疑中生疑"使他惧怕遭到埋伏，为了确保平津地区的防御，只好撤回军队，偷袭阴谋彻底破产。

在这场中国共产党与国民党的对战中，首先是共产党利用对方的漏洞获取了重要的军事情报，又利用傅作义的心理漏洞，巧妙运用舆论武器，发动宣传攻势，导演了一幕中国近代史上的"空城计"，成为历史上的一段佳话。

互联网世界的"飞蛾效应"

在计算机领域，漏洞特指系统的安全方面存在缺陷，一般被定义为信息系统的设计、编码和运行当中可能被外部利用而影响信息系统机密性、完整性、可用性的缺陷，英文单词是"vulnerability"。

但在日常生活中，人们经常用口头语"bug"来形容计算机程序中有漏洞，这与一只小飞蛾的故事有关。

20世纪40年代，美国海军中尉、电脑专家格蕾丝·霍波（Grace Hopper）的主要任务是编写软件，她曾为世界上第一台通用计算机 Mark I

以及后续机器 Mark II、Mark III 编写了大量软件。一次，她在为 Mark II 的 17000 个继电器设置好程序后，技术人员进行整机运行时，Mark II 突然停止了工作。她在 Mark II 计算机的继电器触点里，找到了一只被夹扁的小飞蛾，正是这只小虫子"卡"住了机器的运行。霍波将这只飞蛾夹到工作笔记里，并诙谐地用"bug"来表示导致程序出错的原因。

但霍波没有想到的是，她的这个举动给单词"bug"赋予了一个新的含义，在未来互联网时代中，它成为了指代程序缺陷的通用词。继电器里飞进飞蛾，本是偶然事件，但程序一定存在缺陷，一定会被有意或无意地利用，我想，这可以称作互联网世界的"飞蛾效应"。

漏洞是怎样形成的

从世界上第一个操作系统或应用软件诞生的那天开始，缺陷就存在于 IT 系统的各个环节，而且始终会存在。这些年，我们不断给微软、苹果、谷歌、Adobe、VMware 等用户覆盖全球的软件公司提交漏洞信息，多次获得官方致谢。仅 2020 年一年，奇安信安全监测与应急响应中心（奇安信 CERT）监测到的漏洞信息就超过了八万条。

首先，漏洞是操作缺陷。

程序员编写程序时的疏忽、运维人员设置安全配置时的不当操作、用户设置的简单口令和泄露……这些人为的、无意的失误就是操作缺陷。

先说程序员的操作缺陷。奇安信代码安全实验室对 2001 个国内企业自主开发的软件项目源代码进行了安全缺陷检测，检测的代码总量达到了 3 亿多行。统计分析发现，程序员每敲 1000 行代码，平均会出现 10.11 个缺陷，其中高危缺陷密度为 1.08 个 / 千行。

其次是运维人员的操作缺陷。例如：盘点资产时出现遗漏，造成重要资产暴露在风险中；网络配置错误，直接造成重要设备网络中断；补丁修复不及时，系统长期未按要求加固，给黑客提供了可乘之机。

不能忽视的还有警惕性的缺陷。例如：很多单位的员工经常使用弱口令，极易被攻破；安全意识薄弱，极易点开带有恶意附件的电子邮件，造成电脑被远程控制，用户敏感信息被窃取。

其次，漏洞是知识缺陷。

网络和数字技术是交叉学科，是网络、数字技术和各行各业的结合。而网络和数字技术的工程师大多数是学软件的，他们对各行各业的应用并不专业，也就是知识不全面；有一些工程师是各行各业的专家改行做软件的，他们并没有接受过软件系统知识的训练，在这方面的知识也不全面。这两种情况都容易导致知识缺陷型的漏洞。

我国程序员普遍工作年限不高，知识不全面，在编写代码的过程中，容易出现纰漏，留下漏洞。根据"程序员客栈"发布的调查报告，2020 年我国73% 的程序员工作年限在五年以下，其中工作一年的程序员占比 26.6%，工作 10 年以上的仅为 5.4%。

全球最大的软件公司微软，拥有全世界最优秀的软件工程师，但这也无法避免知识缺陷。微软最早是做 PC 机软件开发的，后来应用到各行各业，操作系统越来越复杂，即使其软件工程师再优秀，掌握的知识也不可能面面俱到，因此也出现了很多漏洞。比如微软将每个月的第二个星期二定为"补丁日"，用户每个月都会收到提示，提醒你给系统漏洞打上补丁。在我的印象里，微软平均每个月打的补丁有几个到几十个不等，这意味着微软每个月至少会发现几个到几十个漏洞。

还有一个典型的例子就是工业互联网安全。原本的工业控制系统，大多以系统功能为第一要素，多数系统在设计之初就是封闭的"单机系统"，连联网需求都没有考虑过，更不要提在设计、研发和集成阶段考虑网络安全问题了。物联网时代到来以后，这些工控系统开始在互联网上"裸奔"，黑客可以轻而易举地利用系统漏洞进行攻击，并造成严重后果：

2012 年，多个攻击中东国家的恶意程序 Flame 火焰病毒被发现，它们能够收集各行业的敏感信息；

2013 年，以色列 Haifa 公路控制系统遭到黑客入侵，造成了严重的后续问题；

2014 年，黑客入侵土耳其某石油管道网络系统，导致石油管道大幅增压，发生爆炸；

2015 年，乌克兰电厂被黑客入侵，导致数十万家庭断电，并在 2016 年被再次攻击导致断电；

2016 年，全球首次大规模物联网攻击，导致美国东海岸大面积断网，严重影响当地人民的生活秩序和社会稳定；

2017 年，"永恒之蓝"勒索病毒肆虐全球，多个基础设施瘫痪；

2018 年，台积电数家工厂遭病毒入侵，全产线停摆，造成巨额损失；

2019 年，印度核电站内网感染恶意软件，一座反应堆被关闭；

2020 年，委内瑞拉国家电网多次遭网络攻击，导致全国大规模停电；

2021 年，黑客入侵美国城市供水系统，试图"投毒"，给民众生命安全造成威胁。

国家工业信息安全发展研究中心统计的数据显示，2020 年收集整理的工业信息安全漏洞相较 2019 年上升 22.2%；其中，中高危漏洞占比 97.5%，高危及以上漏洞占比高达 62.5%。

最后，漏洞是认识缺陷。

认识缺陷是随着时间推移而产生的。俗话说，"只有想不到，没有做不到"。意思是说，人们的认识往往落后于实践。摩尔定律也告诉我们，电子产品晶体管数目约每隔 18 个月便会增加一倍，性能将提升一倍。在新技术飞速发展的今天，知识更新很快，人们对很多问题的认识都是落后的，这种不同步就是认识缺陷。

比如 2000 年的"千年虫"危机。这个危机的根源始于 20 世纪 60 年代，当时计算机存储器的成本很高，如果用四位数字表示年份，就要多占用存储器空间，增加成本。为了节省空间，计算机系统的编程人员采用两位十进制数来表示，比如 1980 年就是 80，到 1999 年，1980 年出生的人就是 99−80=19 岁。90 年代末，大家突然意识到，用两位数字表示年份将无法正确辨识公元 2000 年及其以后的年份，因为到了 2000 年，1980 年出生的人就会变成 00−80=−80 岁了。这无疑将引发各种各样的系统功能紊乱甚至崩溃，这就是所谓的"千年危机"，这一危机正是认识的局限性造成的。

还有一个典型的例子是 2018 年曝光的安全漏洞"熔断"（Meltdown）和"幽灵"（Spectre）。为了提高 CPU 处理性能，芯片企业使用了乱序执行（Out-of-Order Execution）和预测执行（Speculative Prediction）。通俗地理解就是，CPU 并不完全严格按照指令的顺序来执行，而是会自己预测可能要执行的内容，以及为了更好地利用 CPU 资源将指令顺序打乱，以方便同时执行一些指令。但设计者没有考虑到，或者没有认识到下面这个重要的问题：由于 CPU 缓存内容没有同步恢复到原始状态，导致缓存中存储的重要信息可以被漏洞利用者获取，可能会造成受保护的密码、敏感信息泄露。这也是认识缺陷造成的。

网络协议漏洞也是认识缺陷的一种，很多协议在设计之初主要考虑鲁棒性，安全性考虑不足，造成了一定的安全隐患。2021 年 5 月，高通芯片出现了一个高危安全漏洞（CVE-2020-11292），攻击者可以利用该漏洞获取手机用户的短信、通话记录、监听对话，甚至远程解锁 SIM 卡。研究发现，该漏洞存在于高通公司的移动站调制解调器（MSM）的接口中，该接口被称为 QMI。QMI 是一个专有协议，用于调制解调器中的软件组件和其他外围子系统之间的通信。黑客可以直接通过 QMI 接口，向 MSM 组件发送数据包，触发漏洞，实现窃听。

三星、谷歌、LG、小米、一加等公司生产的手机都使用高通芯片，都存在该高危漏洞，预计全球有超过 30% 的智能手机会受到影响。目前高通公司已经针对这个安全漏洞发布了修复程序，同时将该漏洞告知了所有使用高通芯片的厂商。

◨ 缺陷不等同于漏洞

并不是所有的缺陷都是漏洞，只有可以被外部利用的缺陷才称为漏洞。这句话可以换一个角度来理解，当利用缺陷的方法出现时，漏洞导致的现实威胁就出现了。就像"心脏滴血"（Heartbleed）漏洞，引发这个漏洞的缺陷在爆发前两年的版本中就已经静悄悄地存在，当黑客利用这个缺陷获取服务器里用户的敏感信息，影响数据的机密性时，就构成了漏洞。

2014 年 4 月，全球爆发了一次严重的网络安全事件。黑客利用"心脏滴血"漏洞，可以获得用户的银行密码、私信等敏感数据。全球在线支付、电商网站、门户网站、电子邮件等重要网站纷纷中招。

"心脏滴血"好比互联网的心脏出了问题，我们从这个漏洞的名字就可以看出事件的严重性。黑客可以利用这个漏洞，向全球的网站发起攻击。也许有人会产生疑问：一个漏洞真的能引起这么大的危害吗？

原因在于这个漏洞存在于一个通用的安全套件 OpenSSL 中。OpenSSL 囊括了主要的密码算法、常用的密钥和证书封装管理功能以及 SSL 协议，在全世界各大网银、在线支付、电商网站、门户网站、电子邮件等重要网站中被广泛使用。比如在浏览器地址栏常见的 https 前缀的网址以及小锁图标，通常就是指该网站经过 SSL 证书加密。

OpenSSL 好比一把保护用户信息安全的锁，当它出现漏洞时，就变成了一把废锁，不用钥匙都能打开。黑客利用这个漏洞每发起一次攻击，服务器就能泄露一点数据（理论上一次最多泄露 64K）。黑客只要有足够的耐心和时间，就可以获得足够多的敏感数据。

当时，国内超过 3 万台主机受到波及。网易、微信、QQ 邮箱、陌陌、雅虎、比特币中国、支付宝、知乎、淘宝网、京东、YY 语音……从消费到通讯、社交，国内知名网站几乎无一幸免。

为了抢修网站中的漏洞，国内网站和安全厂商技术人员彻夜不眠。有的连夜测试有多少网站受到影响；有的在统计漏洞信息，并向客户解释问题的严重性；有的开始紧急预警，及时修复、升级系统版本……当然，全球的黑客也不睡觉了，因为他们要抢在安全人员补上这个漏洞之前，在全球的网站上偷取信息。幸好，OpenSSL 官方很快发布了漏洞的修复方案。当天下午，淘宝、京东等网站就修复完毕。

这个漏洞在两年前的版本中就已经静悄悄地存在，只是一直没有被曝光。直到 2014 年 4 月，谷歌一支研究团队和芬兰安全公司 Codenomicon 的研究人员曝光了这个漏洞，才引起人们的重视。

没人知道有多少数据已经被泄露，更没有人知道在漏洞存在的两年期间，有多少黑客利用这个漏洞发起过网络攻击。

"心脏滴血"漏洞是网络安全领域的一次标志性事件，反映了网络中的漏洞随处可见。它还充分表明，虽然漏洞的本质是一种缺陷，但不完全等同于缺陷，当这个缺陷能被利用，进而产生安全性危害时，缺陷才成为漏洞。

所以我说，缺陷是天生的，漏洞是不可避免的，网络攻击是必然的。

第二节　一切漏洞皆可被利用

当前网络安全面临极为严峻的形势，尤其是 2020 年以来，新冠疫情在全球范围内的爆发促使远程办公、远程医疗等行业增长迅猛，从而导致网络安全风险随之增加。未来，网络空间将面临更多不可预知的风险因素。

▣ 漏洞是怎么被利用的

内部威胁

在当今信息时代，组织机构面临的最大安全威胁是源自内部人员对于网络资源设备的攻击和对于机密数据文档的窃取，我们称其为内部威胁。内部威胁危害巨大，现有安全机制作用微乎其微，内部威胁已成为网络安全防线的最大敌人。

我从美国联邦调查局（FBI）和美国犯罪现场调查小组（CSI）等机构联合发布的一项安全调查报告中看到，超过 85% 的网络安全威胁来自内部，危害程度远远超过黑客攻击和病毒造成的损失。这些威胁绝大部分是内部各种非法和违规的操作行为所造成的。

在企事业单位内部，从来都不是风平浪静的。不同角色的员工和用户出于不同的动机，以合法的身份，做出了不当的行为，给企事业单位带来了极大的危害。在大多数单位里，有可能接触数据、使用数据的内部人员大致可分为三类：无意导致破坏的内部人员、伪装成内部人员的外部人员和蓄意破坏的内部人员。

无意导致破坏的内部人员可能为了方便，或者因为安全意识淡薄和安全知识不足，对公司数据的权属意识差，从而导致了内部威胁的发生。例如：他们可能设置弱密码，为工作便利共享口令给同事；可能把核心资料存在云盘，在用 U 盘拷贝时没有将资料及时销毁等，导致数据无意识泄露或者流失；可能被钓鱼邮件、恶意软件利用，带来外部安全风险。

伪装成内部人员的外部人员可能是盗用了员工虚拟身份，冒用他们的账号进行操作。他们会访问以前从未处理的敏感数据，发送垃圾邮件和传播恶意软件，窃取、篡改、破坏数据，甚至可能冒充老板向财务、法务等部门索要机密数据。

蓄意破坏的内部人员可能是出于对组织管理不满意，或者因为绩效低被解雇，由此产生不满情绪，从而有意识、有计划地破坏、盗取内部数据。比如在离职前导出大量数据，把数据提供给自己即将就职的公司，或者利用自己的权限获取数据后倒卖获利。有的员工甚至会主动利用内部管理漏洞或技术漏洞，有计划、有步骤地完成踩点、试探、入侵、窃取等一系列过程。

推特（Twitter）遭遇史上最严重账号劫持事件，黑客利用大量名人账号转发诈骗信息

2020 年 7 月 17 日，据国外媒体报道，推特遭遇了该公司历史上最严重的一次安全破坏事件。黑客通过获取内部员工凭证的控制权，劫持了多位知名人士的账户。这些账户发布了内容一模一样的推文，声称如果向其比特币账号地址转账，将在 30 分钟内以双倍数额返还。

2020年7月，一名17岁的黑客及其同伙入侵了推特网络，控制了几十个大V用户的推特账户，包括美国现任总统乔·拜登（Joe Biden）、前总统巴拉克·奥巴马（Barack Obama）、真人秀明星金·卡戴珊（Kim Kardashian）和科技亿万富豪兼特斯拉创始人埃隆·马斯克（Elon Musk）等。这些名人账户被劫持后均转发一条"让你的比特币翻倍"的诈骗信息，据统计黑客共计窃取了价值超过11.8万美元的比特币。

在此次推特入侵事件中，共有130个推特用户账户被盗。其中有45个账户被用于发送推文。此次安全事件分为三个阶段：第一阶段，黑客通过社会工程学攻击获得访问内部管理工具的权限；第二阶段，接管具备理想用户名的账户，并出售这些账户的权限；第三阶段，接管几十个高知名度的推特账户，并试图诱骗人们给黑客发送比特币。

黑客还通过"你的推特数据"（YTD）工具下载了其中七个推特账户的详细信息。YTD中的信息包括用户的个人资料信息、推文、私信、媒体（包括图片、视频和附加在推文和私信上的GIF）、账户的粉丝列表、用户关注的账户列表、用户的通讯录、推特推断出的关于用户的人口统计信息、用户在推特上看到或参与的广告信息等。用户可以通过登录账户、输入账户密码，然后提出申请，从而获取YTD。

值得注意的是，攻击推特的黑客并没有采用网络攻击中经常利用的高科技或复杂技术——没有恶意软件，没有漏洞利用，也没有放置后门。黑客使用的基本技巧更类似于传统的诈骗艺术：打电话假装是推特信息技术部门的员工。黑客通过这种简单的伎俩获得了非同寻常的访问权限，这凸显了推特在网络安全方面的漏洞和潜在的破坏性后果。

推特安全事件表明，我们需要部署强有力的网络安全措施，才能遏制主要社交媒体平台成为潜在的攻击利器，但面对社交媒体带来的新挑战，监管机构显然还没有做好准备。

俄罗斯黑客试图用100万美元买通特斯拉员工，实施勒索攻击

2020年7月，一名俄罗斯黑客试图利用社会工程学对特斯拉企业实施勒索攻击。该黑客通过WhatsApp与一名特斯拉员工取得联系，用100万美元诱惑该员工帮助黑客投放勒索软件。但该员工将此消息告知了FBI，并配合FBI将黑客绳之以法，为特斯拉挽回了数百万美元的损失。

27岁的俄罗斯黑客克里奥科夫被美国执法机构认定为一个大型网络

犯罪团伙的成员。该团伙一般会采取手段入侵目标公司网络，在窃取大量敏感文件后再投放勒索软件。受害公司会被要求支付大笔赎金。这次他们的目标是特斯拉。

2020年7月16日，克里奥科夫通过WhatsApp应用发消息联系了一名会讲俄语的特斯拉员工A，并告知他即将去美国的计划。这名员工表示，他们早在2016年就建立了联系。

随后，克里奥科夫与该员工保持联系并试图以金钱与员工A建立友谊，同时十分注重隐藏自身行踪。在旅程的最后一天，这名黑客告知员工A其攻击方案：黑客使用U盘或电子邮件将恶意软件发给A，随后A需要把该恶意软件安装到内网。一旦引入该软件，他们便会从特斯拉网络中窃取文件，然后威胁如果不支付赎金，便会发布被盗的数据。完成这些步骤后，A将会获得50万美金的报酬。

几天后，双方通过WhatsApp约好再碰面，并讨论后续付款细节。克里奥科夫将报酬提高到100万美元，可能会以比特币或现金支付，克里奥科夫的团队也将会全力帮助A脱罪。

克里奥科夫还声称，该组织的成员是俄罗斯一家政府银行的雇员，他们为了这次行动花费了25万美元购买恶意软件，该恶意软件是专门为特斯拉公司编写的。克里奥科夫拿到A的电话号码，以便将来与他联系。

克里奥科夫没想到的是，在双方第一次接触后，这位员工不但没有出卖自己的公司，反而将此事告诉特斯拉，随后公司将此事报告给了FBI。

8月19日，双方再次约定见面，但员工A身上已经装好了FBI的窃听器，克里奥科夫表示他会先付一笔订金，希望A能快点行动。克里奥科夫还请A下载了暗网常用的浏览器Tor Browser，并且注册了一个比特币钱包，以便收款。

8月21日，克里奥科夫提供了一部特制手机，通知他攻击被推迟，原因是该团伙预计另一个正在进行的黑客攻击项目将产生巨额支出并需要集中精力。克里奥科夫还告诉A他要离开美国，然后向A留下指示，详细说明了将来团伙成员将如何联系他。

实际上，美国联邦调查局特工一直监视着克里奥科夫，当得知克里奥科夫要离开美国后，联邦调查局特工收集了起诉所需的所有证据，第二天在洛杉矶逮捕了他。

2020年8月，特斯拉联合创始人兼首席执行官埃隆·马斯克在推特上证实了该攻击。

特斯拉可以说是非常幸运地躲过一劫。万一攻击成功，特斯拉可能会为此支付数百万美元的赎金。无论是美国还是其他任何国家的企业，对内部人员的管控越来越重要，内部威胁是万万不可轻忽的环节。

中国香港电信技术员利用公司系统非法获取警员、公众人物信息

2020 年 10 月，中国香港一名电信公司技术员涉嫌利用工作之便，非法获取超过 20 名公众人物、警务人员及警员家属信息，之后通过即时通信软件 Telegram 向一群组账户管理人泄露这些信息，并发布一名警察父亲的个人资料，此外他还被指控拍摄警察局内部环境。

据媒体报道，法院于 2020 年 10 月裁定被告陈景僖三项"不诚实取用电脑罪"及一项"披露未经资料使用者同意而取得个人资料罪"罪成。

控方证供指出，被告陈景僖（32 岁）在非法取得三名公众人物、20 名警务人员及六名警察家属客户的个人资料后，便向 Telegram 一群组账户管理人"报料"，并发布了一名警察父亲的个人资料。陈景僖之后又涉嫌拍摄警察局，控方指出其行为使警局内一名女警感到担心。

法官裁决时表示，被告根本未获授权且无须在工作中接触这些资料，却使用公司的电脑系统进行查阅，无论他这样做是出于无谓、无聊，或只是打算确认某些资料的准确性，但他当时既非履行职务，也未获得授权，违背了公司对他的信任，因此他的这种行为属于非法使用计算机，且他本人也认识到了这一点。

法官还指出，在被告披露了当事人的个人资料后，当事人蒙受心理困扰，其心理报告显示在事发后数月，当事人在情绪及行为上出现重大转变，感到无助、脆弱及紧张自己与家人的人身安全，其影响虽然随时间过去而减轻，但部分因信息泄露而造成的心理伤害仍然存在。

以上三个案例表明，内部威胁随处可见。企业管理层应当充分认识内部威胁的危害，高度重视，采取切实有效的措施应对内部威胁挑战，如科学分析员工期望、建立有效的激励机制、引导员工情绪、消除员工的破坏动机等。

外部威胁

除了内部威胁，外部威胁也无处不在。外部环境充斥着有组织的犯罪团

体、有国家背景的黑客组织，他们的能力和蛮横程度正日渐增长。为了达到共同的目标，不同国家背景的黑客组织甚至会相互合作。

丹麦协助美国国家安全局（NSA）监控欧洲重要政要

2021 年 5 月，欧洲多家最大的新闻机构开展联合调查发现，丹麦外国特勤局为美国国家安全局开绿灯，利用丹麦的海底互联网电缆登录点获取数据，秘密监控德国、法国、挪威、瑞典、荷兰等国政要的电话和短信交谈内容。德国总理默克尔，现任德国总统、时任德国外交部长施泰因迈尔等都在美国的窃听列表之中。

这项监控行动被称为"邓哈默行动（Operation Dunhammer）"，发生在 2012 年至 2014 年间，始于丹麦国防情报局和美国国家安全局签署的秘密合作。

根据协议，丹麦允许美国间谍在位于哥本哈根附近的重要互联网和通信中心部署数据拦截系统，在这里多个关键的海底电缆将丹麦和欧洲大陆连接在一起。

美国国家安全局以电话号码为关键词进行有针对性的检索，并使用一款专门研发的、名叫 Xkeyscore 的分析软件，截获经由电缆传输的欧洲国家官员的往来电话、短信以及电子讯息。

这起隐秘的活动突然在 2014 年中止，当时正值斯诺登事件爆发，丹麦政府官员获悉 NSA 和丹麦国防情报局的协作关系。随后，丹麦官方了解到 NSA 还在监控丹麦政府官员，因此彻底终止了该行动。

据德国之声报道，"邓哈默行动"报告中还披露了丹麦情报部门帮助美方窃听了丹麦外交部、财政部以及一家丹麦军火制造商，以确保丹麦是从美方订购军用飞机，而不是从欧洲其他国家。2020 年，包括国防情报局局长在内，丹麦国防情报局的多名高级别官员因参与该活动被停职。

和平与发展虽然是当今时代的主题，但出于意识形态的差异和国家利益的考量，在严峻的国际形势和复杂的国际关系的影响下，一些国家采取了"非常手段"。丹麦国防情报局和美国国家安全局的监控行动不仅会危害欧洲国家的安全，还会使国家间关系恶化，产生区域冲突，破坏世界和平。

苏格兰环保局遭国际网络犯罪团伙攻击，内部通信系统被破坏

2021 年 1 月，苏格兰环境保护局（SEPA）表示其内部网络系统在

2020 年圣诞节前夜被某国际网络犯罪团伙破坏。苏格兰环境保护局方面确认，此次遭到窃取的数据超过 1GB，包括员工个人信息以及与其保持监管及合作关系的企业相关信息。有早期迹象表明，外泄的文件总量至少达 4000 个。

苏格兰环境保护局是苏格兰政府机构，目前负责监管全国超 5000 块工业用地，防止其对土壤、水体及空气造成污染。他们还维护着多套庞大的数据库，用以监控苏格兰各地环境状况，并保留企业违反污染法规的记录。

此次攻击破坏了环保局的内部通信系统，包括电子邮件在内的通信体系也面临着在一段时间内受到严重影响的危险，甚至可能需要从头开始构建新系统。

环境保护局提到，包括发布洪水预警在内的各项常规职能不会受到影响。局长指出："就目前来看，我们的环境保护能力并没有受到太大影响。可以肯定，犯罪分子也并不打算破坏我们的环保职能。"

环境保护局还表示，此次攻击很可能是某国际网络犯罪组织所为。此次遭窃的信息主要涉及环境保护局与其他国际伙伴间的商业合作项目，例如合作计划、优先事项以及变更规划等。

尽管受到感染的系统已被隔离，但环境保护局警告，恢复工作"可能需要相当长的时间"（可能要 6 个月），而且其中不少系统"在未来一段时间内将持续受到严重影响"。

外部威胁背后往往涉及不同的利益主体，隐含不同的利益取向。网络攻击手段也更为复杂，以往一位普通网民通过购买网络攻击工具，就可以发起攻击。现在，黑客开始使用植入后门、网络钓鱼、供应链攻击、勒索攻击等多种复杂技术结合的攻击手段。尤其是供应链攻击和勒索攻击，已经日益成为当前黑客最常用的攻击手段，下面我将详细阐述这两方面的威胁。

供应链威胁

2020 年年底美国遭遇"史上最严重"供应链攻击，这再次敲响了全球供应链的安全警钟。供应链攻击是最难防范的威胁类型之一，它利用了供应商和客户之间的信任关系，以及机器与机器之间受用户信任的通信渠道（如软件更新机制）。一旦其中一家供应商被攻陷，攻击者就可以访问这家供应商的所有客户。

2021 年 6 月，奇安信发布了《2021 中国软件供应链安全分析报告》，首次对国内软件供应链各环节的安全风险进行了研究与分析。奇安信代码安全实验室检测了 2557 个国内企业软件项目，100% 都使用了开源软件，并且超八成软件项目存在已知高危开源软件漏洞，平均每个软件项目存在 66 个已知开源软件漏洞。

供应链已经成为网络空间攻防对抗的焦点。供应链链条上的任何一个节点都有可能成为被攻击点。攻击的方式也从原来的直接渗透变成下载劫持、升级劫持，再发展到直接投放恶意代码，甚至是开发工具直接被污染、被劫持，直接影响关键信息基础设施和重要信息系统安全。

美国遭遇"史上最严重"供应链攻击，百余家重点机构被攻陷

2020 年 12 月，震动全美的供应链攻击被曝光。奇安信安全监测与应急响应中心追踪分析发现，执行此次攻击行动的是一个数百人的集团组织，并将其命名为"金链熊"。该组织通过攻陷全球知名的网络监控软件厂商"太阳风"（SolarWinds），渗透了 200 多个涉及国家安全的重要系统和敏感部门，其中包括美国核武器库。

2020 年 12 月 13 日，著名网络安全公司 FireEye（火眼）发布报告称，发现了一个 APT 向全球知名厂商"太阳风"旗下的网络监控软件 Orion 平台植入恶意代码，被植入的恶意代码包含信息收集、执行指定命令、读写删除文件等恶意功能，从而获取对受影响系统的控制。

"太阳风"是全球流行的网络管理软件，客户群体覆盖了大量重要机构和超过九成的世界 500 强企业，在全球的机构用户超过 30 万家。根据该公司网站的介绍，其用户包括美国军方的五大军种（海军、陆军、空军、美国海军陆战队、太空军）、五角大楼、美国国务院、美国司法部、美国国家航空航天局、总统办公室和美国国家安全局等军政司法机构。

据路透社和《华盛顿邮报》报道，此次供应链攻击事件波及范围极广，包括美国财政部、美国网络安全和基础设施安全局（CISA）、美国国土安全部（DHS）、美国国务院、美国能源部以及美国国家核安全管理局等多个涉及国家安全的重要系统和敏感部门。

奇安信安全监测与应急响应中心分析发现，这是一个数百人的集团化 APT 组织，并将其命名为"金链熊"。该组织系统庞大、分工明确、纪律性强、攻击隐蔽，在执行该次行动中，至少包括三个阶段的作战任务，分别由三个独立的行动组织来完成。

第一个阶段是入侵供应商，进行大范围撒网。这个阶段黑客入侵"太阳风"旗下的 Orion 网络监控软件更新服务器，植入恶意代码；第二个阶段是实施供应链攻击，精准筛选重点目标，根据回传的受害者信息，判断是否进行下一步行动，分为终止、等待、行动三个类别，再按照不同对象，分配不同的行动团队；第三个阶段是针对特定目标进行渗透，完成收网。根据奇安信安全监测与应急响应中心统计，被渗透的目标机构至少有 200家，包括国防、政府、能源、医疗等重要机构。

2021 年 2 月下旬，美国国会连开两场听证会复盘该事件，并宣布这是美国历史上最严重的一次网络攻击事件。

这是一场足以影响全世界大型机构的软件供应链攻击，具有极大的战略意图。该 APT 组织可能是为了长期控制某些重要目标，或者获取足以长期活动的凭据。供应链攻击的影响已经上升到国家层面，是全球面临的重要挑战。

供应商被黑，日本政府大量敏感数据泄露

2021 年 5 月，黑客通过攻击富士通公司的信息共享工具 ProjectWEB，窃取了多个日本政府机构的数据。受影响的日本政府机构包括国土交通省、外务省等，此外受影响的还有成田国际机场。

根据日本国土交通省发布的通告，富士通是其信息系统承包商。由于第三方非法访问了由富士通管理和运营的信息共享工具 ProjectWEB，至少 76000 个工作人员和合作伙伴的电子邮件地址，以及内部邮件和互联网设置的数据遭到泄露。

外泄的邮箱地址还涉及多个外部组织，包括专家委员会成员的个人电子邮箱。据日本媒体报道，东京附近的成田国际机场也受到该事件影响，攻击者设法窃取了机场的空中交通管制数据、航班时刻表与商业运作信息。

针对此次事件，内阁秘书处下辖国家网络安全中心（NISC）先后发布多份公告，警告各个使用富士通工具的政府机构及关键基础设施组织立即开展自查，核对是否存在未授权访问及信息泄露迹象。

目前，富士通公司已经紧急叫停其 ProjectWEB 门户，并向有关当局上报事件，同时全面调查此次事件的影响范围与发生原因。

以承包商为攻击切入口，发起供应链攻击，对于黑客来说是性价比更高的攻击方式。国家政府机构需要进一步加强对于供应链的安全把关，将供应链上下游企业的安全风险纳入安全管理体系的考虑中。

航空 IT 服务商 SITA 遭黑客入侵，多家航空公司发生数据泄露

2021 年 2 月，全球航空运输业领先的 IT 服务商国际航空电讯集团（SITA）遭遇网络攻击，导致全球多家知名航空公司和航旅企业的顾客数据泄漏。攻击者入侵了 SITA 的旅客服务系统（PSS），受影响的旅客数预计超过 210 万。

2021 年 3 月 4 日，国际航空电讯集团公司发出简短声明，指出旗下的旅客服务系统 PSS 储存旅客数据的服务器于 2 月 24 日遭到网络攻击。

SITA 是全球最大的航空 IT 服务商之一，为全球约 90% 的航空公司提供服务，这些航空公司依靠 SITA 的旅客服务系统来管理订票、售票和飞机起飞。

业内人士估计此次网络攻击对超过 210 万名旅客造成了影响，其中大多数是汉莎航空集团飞行常旅客奖励计划的参与者，该计划是欧洲最大的常旅客计划。

SITA 确认已经通知了几家航空公司，包括汉莎航空、新西兰航空、马来西亚航空、芬兰航空、新加坡航空以及韩国的济州航空等。有报道称，可能会有更多的航空公司受到影响，例如未在首批泄漏名单中的中国国航、瑞士航空和加拿大航空等也都是星空联盟成员。

星空联盟于 2 月 27 日收到 SITA 关于 PSS 被入侵的通知。星空联盟表示，他们已获悉并非其所有成员航空公司都受到影响，但也不排除这种可能性。据悉，遭泄漏的旅客信息包括服务卡号、状态级别以及乘客的姓名。

新加坡航空公司随后披露了这一违规行为，解释了其 KrisFlyer 常旅客计划中约 58 万名会员数据的泄漏原因。邮件中表示，新加坡航空公司虽然不使用 SITA 的 PSS 系统，但由于另一个星空联盟成员在使用该系统，所以也发生了数据泄露。

芬兰航空在给客户的电子邮件通知中声称，SITA 的 PSS 系统发生数据泄漏，攻击者已经访问了芬兰航空的一些常旅客数据。与新加坡航空的情况类似，芬兰航空虽然不使用 PSS，但是与合作伙伴共享一些飞行常旅客数据。

供应链攻击带来了前所未有的高风险。在上述这起攻击中，即便有些航空公司没有使用 SITA 的旅客服务系统，但由于很多航空公司都加入了星空联盟、寰宇一家等航空联盟，而这些公司之间是相互提供旅客数据的，因此只要有一个成员使用了该系统，就有可能影响到其他成员。

以上三起影响广泛的网络安全事件表明，供应链环环相扣，牵扯的上下游企业众多，每个环节都可能会引入安全风险，导致供应链安全问题。如果不多加重视，未来将会造成更严重的后果。

勒索攻击

"无利不起早"，勒索攻击是近年来黑客组织牟取暴利的绝佳手段。

早在 2016 年 9 月，我在首届国际反病毒大会上就预言，"敲诈者病毒将泛滥成灾"。不到一年，2017 年 5 月 12 日，震惊业界的"永恒之蓝"勒索病毒爆发，全球 150 多个国家近 20 万台计算机感染，验证了我的预测。

勒索病毒是"自我进化能力"最强的网络安全威胁之一，一直在不断产生新的变种。勒索攻击手法也在不断变化，从钓鱼邮件攻击到网站恶意代码入侵，再到社会工程学，各种高级威胁的技术手段在勒索攻击得到复合型应用。同时，比特币等匿名数字货币的流行，成为了黑客的绝佳工具，勒索赎金越来越高，黑客拿到高赎金后，逐渐细分出更多工种，形成了完整的产业链条。

全球最大肉类加工商遭勒索攻击，冲击美国肉类供应

2021 年 5 月 31 日，全球最大的肉类加工商 JBS 公司遭遇勒索软件攻击，导致美国近 1/5 的肉类生产停顿，给数千家农产品市场机构造成直接冲击，给肉类供应带来了巨大影响。

美国当地时间 5 月 31 日，全球最大肉食品加工商 JBS 美国分部发表声明称，该公司在当地时间 5 月 30 日遭到了"有组织的网络攻击"，受影响的系统包括美国分部和澳大利亚分部。

JBS 公司总部位于巴西，目前是世界上最大的牛肉和家禽肉类加工生产商，在 15 个国家拥有 150 多家工厂。JBS 美国分部是美国第二大肉类和家禽加工商，生产的牛肉占美国牛肉总产量的近 1/4，生产的猪肉占美国猪肉总产量的近 1/5。

美国白宫将事件定性为勒索软件攻击。攻击发生后，JBS 公司关闭了所有受影响系统。该公司位于犹他州、得克萨斯州、威斯康星州和内布拉斯加州的最大的五家工厂暂停生产，这导致美国近 1/5 的肉类生产停顿。

美国农业部每日数据追踪显示，6 月 1 日，美国肉类加工商屠宰了约 9.4 万头牛，数量比一周前下降 22%，比去年同期下降 18%；屠宰了 39 万头生猪，数量比一周前下降 20%，比去年同期下降 7%。澳大利亚工会警告，

如果网络攻击导致的停产持续过久，可能会导致全球肉类蛋白质紧缺问题。

为了尽快恢复正常生产，JBS 美国分部首席执行官安德鲁·诺盖拉（Andre Nogueira）表示，该公司向网络犯罪分子支付了价值 1100 万美元的比特币赎金。他强调，这对公司和自己而言都是一个非常艰难的决定，但公司必须做出这个决定，以保护 JBS 的肉制品工厂不受进一步破坏，并减少对依赖 JBS 的餐厅、杂货店和农民的潜在影响。

像 JBS 这样的公司正在成为勒索攻击的首要目标。该公司在食品供应链中扮演的重要角色增加了网络犯罪分子迅速获得勒索赎金的可能性。

美国传媒集团遭勒索攻击，多个电视和电台直播中断

2021 年 6 月 3 日，美国最大传媒集团之一考克斯媒体集团（Cox Media）遭遇勒索攻击，导致旗下多个广播和电视台直播被迫中断。

美国考克斯媒体集团旗下拥有 33 家电视台、54 个广播电台、多个跨平台流媒体视频平台和数字平台。

此次攻击发生在 6 月 3 日上午，考克斯媒体资产中的内部网络与实时流媒体功能受到影响，导致网络流媒体与移动应用业务无法正常运转。News 9、WSOC、WSB、WPXI、KOKI 以及几乎所有考克斯广播电台均出现直播流中断。

考克斯集团一位员工在私下接受采访时表示："当天早上，我们得到通知要关闭所有内容并注销电子邮件，确保勒索软件不再继续传播。据我在其他站点的同事所说，出于安全考量，我们已经及时关闭了设备并努力尽快恢复业务运行。"

此次事件标志着勒索软件团伙第二次向美国主要媒体集团发动攻击。2019 年 9 月，某勒索软件团伙就曾攻击 CBS 旗下的全美第二大广播网络 Entercom，并导致部分广播电台被迫离线。

爱尔兰医疗系统遭勒索攻击，网上疫苗预约无法进行

2021 年 5 月 14 日，爱尔兰的公共服务医疗系统遭到勒索软件攻击，导致多家医院电子系统和存储信息无法进入。部分医院被迫取消当天网上疫苗预约服务。由于信息系统访问受限，医生甚至只能依靠手写等应急手段工作，直接导致医疗就诊响应变慢。

当地时间 5 月 14 日凌晨，爱尔兰卫生服务管理署（HSE）发现 IT 系

统遭到重大勒索软件攻击，管理署立刻采取预防措施，暂时关闭了所有电脑系统。爱尔兰国家网络安全中心在接到报告后，也启动了应急计划。黑客团伙向 HSE 勒索 2000 万美元，并声称已窃取 700GB 的数据。

由于 IT 系统受到持续的网络攻击，新冠疫苗的在线注册网站无法运行。爱尔兰多家医院也受到了影响，有的医院因"紧急情况"取消了门诊，有的暂停视频预约服务，有的取消了当天的挂号预约。

负责公共采购和电子政务的爱尔兰政府官员当天在接受爱尔兰国家广播公司（RTE）采访时表示，这次袭击"直接针对医疗系统的核心，是一次国际攻击。攻击者是网络犯罪团伙，他们的目的是勒索金钱"。

早在 2020 年，一家爱尔兰安全公司就警告说，国际网络犯罪分子正试图利用新冠疫情对医疗机构进行一系列的随机软件攻击，并敦促所有爱尔兰医疗中心仔细审查它们对网络攻击的防御措施。

此前美国的此类医疗攻击在短短五周内激增了 70%，在欧洲和中东，此类攻击在 2020 年 9 月至 10 月间激增了 36%。不法分子针对爱尔兰也曾尝试过一些这样的攻击，但被当时的安全系统挫败。此次入侵成功对于 HSE 的 IT 平台来说可能是"毁灭性的"。

受巨大经济利益驱动，未来黑客将更加有针对性地部署勒索软件，并且更加频繁地实施勒索攻击。从整体态势来看，未来勒索软件的攻击质量和数量将不断攀升，勒索软件的自我传播能力将越来越强，定向攻击能力将更加突出，受害者支付的赎金数额也会越来越高。政府和企业亟需在网络安全上投入更多资源，避免自己成为勒索攻击的受害者。

◼ 漏洞造成的危害

下文中，我将列举政治、经济等领域中发生的网络攻击事件，详细阐述一个漏洞是怎么影响社会稳定运行、国家机密信息安全和政治选举的。

影响社会稳定运行

美国首次因网络攻击宣布多州采取紧急措施

美国时间 2021 年 5 月 7 日，美国最大的燃油管道运营商科洛尼尔

（Colonial Pipeline）遭到勒索攻击，美国东部输油"大动脉"被掐断。5月9日，政府宣布17个州和华盛顿特区采取紧急措施。这是美国关键信息基础设施遭遇过的最严重的一次网络攻击，也是全球首个因为网络攻击启动紧急措施的事件。

美国当地时间5月7日，美国最大燃油管道运营商科洛尼尔发现遭受网络攻击。随后科洛尼尔主动将关键系统脱机，以避免勒索软件的感染范围持续蔓延，并聘请了第三方安全公司进行调查。FBI、能源部、网络安全与基础设施安全局等多个联邦机构一起参与了事件调查。

科洛尼尔运营着长达8851公里的油品管道，承担着美国东海岸45%的燃油供应。管道每天运送超过250万桶燃料，是亚特兰大、华盛顿、纽约等地汽油、柴油和航空燃料的主要来源，同时也为这些地区的几家大型国际机场服务。

5月9日，美国交通部临时授权受影响的17个州和华盛顿特区的燃油临时运输豁免，允许通过公路运输，从而降低科洛尼尔事件的影响。这是美国首次因网络攻击而宣布多州进入紧急状态，此前公布的紧急状态大多是美国政府实施国家制裁或与军队及公共卫生相关。

据彭博社报道，在加密电脑、勒索赎金之前，DarkSide组织已窃取了近100GB的数据，并宣称如果不能收到赎金，将会把数据在互联网进行公布。

为了避免造成更大的影响及损失，科洛尼尔不得不向黑客支付价值440万美元的比特币赎金。收到赎金后，DarkSide为科洛尼尔提供了解密工具，用以恢复内部计算机网络。但是，该工具速度太慢，科洛尼尔不得不使用备份数据恢复系统。

5月10日，美国联邦调查局确认，袭击者为DarkSide组织。DarkSide的运作就像一家企业，不仅开发用于加密和窃取数据的软件，还会对"会员"进行训练。"会员"接收包括加密软件、勒索电子邮件模版以及攻击培训的工具包，并把成功勒索的收入按比例支付给DarkSide。DarkSide甚至在暗网拥有网站，并透露已从网络勒索攻击中获利数百万美元。

5月13日下午，科洛尼尔管道运输公司宣布，已经重启了该公司的整个燃油运输系统并全面恢复运营。

关键信息基础设施成为勒索攻击的头号目标，危害从网络空间直接延展到真实世界，凸显了关键基础设施的脆弱性。2021年5月中旬，美国众议院国土安全委员推出了五项两党法案，以增强美国整体的网络安全能力水平，保护国家关键基础设施免遭网络攻击的侵害。

黑客成功在美国城市供水系统中"放毒"

2021年2月，黑客入侵了美国佛罗里达州奥尔德斯马市的水处理厂，提高了氢氧化钠的浓度。所幸工厂员工立刻注意到了该变化，撤销了上述危险操作，避免了灾难性后果。

2月5日上午8点左右，黑客攻击了位于美国佛罗里达州的奥德马尔水处理厂，该厂使用过滤器和化学品净化地下水供饮用，其中包括少量氢氧化钠（俗称碱液，用于降低水的酸度）。

黑客通过一个名为 TeamViewer 的远程访问软件程序进入系统。实际上该市在6个月前就已经替换了 TeamViewer，但并未断开该程序的网络连接，远程登录系统轻而易举。根据 FBI 在马萨诸塞州一份咨询报告的调查结果，水厂的电脑都使用单一的共享密码，不需要双因素验证，也没有防火墙保护控制权不受互联网影响。还有一个漏洞是所有电脑都仍然在运行 Windows 7 系统，这是一个具有十年历史、已经停产的操作系统；微软在2020年1月已经停止发布定期修复安全漏洞的软件更新。

在注意到黑客在早上登录后，工厂的操作员并没有多想，也没有联系任何人，因为其他城市的员工经常远程访问该系统。

下午1点半左右，黑客再次出现，这次明显是接管了电脑，用鼠标在电脑上划了3~5分钟，并打开了工厂的控制系统软件。在将水的氢氧化钠含量从百万分之100提高到百万分之1100后，入侵者离开了。

目睹这一切后，奥德马尔工厂的操作员迅速降低了氢氧化钠的浓度，并打电话给老板。根据事故报告，该公司在近三个小时后，即下午4点17分联系了郡警察局。

奥德马尔公司的官员称，公众从未处于危险之中。他们指出，至少需要24小时，有毒的水才会从厨房的水龙头中流出，而且即使现场操作人员不进行干预，工厂也有监测水化学平衡的后备系统会提前发出警报。

供水系统严重失陷的后果可能是灾难性的：数以千计的人因饮用水中毒而生病、供水中断引发恐慌、大范围的洪灾、管道爆裂、污水溢出等。传统上人们更关注物理风险，例如自然灾害、管道破裂和现场入侵者等，大多数供水系统很少或根本没有内部 IT 员工，存在极大安全风险。

这两起事件表明，漏洞造成的关键信息基础设施中断和破坏是真实存在的。能源、通信、金融、交通等行业的关键信息基础设施关系着国计民生，是经济社会运行的神经中枢，这些系统一旦发生网络安全事故，会影响重要行业的正常运行，对国家政治、经济、科技、社会、文化、国防、环境以及人民生命财产造成严重威胁。

泄露国家重要机密

世界顶级安全公司火眼网络武器库被盗

2020 年 12 月 8 日，全球顶级安全公司火眼在其官网发布公告称，一个具有国家背景的黑客组织对其内网发起攻击，并窃取了该公司的网络武器库——用于测试客户的红队工具。该网络武器库可被用于在世界范围内入侵高价值的目标。

火眼是一家专注于高级网络威胁防护服务的美国企业，能够为其客户提供红队工具，同时模拟多个威胁行为体活动以进行安全测试评估。红队机制是由一组经过授权的安全专家，模仿潜在的攻击者并使用工具对企业进行攻击，以评估企业的检测和响应能力以及系统的安全状况。

这次火眼被窃取的红队工具的范围从用于自动化侦察的简单脚本到类似于 CobaltStrike 和 Metasploit 等公开可用技术的整个框架。火眼声称，泄漏工具不包含"零日漏洞"（0day）利用工具，被盗取的部分红队工具此前已发布给社区，或已经包含在其开源虚拟机测试套件 CommandoVM 中。

火眼表示，此次事件是由一个具有国家背景的黑客组织发动的攻击。攻击者专门制定了针对火眼的攻击手段，使用了一些之前从未见过的新技巧。攻击者在战术方面受过高度训练，执行时纪律严明且专注，并使用对抗安全工具和取证检查的方法执行隐蔽的攻击行动。

火眼最有价值的信息遭到泄漏，包括客户信息、威胁情报等核心技术资料，以及未公开的 APT 报告和证据。火眼透露，攻击者试图访问"与某些政府客户有关的信息"，但尚无证据证明客户信息已被盗。目前不能排除黑客组织卷土重来的可能性。

火眼红队工具被窃是一起典型的武器级恶意代码和漏洞利用工具失窃事件。近年来，网络武器库泄露事件时有发生，最严重的当属 2017 年

5月12日肆虐全球的"永恒之蓝"勒索事件，利用的就是一个被盗网络武器库的漏洞。"永恒之蓝"勒索蠕虫攻击了150多个国家和地区的政府、机构和各类组织，在短时间内造成了巨大损失。此次火眼网络武器库的泄露同样可能造成国家重大机密的泄露，严重情况下会威胁到国家安全。

美国数百个公检法机构机密信息遭黑客组织泄露

2020年6月，美国200多个警察部门和执法机构发生数据泄露事件，超过100万个重要文件遭到泄露，涉及警察的个人信息和执法部门内部的工作备忘录等，严重危害社会稳定。据称，此次数据泄露事件的始作俑者是黑客组织"匿名者"（Anonymous）。

激进组织Distributed Denial of Secrets（DDoSecrets）声称从美国执法机构和融合中心窃取了296GB被称作BlueLeaks的数据文件，这些数据包含了美国200多个警察部门和执法融合中心的报告、安全公告、执法指南等。据推测，某些文件还包含敏感的个人信息，例如姓名、银行账号和电话号码等。

据美国安全媒体报道，代表美国全境所有融合中心的中央融合国家中心（NFCA）在发送给其成员的内部安全警报中确认了泄漏数据的真实性。NFCA表示，这些数据来自负责美国多个执法机构和融合中心的网络托管供应商Netsential的服务器，融合中心负责传输中央政府和联邦警察局之间的警报、指南等信息。

值得注意的是，DDoSecrets声称它收到的BlueLeaks数据来自臭名昭著的黑客组织"匿名者"（Anonymous）。"匿名者"是目前全球最大的政治性黑客组织，它的成员遍布全球，包括高级计算机专家以及狂热黑客。此前，美国明尼阿波利斯警方曾实施暴力执法导致一名黑人身亡，之后"匿名者"组织便在社交媒体发布视频，扬言要报复美国警方。

近年来，一些带有明显政治目的的黑客组织对国家安全造成了重大威胁。这些黑客组织以破坏政府系统、窃取国家机密为目的，善于隐藏自身行踪，难以溯源。政府文件、公检法人员的信息都属于保密信息，一旦遭到泄露，将造成严重后果。

这两个案例充分证明，漏洞带来的威胁无处不在。无论你是全球顶级网络安全公司，还是美国政府机构，在挖掘漏洞的黑客面前，都显得不堪一击。

在万物互联的世界，大到国家和社会、小到机构和个人都面临着如何保护自身信息安全的问题。

影响国家政治格局

以色列超 650 万名选民的个人信息在大选前一天遭泄露

2021 年 2 月，以色列遭遇有史以来最严重的数据泄露事件，超过 650 万名选民的个人信息遭到泄露。此次外泄的数据包括登记选民的住址、电话号码和出生日期。如果这些数据被用于精准推送，极有可能改变以色列的政治格局。

据国外媒体报道，由以色列总理内塔尼亚胡领导的利库德集团 (Likud) 开发的选举应用 Elector 遭遇黑客入侵，导致数百万公民的个人身份与选举登记信息被泄露。

目前，包括执政党利库德党在内的多个党派都在使用这款软件。黑客表示，除非立即停止运行 Elector 应用，否则他们将公开窃取到的敏感数据，包括 Elector 软件公司首席执行官楚尔·耶明 (Tzur Yemin) 及其家人的个人信息。

黑客早先已经放出一批数据共享链接，用于证明其确实掌握着 Elector 应用中的数据。这些文件均被加密，攻击者表示，如果 Elector 应用不停止运营，他们接下来会公布所有解锁密码。

随后，这批黑客通过多个网站发布了加密文件的密码，任何互联网用户都可随意访问。自称"以色列之秋 (The Israeli Autumn)"的攻击者们宣称，由于以色列政府没有及时关停 Elector，他们"被迫"发布了这些信息。

此次公开的文件包含近 653 万名合格选民的姓名与投票编号，以及超过 300 万名以色列公民的详细个人信息，包括全名、电话号码、身份证号码、家庭住址、性别、年龄与政治倾向等。据 2020 年统计数据，以色列人口接近 920 万人，这意味着超 2/3 的以色列公民受到此次泄露事件的影响。

2020 年 2 月，该选举应用就被曝出配置错误问题，导致超过 650 万以色列民众个人信息外泄。此次事件由 Verizon 媒体集团 (Verizon Media) 开发人员兰·巴尔 - 齐克 (Ran Bar-Zik) 发现并上报。通过对 Elector 应用源代码进行分析，可以看出其中有一个 API 专门用于验证网站管理员身份。专家指出，只要接收到明文形式的网站管理员数据，该

API 无需任何身份验证即可用于查询应用内容。

在获得凭证之后，兰·巴尔－齐克成功访问到选举网站的后端，包括一套存放有以色列公民个人详细信息的庞大数据库。这套数据库是以色列选民登记数据库的官方最新副本，大选之前每个参选党派掌握一份。在发现数据泄露问题后，Elector 应用的官方网站旋即被关闭。

网络攻击窃取信息已经成为政治博弈的重要内容，通过对选民信息进行大数据分析，可以精准洞察选民性格、政治偏好、容易受影响程度等信息，将内容精准推送到目标群体，进而改变选民的行为。

利用脸书（Facebook）的漏洞盗取数据、挖掘数据，特朗普获得选举胜利

2018 年 3 月 16 日，外媒曝光了著名社交平台脸书泄露用户隐私一事。美国一家名为"剑桥分析"的网络公司利用脸书开放平台的漏洞，获取了 5000 万份个人隐私数据。之后结合智能算法，这些用户就能被定向推送那些有利于支持己方候选人的消息和新闻，引导这部分人支持票数的走向。外媒称这间接地影响了 2016 年的美国总统大选。

事情的起因是"剑桥分析"网络公司在脸书平台上发布了一款"测试情绪"的小程序，用户只需完成测试便可获得 5 美元的奖励金。但没有天上掉馅饼的好事，一旦用户使用了这款小程序，系统就会获取测试用户的脸书个人信息，这些信息包括用户所在城市、工作内容、居住地址等。

2018 年 4 月 4 日，脸书公司承认共有 8700 万名用户的隐私被泄露给了"剑桥分析"公司，大大超出了此前媒体报道的 5000 万人。首席执行官马克·扎克伯格（Mark Zuckerberg）在美国国会上作证时证实，这些数据被政治咨询公司"剑桥分析"不当利用，用于向用户投放定向广告，并在 2016 年美国选举时支持特朗普团队。听证会结束后，一些重量级投资者呼吁脸书任命一位独立董事长来取代扎克伯格。

然而，这并不是最大的麻烦。2020 年 4 月，脸书发布官方消息证实，在对"剑桥分析"公司滥用数据丑闻进行了漫长的调查后，美国联邦法院正式批准该公司于 2019 年 7 月与美国联邦贸易委员会（FTC）达成和解协议，脸书认罚 50 亿美元（约合人民币 327 亿元）。作为和解协议的一部分，脸书同意成立一个独立的隐私委员会，首席执行官马克·扎克伯格将被要求证明该公司的行为，与此同时脸书必须在其平台上实行更多的隐私保护措施。

一个脸书客户信息泄露事件最终演变成重大的政治事件、经济事件、

金融事件、大数据事件, 事件的严重程度远远超过公众预期。这一事件之所以引起各界如此激烈的讨论, 不仅在于 8700 万名客户的信息被泄露, 更关乎如何在脸书等拥有海量数据的超级平台上使用这些数据, 以及如何堵住大数据被滥用的漏洞。特别是, 大数据成为政治选举的工具, 这是令人吃惊的。

希拉里遭遇"邮件门", 竞选失败

大选中利用互联网漏洞的案例还不止一个。同样是在 2016 年美国总统大选中, 呼声一度很高的希拉里最终落败。对于失败的原因, 外界普遍认为媒体热炒的"邮件门"事件最终对希拉里造成了致命影响。某种程度上说, "邮件门"事件直接改变了美国的政治格局。

"邮件门"事件的过程可以说是一波三折: 第一次风波发生在 2015 年 3 月。希拉里被曝在担任国务卿期间, 在自己家里架设服务器, 用私人邮箱处理公务邮件, 包括机密邮件, 这严重违反了美国《联邦档案法》。迫于压力, 希拉里承认用私人邮箱处理了大约六万封邮件, 其中三万封因涉及私人生活已被其团队删除, 剩余约三万封公务邮件已于 2014 年年底全部上交国务院, 算是暂时平息了第一次风波。

第二次风波发生在 2016 年 7 月 22 日, "维基解密"公开了美国民主党国家委员会内部绝密的近两万封邮件。泄露的账户来自民主党委员会七个重要人物, 包括公关主任、国家财务总监、人事财务总监、数据和决策财务总监等。

"维基解密"公开的邮件揭露了希拉里涉及的多项"黑幕", 比如: 勾结民主党高层, 内定党内候选人; 参与"洗钱"和操控媒体; 其公关部副主任在邮件中明确提议, 冒充特朗普公司发布招聘"热辣女人"的帖子, 给特朗普"泼脏水"; 民主党委员会高管还列出了 22 个特朗普可以被攻击的主要黑点, 利用一切营造特朗普"危险"形象等。

2016 年 10 月 8 日, "维基解密"再次公开了希拉里竞选团队主席约翰·波德斯塔 (John Podesta) 私人邮箱里的数千封邮件。据外媒报道, 约翰·波德斯塔在半年前曾收到一封警告邮件, 这封宣称来自谷歌官方的邮件提醒波德斯塔需要立即更改密码, 因为有人试图侵入他的账号。但所谓的警告邮件其实是黑客发送的一封钓鱼邮件, 这导致其邮箱被成功入侵, 大量邮件泄露。

这些泄露的邮件显示，希拉里及其团队为赢得大选曾暗中派人去特朗普演讲现场闹事，她自己的克林顿基金会还接受过卡塔尔和沙特的捐助，数目达到上千万美元，占其竞选资金的 20%。这一系列丑闻使希拉里的竞选活动受到重击，希拉里的支持率不断下跌。

第三次风波发生在大选前夕。2016 年 10 月 28 日，距离大选还有 10 天左右，美国联邦调查局局长詹姆斯·科米（James Comey）致信美国国会高层，宣布重启对希拉里担任国务卿期间使用私人服务器处理机密邮件的调查。原因是 FBI 在另一起与希拉里无关的调查中，发现了与希拉里"邮件门"调查相关的大量机密政务邮件，并且绝大多数都不在希拉里上交给国务院的邮件中。因此，FBI 决定重启对"邮件门"事件的调查，这件事成为压垮希拉里的最后一根稻草。

"邮件门"事件是希拉里政治生涯里最大的转折点。一方面，希拉里通过私人邮箱处理公务的行为违反了规定；另一方面，"维基解密"公布的邮件曝光了她的多个丑闻，使得希拉里的人品和诚信度遭受质疑，选民对希拉里的支持率也因此大幅度下降。

以上三个案例展现出，在政治竞选和政治营销过程中，对系统和人性漏洞的利用能影响政治选举，甚至会直接左右政治选举的结果。当影响力被更加直接、却更加隐秘地以大数据的形式营销给每一位选民，从而影响他们的态度时，被隐瞒、欺骗和利用的选民怎么可能不愤怒。但这显然不会阻挡西方政治家们继续利用网络漏洞的步伐。

造成巨大经济损失

PC 巨头宏碁（Acer）遭勒索攻击，赎金高达人民币 3.25 亿元

2021 年 3 月，电脑巨头宏碁遭到勒索软件攻击，财务电子表格、银行往来邮件以及银行往来信息等敏感数据被盗，黑客开出了高达 5000 万美元（约合人民币 3.25 亿元）的赎金。

宏碁是中国台湾的电子与计算机制造商，核心产品包括笔记本电脑、台式机与显示器等，其拥有约 7000 名员工，2019 年营收达 78 亿美元。

2021 年 3 月，REvil 勒索软件团伙在其数据泄露站点上宣布，他们已经成功入侵宏碁的系统，并同时公布了几张作为证据的被盗文件截图。他

们发布的图像包括关于财务电子表格、银行结余以及银行往来信息的文档。

面对采访询问，宏碁官方并没有明确回应他们是否遭受 REvil 勒索软件攻击，只是强调已经向相关地方执法机关与数据保护部门"上报了近期发现的异常情况"。宏碁表示，"调查目前仍在进行，为了安全起见，我们无法就细节发表任何评论"。

根据报道，REvil 勒索软件团伙此次开出了高达 5000 万美元的赎金。如果宏碁在三天内支付赎金，攻击方表示愿意提供 20% 的赎金折扣。在收到款项后，REvil 团伙将提供解密器、漏洞报告并承诺删除窃取到的文件。REvil 团伙提出的 5000 万美元数额打破了迄今为止已知的赎金纪录。

安全专家表示，此次勒索攻击可能源于宏碁域内的微软 Exchange 服务器漏洞。此前，微软 Exchange 服务器被曝严重组合漏洞，攻击者能够在未经身份验证的情况下远程获取目标服务器权限，无需验证和交互即可触发，危害极大。

起亚汽车遭勒索攻击，被索要价值约 2000 万美元的比特币

2021 年 2 月，黑客对起亚汽车美国分公司（KMA）发起了勒索攻击，导致其 IT 服务中断，支付系统、官网等都受到影响。黑客声称已经加密锁定了该公司的文件，并要求支付价值约 2000 万美元的比特币，如果当天不及时支付，赎金第二天就加码到 3000 万美元。

起亚汽车美国分公司总部位于加利福尼亚州尔湾，隶属于韩国起亚汽车公司。KMA 在全美拥有近 800 家经销商，所有轿车及 SUV 产品都在乔治亚州西点市郊区制造。

据国外媒体报道，起亚汽车美国分公司遭受勒索攻击导致其 IT 服务全面中断，移动应用 UVO Link、电话服务、支付系统、车主门户网站以及经销商使用的内部站点均受到影响。

对此，起亚汽车美国分公司回应道："KMA 已经意识到目前涵盖内部、经销商以及面向客户的系统发生的 IT 中断。对于给客户带来的任何不便，我们深表歉意，也将致力于解决问题并尽快恢复正常运营。"

根据赎金提示分析，实施此次勒索攻击的是 DoppelPaymer 团伙。该团伙声称他们攻击的是起亚汽车母公司：现代汽车的美国分公司。但现代汽车方面似乎没有受到太大影响。

攻击者表示他们已经从起亚汽车美国分公司处窃取到"巨量"的数据。

如果未能与攻击方达成谈判和解，则数据内容将在未来2~3周被全面公开。

要想阻止数据泄露并获取解密信息，起亚方面需要向DoppelPaymer支付约404枚比特币，总价值约2000万美元。如果未能在规定时间内完成支付，则赎金将上涨至600枚比特币，约3000万美元。

DoppelPaymer向来以双重勒索闻名，即先窃取未加密文件，再对设备进行全面加密。一旦受害者拒绝支付赎金，则相关信息将很快被公开披露在专门的数据发布站点上。过去曾遭遇DoppelPaymer毒手的知名受害机构还包括富士康、仁宝、墨西哥石油公司（PEMEX）等。

上述这几个案例，是近些年来众多网络攻击事件的冰山一角。随着信息社会不断深化演进，网络安全已经和国家安全、经济稳定、人民的衣食住行融为一体，难分彼此。无论是对国家层面、机构层面，还是企业层面、个人层面而言，漏洞引发的实际利益损失正在成倍增长。

第三节 左右互搏的自我革新

在前文中我已说到，漏洞并非是计算机的产物，是自古以来就有的，人类利用漏洞的案例比比皆是。在信息化浪潮席卷全球的时代，人类在漏洞的利用和反制中不断博弈，推陈出新，在挫折中创新，在迭代中前行，不断推动互联网在矛盾运动中发展和完善。

◉ 利用与反制，永无止境

从莎草纸到互联网，从第一台计算机那样的庞然大物，到如今的各种便携、超薄、超轻计算机和手机等移动终端，人类的技术在不断发展和进步，但这并不意味着漏洞会因此减少。相反，网络世界的漏洞会越来越多、越来越复杂、越来越隐蔽、越来越严重。

现在，计算机再也不可能飞进飞蛾，但IT系统的设计、实现与配置运行都是由人来完成的，是人就有可能犯错误，操作系统或应用软件程序编写中的逻辑错误一定会导致安全缺陷，系统的错误安全配置也会引入安全缺陷。

可以说，漏洞的利用与反制永无止境。这是一场针尖对麦芒的对抗，这种对抗，不是现在才有，也不是未来才有，而是将一直存在。

更具体一些来看，未来的漏洞将会有哪些趋势？我们应该如何以一种未来和发展的眼光来看待它？

趋势一：数量越来越多

奇安信安全监测与响应中心发布的《2020 年度漏洞态势观察报告》显示，近年来互联网中的网络安全漏洞信息整体呈爆发增长趋势，其中微软、甲骨文（Oracle）、谷歌等软件巨头的安全漏洞在全年的占比依然较大。

随着工业互联网、云计算、"互联网 +"等技术的发展，数据交换越来越频繁，这就导致网络的边界越来越模糊。而这也意味着，漏洞的数量越来越多。

奇安信发布的《2020 年度漏洞态势观察报告》显示，国家信息安全漏洞共享平台（CNVD）收录的漏洞在不断突破新的记录，2020 年 CNVD 收录的漏洞总数较 2019 年同比增长 24.23%。这些漏洞涵盖了众多企业级软件官网、开源软件 GitHub、安全类订阅邮件、技术社区、安全类媒体、社交账号等。

国外官方数据同样验证了这一结果。美国国家通用漏洞数据库（NVD）以及国家信息安全漏洞共享平台（CNVD）关于近两年漏洞数据的报告显示，2020 年度新增 CVE 漏洞 13922 个、CNVD 漏洞 20136 个，漏洞数量不断创造新的纪录。

勒索病毒新增变种数也反映了漏洞越来越多的趋势。 根据美国网络安全公司火眼报道，2021 年勒索软件数量正呈现指数级增长，同时也可能会随着攻击次数的爆炸式增长而转型。

奇安信应急响应中心数据显示，2020 年全年奇安信集团安服团队共参与和处置了全国范围内 660 起网络安全应急响应事件。政府部门、医疗卫生行业和事业单位的业务专网是 2020 年攻击者攻击的主要目标，弱口令、漏洞是大中型政企机构被攻陷的重要原因。

趋势二：危害越来越大

当前，新一轮科技革命和产业变革正蓄势待发。随着物联网、工业互联网的发展，越来越多的物体被互联网联系在一起。这在给世界带来方便、进步的同时，也意味着，未来一旦因漏洞导致网络安全事件，它的危害值也将翻倍。

随着万物互联的社会的到来，联网设备越来越多地出现在人们的生活中，由此产生的网络安全风险也逐渐增加。电影《窃听风云》中，男主角为了进入警察局的档案室偷取资料,利用漏洞黑入警察局的监控系统,将监控视频替换为无人状态,以隐藏潜入者的行踪,防止被警察发现。这样的场景在现实生活中会越来越多地上演。

2021 年 3 月,汽车厂商特斯拉的镜头数据遭遇泄露,黑客表示已经获得对特斯拉工厂和货仓安装的 222 个摄像头的访问权限。事件起因是一个国际黑客组织攻陷了摄像头供应商 Verkada。除特斯拉之外,还有软件提供商 Cloudflare 以及监狱、警察局、医院和学校等的 15 万个监控摄像头访问权限被获取。

首先,黑客通过"超级管理员"账户获得对 Verkada 的访问权限,从而获取该公司所有客户的摄像头拍摄画面。特斯拉方面表示,目前公司已经停止了这些摄像头的联网,并且已经在供应商现场采取措施,停止摄像头工作,并进一步提升各环节的安全把控。

如果说制造行业的物联网设备遭遇网络攻击会导致敏感信息泄露,严重情况下还会造成工厂停产,那么要是医疗卫生行业的物联网设备遭遇攻击,就会对人们的生命健康造成威胁。

2020 年 1 月,医疗网络安全公司 CyberMDX 的研究人员发现了 GE 医疗集团的患者监护设备中存在六个安全漏洞。其中大多数的漏洞被认定为高危漏洞。一旦漏洞被利用,便可以使设备无法正常工作,同时设备上的健康信息也会被获取。

因为设备许久得不到更新,并且医院通常不会完全与互联网隔离,因此这些漏洞更容易被利用。GE 公司最初低估了漏洞的严重性,并表示它们不会给患者带来任何风险,但后来又承认,该漏洞会带来严重后果。

2019 年 3 月,美国食品和药物管理局(FDA)警告称,IPnet 医疗设备或存在严重的网络安全漏洞,可能会受到黑客的远程控制。研究人员发现了 11 个漏洞,这些漏洞可能允许"任何人远程控制医疗设备并更改其功能,导致拒绝服务、信息泄漏或逻辑缺陷,从而可能阻止设备功能"。

近年来,FDA 一直在加大力度监控医疗设备的网络安全。2019 年 6 月,医疗设备制造商美敦力(Medtronic)召回了某些型号的胰岛素泵,FDA 对这些型号的胰岛素泵容易受到黑客攻击表示担忧。

这三个例子充分表明,如果物联网的漏洞被利用,将会直接威胁到人们的生命安全。而工业互联网一旦被黑客攻击,可能会导致产业、地区甚至国家的瘫痪。电厂、水利工程、核电站等都是工业互联网的一部分,如果一个水电大坝的闸门控制系统遭到了黑客攻击，或者核电站的"核按钮"被控制，就会给整个社会带来巨大灾难。

趋势三：价格越来越高

漏洞如何定价呢？漏洞的价格取决于利用难易程度和能影响到的人群规模。利用方式越简单，使用的人群规模越大，漏洞的攻击范围就越大，价格也越高。

随着移动互联网的发展，手机应用程序覆盖到的人群越来越庞大，Signal、Telegram、WhatsApp 以及微信等通信应用程序已被世界各地数十亿人使用。在这样的趋势下，漏洞的收购价格不断上升。

2020 年，谷歌向全球 62 个地区的 662 名安全研究人员提供了超过 670 万美元的漏洞发现奖励金。值得一提的是，谷歌在 2020 年颁发了第一个针对 Android 11 移动操作系统的开发者预览奖励金，提交者获得了五万美元的奖励。

微软也针对其产品推出了多个漏洞奖励计划。具体奖金金额取决于安全漏洞的复杂性，以及报告者提交给微软的信息数量。发现远程代码执行、权限提升或 Microsoft Hyper-V 中的其他关键缺陷的安全研究人员，将获得微软提供的 5000 美元至 25 万美元不等的奖金。

科技公司巨头苹果也在 2019 年 8 月推出了一项新的漏洞奖励计划，该计划将为发现和披露 macOS、 tvOS、 watchOS 以及 iCloud 安全漏洞的人提供高达 100 万美元的奖励。苹果公司透露，它将为安全研究人员提供特别版的 iPhone，帮助他们赶在黑客之前发现漏洞。

随着软件变得更加强大，以及开发者对安全的了解进一步深入，黑客想要得到稳定的控制权限，必须同时使用多个漏洞和多项技术。这将需要更高的技能和时间成本，也将提升寻找漏洞能力的价值。

从漏洞的上述三个发展趋势我们能看到，互联网领域漏洞的严重程度是在不断加深的，这值得每一位网络安全工作者警醒，也需要让每一位互联网用户警惕。

▣ 博弈催生创新，矛盾推动进步

股神巴菲特曾自述自己之所以成功，是因为克服了内心的贪婪和恐惧。索罗斯称自己的投资能常胜不败，只是在寻找各个经济体的漏洞，是寻找漏洞并利用漏洞的过程。他还认为，正是由于他提前刺破这些漏洞，才能让经济体更快完善。

互联网领域也是一样，人们正是在利用漏洞与堵住漏洞的博弈中不断创新，矛盾推动着互联网不断进步。

我认为，区块链技术的诞生可以说是一个典型例证。数据对企业来说至关重要，随着互联网巨头产品线汇集，这些公司聚集了大量数据。

数据集中导致数据泄露的风险更大。上文我提到的脸书8700万名用户数据遭泄露就是一个例证。2018年5月25日，欧盟发布的《通用数据保护条例》（GDPR）正式实施，其目的就是规范并约束企业对用户个人数据的收集和使用，加强对欧盟境内居民个人数据和隐私的保护。

数据集中还从客观上产生了数据寡头的现象，带来数据垄断。数据垄断比技术垄断更难突破，容易产生数字鸿沟问题，形成"信息孤岛"，不利于行业良好发展。

在这样的矛盾和博弈中，具备"去中心化、信任强化、分布式共识、不可篡改"的区块链技术应运而生。数据从采集、交易、流通，到计算分析的全过程可以完整存储在区块链上，不但能够规范数据使用、提高数据质量、获得强信任背书，还保证了数据挖掘效果及分析结果的正确性。

区块链技术的出现，使得企业不再需要把用户信息存储在易被定位的"孤岛"中。这样既能防止企业违规使用用户数据，给用户信息安全提供了技术上的保护，也有利于突破"信息孤岛"，建立数据横向流通机制，逐步推动形成基于全球化的数据交易场景。现在，区块链技术应用已经延伸到数字金融、物联网、智能制造、供应链管理等多个领域。

另一方面，区块链在发挥重要作用的同时，安全问题也日益突出。区块链的各层级各司其职、相互配合，在不同层级上，广泛存在着多种漏洞：在编写智能合约时有意无意间引入的安全性漏洞，底层源码也可能存在整数溢出漏洞、公开函数漏洞等。根据国外科技机构发布的报告，2020年发生了122起与区块链相关的攻击事件，导致38亿美元被盗。

区块链应用越广泛，网络安全挑战就越大。做好网络安全保障，是区块链创新产业健康发展的前提。所以，我在2020年向北京市政协十三届三次会议递交的提案中，建议对区块链建设中的安全预算进行强制要求，实现区块链建设与网络安全的"三同步"——同步规划、同步建设、同步运营，从源头解决区块链的安全问题。

现在，互联网逐渐深入人们生活，网络安全领域的博弈更加错综复杂。利用漏洞发起的网络攻击已经产业化，形成了庞大的"网络黑色产业"，给人们的日常生活和社会的正常运行带来了巨大的威胁。

互联网技术不再是一个单纯的技术问题，在裹挟了政治利益、经济目标和人性满足等因素后，网络的漏洞会被放大，甚至是无限放大。其危害，无法估量。这是我们必须时时刻刻警惕，甚至比以往任何时刻都需要警惕漏洞的现实原因。

人有弱点并不可怕，真正可怕的是明知自己有很多弱点，却不去认识和积极改正。如果不深刻地认识到自身的弱点，学会自我控制，提高自我纠错能力，我们是无法走向成功的。

面对网络漏洞，我们也需要以同样的逻辑来面对它。既然我们已经发现了漏洞的规律，总结和梳理出了漏洞的趋势，下一步，就需要更加深入地挖掘当前网络领域是如何利用漏洞的、各个环节和要素如何在其中发挥作用，以及在这场左右互搏的对抗中，我们如何战胜庞大的"网络黑产"，推动互联网的健康、快速发展。

第二章

黑与白：
是"黑产"魔高一尺，
还是"白产"道高一丈

Chapter 2

当前，互联网应用加速向人工智能、大数据、物联网和云计算演进，企业数字化转型不断提速。越来越多的关键业务和应用都需要依托互联网完成，这也意味着，攻击者透过安全漏洞可以攫取更多、更大的"价值"。

攻击者针对网络系统发起攻击的起点是安全漏洞，他们持续不断地挖掘和发现更多的漏洞，并针对性地开发攻击工具武器和攻击方法战法，偷隐私、盗数据、破坏系统、网络诈骗。从最早的"bug"到后来的黑客职业化、漏洞攻击专业化、市场开拓产业化，漏洞带来了巨大的地下经济产业。

随着互联网渗透到经济社会发展的方方面面，网络安全已经直接关乎人民群众的权益和利益，网络犯罪已经成为新的犯罪形式。因此，我们需要对漏洞的产业链条形成理性、完整、客观、深刻的认识，以彼之道还施彼身，才能有对策性地、科学地完成有效的漏洞产业链条治理。

在这样的大背景下，基于漏洞的发现、响应与防御也形成了产业，我将其称为"白色产业"。例如，通过漏洞响应平台把安全人才、技术和资源向社会共享，通过网络安全众测协同企业和政府主管部门共同保护网络安全等，就是典型的"白产"。

第一节 网络黑色产业

"有利益的地方，就有犯罪。"自互联网诞生以来，利用漏洞获取非法利益的网络犯罪就应运而生，并催生出巨大的地下经济，即网络黑色产业。

网络黑色产业，是指以计算机网络为工具，以盈利为目的，有组织、分工明确的团伙式犯罪行为。

◉ 光明背后的阴影

2020 年，全国公安机关网络安全部门发起了名为"净网 2020"的打击网络黑产行动。这次行动总计侦办刑事案件 4453 起，抓捕违法犯罪嫌疑人超过 1.4 万人，查获涉案网络账号超过两亿个。

广州网络安全部门侦破的"7·06"案就是"净网 2020"的行动成果之一。"7·06"案中，广州网络安全部门发现并成功查处一个包含 80 名犯罪嫌疑人的网络黑产团伙，该团伙主要依靠生产和销售一款叫做"繁星盒子"的黑产设备获利。

这款"繁星盒子"是一种新型群控设备，能模拟 630 部安卓手机的硬件信息，可以实现对微信账号的批量登陆、操控、进行 IP 代理等功能。据媒体报道，这款设备曾被销往中缅边境，被多个网络黑产团伙用于实施网络电信诈骗、网络赌博等犯罪活动，总涉案金额高达 1200 余万元。

"净网 2020"让那些暗藏在平静网络空间之下的罪恶无处遁形，随着数字时代发展逐渐降低的技术门槛、巨大的利润空间和市场需求，很多人不惜铤而走险，走上违法犯罪的道路。

虚拟货币成为"黑产"地下交易的支付手段之后，黑客们交易漏洞工具、攻击软件等网络武器，不再害怕因为"一手钱、一手货"而暴露身份，交易变得公开并且更加活跃，漏洞因市场扩大而产生的价值越来越大，黑色产业产值飞速增长，并衍生出多个细分领域。

我把网络犯罪分为两类：一类是传统网络犯罪。这类犯罪行为是传统犯罪的网络化，这些犯罪形式一直存在，即使不利用网络技术犯罪分子也能得手，但利用网络技术以后，作案成本更低，隐蔽性更强，获取的利润更巨大。

另一类我称之为新型网络犯罪。这类犯罪行为是基于网络技术创造的新型犯罪行为，这些犯罪形式只有通过网络技术才能实现。随着网络空间与物理空间的深度融合，这类犯罪会造成超乎常人想象的、更为严峻的后果。我们必须时时警醒，予以高度重视。

▣ 传统犯罪网络化

网络诈骗

互联网的高速发展，让网络诈骗手段更为多样并且分工明确，出现了集团化、产业化特点，形成了一套集"开发制作—批发零售—诈骗实施—分赃销赃"于一体的完整产业链。奇安信曾协助警方成功打掉一个隐匿在越南的犯罪团伙，揪出了一条集诈骗实施，为犯罪分子提供境外网络服务器、网站建设、虚拟身份等的完整犯罪链条。

2020年12月4日，马女士报警称被"多人"以低价购买手机、办理退款为由，骗取了25000元。警方接到报案后火速展开侦查，发现这起案件的主谋竟然是马女士所谓的网恋男友，而马女士口中所谓的"多人"，则是网恋男友一人分饰三角。

案发前几个月，马女士与犯罪嫌疑人王某通过网络交友相识并快速交心。相处过程中，王某偶然得知马女士要换手机，便向其推荐了一位卖手机的"朋友"。马女士没有拒绝，向"朋友"支付了6000元用于购买手机，此时"朋友"声称自己银行卡被锁，要求马女士再转2400元才能解锁，为了能尽早拿到手机，再加上男友的这层关系，马女士没有多想，按"朋友"的要求进行了转账。

钱付给了"朋友"但手机却迟迟没有收到，马女士开始心急了。当她再次询问是怎么回事时，"朋友"向马女士推送了一个"银行"的微信账号，并承诺退款。马女士与该微信号进行协商，但"银行"要求马女士先付定金才能退款。马女士心急如焚，并未多想，分三次向此微信号转账2000元后，才意识到了问题，于是赶紧报警。

案发后，年仅18岁的王某被警方抓捕归案。据交代，他为了维持高消费的生活，萌生了邪念，开始利用社交软件寻找"猎物"，实施网络诈骗，最终走上了违法犯罪的道路。

2020年，我国警方共破获电信网络诈骗案件32.2万起，相比2019年增加了61%。网络诈骗的作案手法已经超过了300多种，其中网络兼职、网络交友、注销校园贷是最热门的三种诈骗方式。微信、QQ、支付宝等这些紧贴生活、应用广泛的APP，则成为了犯罪分子实施网络诈骗的重要渠道。

这些犯罪分子抓住信息时代的发展趋势，不断对骗术包装升级，把人性当中"趋利避害"的特点利用得淋漓尽致。只要你有机会接触到网络，不论男女老幼、学历高低，都可能成为网络诈骗的受害者。

赌博诈骗

自古以来，有赌桌就有"老千"。当赌博搭上网络技术"新手段"时，这个"千术"就更让人难以识破。那些幻想着一夜暴富的人最终大多倾家荡产，一些人因欠了一身赌债，不停地参与赌博来争取"翻身"的机会，结果却越输越多。

2021年3月，媒体曝出某腾讯员工，因参与网络跨境赌博，不堪重负而选择自杀。该名员工自杀前留下遗书，写下了自己的忏悔。

这名员工在遗书中自述，在2020年10月左右，他开始通过某APP玩德州扑克，开始是见好就收，获利36万元。但之后就是一输到底，直到败光了身上所有积蓄。一穷二白没能让他收手，为了回本，他通过借贷、找熟人借款的方式拿到430余万元作为赌资，直到征信出现问题，借无可借，他都没能在赌场上翻身。

眼看纸包不住火了，他选择向妻子坦白。妻子闻讯将自己的75万元积蓄和征信贷来的20万元全部给他还债。但该员工一心想翻盘，将妻子的全部积蓄也拿到了赌场上，并且再次输光。此时他再也无颜去请求妻子的第二次原谅，于是写下了遗书选择自杀。所幸这名男子被及时救回，目前没有生命危险。

网络上的赌博游戏实际上就是一种诈骗工具，犯罪团伙设定了输的概率一定高于赢的概率，而且后台还可以根据需要上调或者下调赔率。这就意味着，犯罪者一定会盈利。并且，作为游戏的操控者，赌博团伙也可以从后台直接封杀一些经常赢钱的参赌账号，这样即使你赌赢了钱，也一样拿不到现金。可以说，只要有人玩他们的游戏，他们就绝对是稳赚不赔的。

与赌博相关的网络犯罪还有很多，并且"骗术"越来越隐蔽。比如一些赌客使用微信拼手气红包，通过猜庄家的随机红包尾数或大小来赌博，但是庄家使用了外挂软件，提前就用该软件设置好了红包尾数，这样就能稳赚不赔。再比如，庄家用手机远程控制赌博机，当有"大鱼"上钩时，立即用手机调整机器，让赌客输得一分不剩。

赌博"水太深"，不少人把赌博作为他们通向发财之路的捷径，沉迷其中，其结果往往是家庭破裂、倾家荡产，甚至走上犯罪的道路。

电信诈骗

电信诈骗技术门槛极低，吸引了大量低端诈骗分子，他们处于网络"黑产"的最下游，但也是最大的"黑产"变现渠道。不法分子从处于产业链中游的盗窃团队中购买最鲜活的静态和动态个人隐私信息，把骗术生活场景化和个性化，实施精准诈骗和高额诈骗。

2021年1月，资深股民老石接到一通电话，对方自称是某炒股软件的工作人员，这名工作人员要求老石下载一款APP，称可以退还曾经炒股产生的服务费，同时把老石拉了"龙家乐"炒股群。

老石心生怀疑，但想到可以退还服务费，还是下载了APP。提现过程异常顺利，成功拿到服务费的老石，心理防线开始松动。此时骗子告诉老石最近行情不好，股市上不好赚钱，而APP上的理财项目收益颇丰，推荐老石试一下。老石抱着试一试的心态投入了九万元，果然挣了不少，这时老石彻底放松了警惕。

在"龙家乐"专家群和"工作人员"的洗脑下，老石将自己攒的68万元全部存进APP，准备将巨额收益提现。就在这时，悲剧发生了，老石发现自己被踢出群聊，导师也将自己拉黑，APP也再也打不开了，68万元的本金就这样打了水漂。

2020年，中国信息通信研究院发布了《新形势下电信网络诈骗治理研究报告》。报告显示，受疫情影响，2020年线上日均活跃用户规模、用户时长创下了历史新高，电信诈骗风险呈现出明显上升趋势，仅用户举报的电信网络诈骗案数量就高达15.2万件，其中针对诈骗电话的举报次数比2019年上升了88.9%。

非法集资

互联网是风口经济，市场上有一种说法，"在风口上，猪都能飞起来"。骗子把"非法集资"这头猪挪到了风口上，愣给吹得飞上了天。他们打着"互联网金融创新""经济新业态"等幌子，把非法集资规模扩大了百倍，大大突破了诈骗的地域界限。

从官方发布的数据来看，非法集资具有犯罪跨区域、犯罪网络化的特点。2020年我国公安机关针对非法集资的犯罪特点，依托"云端打击"集群战役系统，立案侦办了多达6800余起非法集资案，涉案金额高达1100亿元，抓获犯罪嫌疑人约1.6万人，从境外10余个国家和地区缉捕了80余名犯罪嫌疑人。

2020年，百亿级别的P2P华夏信财涉嫌非法集资被查处。华夏信财在没有通过国家相关部门批准的情况下，设立了"花虾金融"线上平台和"华夏投资"线下门店，并且承诺用户6%~19%不等的固定收益，比当年全国轰动一时的"e租宝"的预期年化收益率还要高。

截止到2020年5月，华夏信财的累计待偿还金额已达63亿元，目前，公安机关冻结了"华夏信财"的相关银行账户，并追缴现金7.5亿余元。

非法集资新发案件几乎遍布所有行业，呈现"遍地开花"的特点，投融资类中介机构、互联网金融平台、房地产、农业等重点行业案件持续高发。大量民间投融资机构、互联网平台等非持牌机构违法违规从事集资融资活动，发案数占总量的30%以上。

从案件情况看，涉案地区快速从东部向中西部扩散，从一二线城市向三四线城市蔓延。案件集中于东部沿海地区和中西部人口大省，但中小城市、城乡结合地区、农村地区案件也在逐渐增多，潜在风险不容忽视。

网络传销

随着我国对传统传销模式打击力度加大，一些传统的传销组织纷纷利用网络平台"改枪换炮"，开展更具欺骗性的传销活动。他们引入电子商务、投资理财、新经济模式等概念，借助互联网传播，短时间内就能聚拢数量庞大的参与者。但无论采用哪种包装手段，网络传销的获利方式与传统传销没有本质的区别，同样是交纳会费，然后再拉人进入作为自己的下线，如此炮制。

2020 年 8 月，公安机关立案侦办了"PlusToken 平台"网络传销案，摧毁了一个盘踞境内外的特大跨国网络传销组织，抓捕了 27 名主要嫌疑人和 82 名骨干成员。这起案件涉及参与人员 200 余万人，层级关系高达 3000 层，涉案总金额超过 400 亿元。

消息显示，2018 年 5 月，犯罪嫌疑人搭建了"PlusToken 平台"，开始从事互联网传销犯罪。他们利用区块链技术作为噱头，用数字货币作为交易媒介，向下线承诺高额返利。参与人员需要支付价值 500 美元的数字货币作为会员费，随后就可以开始发展自己的下线获利了。

随着成员数量不断增长，该犯罪团伙也开始向组织化、职业化方向发展，出现了市场推广组、拨币组、客服组等支撑部门，分工明确且颇具规模。为了吸引更多会员，该组织还在境外定期组织推广大会，用演唱会、旅游、会议等线下活动为平台宣传造势。

由于网络的便利性、虚拟性，近年来涉及网络传销的人数迅速增长。目前，常见的传销模式包括：一是"消费全返"模式，比如 2020 年 7 月被依法查处的"悦支付"平台，以"消费全返"等为幌子骗取财物；二是"金融理财"模式，比如 2021 年 1 月被警方破获的特大网络传销案"环球财富熊猫金元"投资平台，以虚拟货币为幌子，招募会员近 2000 人，犯罪金额高达两亿元；三是"慈善公益"模式，比如 2021 年 3 月被曝出崩盘的 AOT 慈善币，以慈善公益的噱头，吸引大量投资者，网曝目前操盘手已携款潜逃，受害者数量高达万人。

数据交易

数据交易已经成为不法分子通过网络获取利益的一种主要手段。这些数据被贩卖给相应机构后，往往被用于"精准推广"，甚至干脆用于诈骗。

过去，不法分子需要通过"黑市"或者买通内部人员等方式，才能获得人们的隐私数据，获取成本很高。互联网出现后，黑客只需要利用漏洞攻击目标网站，就能获得大量数据，大大降低了数据交易的成本，网络技术让数据交易变得更容易、更频繁。

近年来，关于网络数据交易的报道屡见报端。2021 年 1 月，国内警方成功破获一起信息贩卖案。该案件中，犯罪团伙利用境外跨平台的即时通信软件 Telegram 贩卖了六亿条个人信息，犯罪团伙使用虚拟货币进行收付款，共获利 800 万元。媒体报道称，这起案件的受害者遍布 10 多个省市，可能是迄今为止我国波及范围最广的个人信息贩卖案。

通过计算，该案件中平均每条隐私数据的成本不到 1 分钱，与 2018 年的信息泄露案件相比，成本降低了近 10 倍。可见近年来，数字技术的发展不仅让窃取隐私数据的门槛迅速降低，同时也显示出黑产链条正逐渐完善并发展壮大。

2020 年国家互联网应急中心（CNCERT）发布的《2019 年中国互联网网络安全报告》显示，目前，黑产上下游产业链分工逐渐明确，形成了信息倒卖、工具制作、攻击实施、商品转手的完整产业链条。

洗钱

洗钱纵容了不劳而获，让犯罪违法获得的资金逍遥法外，破坏社会公平和市场公平，一直是世界各国重点打击的犯罪之一。洗钱主要有四种形式：其一，明知是赃款，为帮其隐瞒来源和性质，而提供资金账户；其二，协助把财产转为现金或证券等；其三，协助资金转移；其四，协助把资金汇往境外。

进入互联网时代，新型的加密货币让洗钱变得更加方便和隐蔽。与法定货币相比，加密货币没有集中的发行方，完全由网络节点的计算生成，兑换和使用非常自由，交易过程可以越过所有的金融系统监控，非常难以追踪溯源，所以受到洗钱者们的青睐。

2021 年 4 月，最高人民检察院和中国人民银行公布了一起利用比特币洗钱的典型案例。该案件中，被告人陈某枝，在前夫陈某波非法集资败露后，帮助其利用比特币"洗白"赃款，并向境外转移财产，被判处有期徒刑两年，处罚金 20 万元。

2015 年，被告人的前夫陈某波通过开设交易平台发行"虚拟币"，骗取了大量非法钱财。被警方发现后，陈某波火速与妻子陈某枝办理了假离婚，并将 300 万元赃款转移到陈某枝个人账户，随后逃至境外。

在海外逃窜期间，陈某枝将这 300 万赃款分批次转回前夫个人银行账户，供其在境外使用。夫妻俩还组建了一个三人微信群，除了二人外，还包括一名"矿工"。这名"矿工"是比特币洗钱的关键人物，一般情况下，陈某枝会将钱打给这名"矿工"，随后将"矿工"发来的比特币密钥转告陈某波，由前夫陈某波完成境外的比特币提取，达到将黑钱洗白的目的。

除了比特币以外，"跑分平台"也成为当下常见的一种洗钱方式。2021 年 3 月，辽宁警方破获一起特大跑分平台洗钱案，涉案流水金额高达人民币 400 亿元。案件中，当赌徒登陆赌博网站充值赌资时，境外的赌博网站就会将充值信息同步到"跑分平台"，平台上进行洗钱的人员进行类似"网约车"的抢单，每单任务完成后，洗钱人员会拿到 1%~1.8% 不等的佣金，佣金一旦到手，就意味着一条跨境赌博洗钱的产业链完成了。

据深圳市反电信网络诈骗中心介绍，利用第三方支付平台转移赃款和洗钱的手段一般有三种：通过第三方支付平台发行的商户 POS 机虚构交易套现；将诈骗得手的资金转移到第三方支付平台账户，在线购买游戏点卡、比特币等物品后转卖套现；将赃款在银行账户和第三方支付平台之间多次转账切换，逃避公安追查。

可以说，只要洗钱者冒用他人身份资料或者伪造身份资料，一人注册多个账户，就能将非法所得"洗白"。

▣ 网络犯罪多样化

暗网

暗网有多"黑暗"？我可以告诉大家，那里是网络空间的罪恶天堂。

暗网技术起源于 1996 年美国海军的一个构想，在这个系统中用户连接互联网时处于匿名状态，不会在服务器上留下真实身份。因为保护访问路由器的密码像洋葱一样层层叠加，也被称为"洋葱网络"（Tor，The Onion Router）。

Tor2.0 版后改为开源软件，暗网脱开军方，成为互联网上最大的网中网，有自己的域名体系，还有自己的网站百科目录。暗网普遍用于违法交易和网络攻击，比特币是暗网货币。

暗网就好像互联网上的一个黑洞，普通的网络访问、用户和服务器之间的访问记录（日志）是可以回溯的。理论上讲，张三独立访问了 A 网站，就会在 A 网站上留下张三的 IP 地址，警察动用行政力量，就能找到张三的真实身份。如果使用代理服务器，就能更改隐藏访问者 IP，但一旦代理服务器被攻陷，也能拿到访问者身份。

暗网的原理是引入 P2P 分布式机制，每一个装了 Tor 软件的用户电脑变成中继连接，每一次访问路径都随机经过多个中继连接，每次变化在任何一个中继服务器上找不到完整的痕迹。

"华尔街市场"是全球第二大暗网交易平台，其上的毒品交易、数据贩卖、恶意软件等非法交易数量数不胜数，吸引了超过 115 万客户和 5400 多个卖家。2019 年"华尔街市场"被德国警方剿灭，"暗市"（Dark Market）后来居上，成为非法交易双方热捧的暗网平台。2021 年年初，德国警方再次出手捣毁了这个新兴的犯罪平台。

在新冠疫情肆虐全球的大背景下，暗网除了传统的非法交易之外，还涌现了大量利用新冠疫情敛财的非法交易。根据英国安全厂商 Digital Shadows 统计的数据，在 2020 年 1 月至 3 月期间，暗网中与新冠疫情相关的内容增加了 738%。

疫情期间，除了军火、毒品、隐私数据外，口罩和新冠检测试剂等防疫物资成了暗网新宠。有暗网卖家在交易平台上以 61 元的价格出售偷来的 3M 口罩，同样从非法渠道获得的检测试剂也成为了商品之一。

除了防疫物资外，更让人脊背发凉的交易商品是新冠病毒。2020 年 3 月 31 日，一个自称是西班牙医生的卖家，在暗网出售 24 份新冠病毒感染者的血液与痰液样本，他将 24 份样本打包出售，并保证全程冷链运输，不会让病毒死在路上，售价仅为 100 美元。

如今，越来越多的人开始了解到暗网，各国政府和执法机关都在抓紧清扫暗网上的非法行为。但正如"暗市"取代"华尔街市场"一样，暗网并不是罪恶之源，只要对于罪恶的需求存在，这些非法交易平台就会不断迭代，支撑暗网发展。

木马攻击

"木马攻击"这个词来源于一个古希腊神话故事，攻击特洛伊城的士兵使用木马来伪装实现攻城，这一特点与木马病毒相似度极高，也自然而然地成为了电脑木马程序的名字。

木马是一个专门的恶意软件类型，主要是指通过伪装等手段，掩盖自己的真正意图。从原理上来说，由于木马的通用性，在任何类型的网络犯罪当中几乎都会见到木马的身影，包括窃取信息、破坏计算机、横向渗透整个网络，甚至进行国与国之间的 APT 攻击。因此木马也被称为"网络犯罪的枪和子弹"。

木马攻击已经形成了非常完整的黑色产业链，分工包括木马制作、木马代理、包马人、洗钱人等一系列角色。

其中，木马制作和木马代理经常是公司化运作，实现木马编写、避免被杀毒软件查杀"一条龙服务"。之后，包马人负责在网页上植入木马，从中招用户的电脑中盗取各类有价值的信息，再把这些数据出售给洗钱人，由洗钱人进行变现操作，与其分成获利。

2021 年 1 月，奇安信威胁情报中心检测到一个名为 MyKings 的病毒团伙，它通过更新自身基础设施，大大提升了攻击能力。MyKings 可以通过扫描互联网端口入侵受害者主机，分段下载恶意文件，旷日持久地残害受害者系统，同时还会向受害者主机投递远控木马、挖矿木马等恶意程序。

现在币圈大火，挖矿木马被黑客广泛利用于控制他人电脑挖掘虚拟货币。虚拟货币价格暴涨，最高的价格已经飙升到了一枚 5 万美金，巨大的经济利益引发了疯狂的挖矿热潮。但是，挖矿需要强大的算力支撑，仅凭一台普通的家用电脑无法实现短期获利，于是黑客们便将目光瞄准了他人的电脑设备，甚至是超级计算机。

2020 年 5 月，英国、德国、西班牙、瑞士、巴伐利亚等多个欧洲国家的十多台超级计算机，被陆续曝出由于感染恶意挖矿软件，而沦为挖矿"肉鸡"的事件。超级计算机的计算能力强大，常为国家高端科技领域和尖端技术研究提供强大的算力支持。这十几台超级计算机感染恶意病毒后，无一例外地选择了立刻断网或关闭服务器，以避免造成更严重的损失。

由于"挖矿木马"隐蔽性极强，未来这类木马数量还将继续增加。不法分子可能会将"挖矿"目标转移到网页游戏和客户端游戏中，通过游戏的资源高消耗率掩盖"挖矿"机的运作。

网站挂马与篡改

"网站挂马与篡改"是网络犯罪行为中常用的一种攻击方法。现在，攻击者总会利用各种手段，包括病毒感染、"零日漏洞"利用、SQL 注入漏洞、网络劫持、恶意广告投放等，向网站页面中加入恶意代码，去篡改网页内容。

用户一旦点击，就会自动访问被转向的地址，不仅传播速度快，而且事件造成的影响也很难消除。更有甚者，当访问者打开带有恶意代码的页面时，计算机就会自动下载木马病毒，就好比木马病毒被挂在网页上，因此这样的攻击也被形象地称为"挂马"。

"挂马"整个攻击过程可大致分为三个环节：恶意代码开发维护、获取修改网站页面权限并植入恶意代码、持续控制"肉鸡"并挖掘价值。围绕这三个环节，网络犯罪进行了专业分工，并形成了真正意义上的"黑色产业链"。

2006 年，以 MPack 为代表的商业化攻击代码库开始出现，任何人只需要 500~1000 美元就可以获得一套完整的商业化攻击代码。攻击者利用攻击代码库可以非常轻易地获得网站访问者计算机的控制权，并通过窃取账号密码、出售 DDoS 攻击等各种方式进行变现，"黑产"由此迅速发展成熟。

2020 年 10 月，美国前总统特朗普的竞选网站遭到篡改。黑客在网站上写下一则声明，强调"此网站已被查封"，不仅声称获取了有关特朗普的机密信息，还称特朗普政府与新冠病毒的源头有关。被篡改的网站同时附上了两个加密货币钱包的链接，让访问该页面的人以捐款的方式进行投票，从而决定对这些机密信息是公开还是隐藏。

2020 年 5 月，大量以色列网站遭到伊朗亲巴勒斯坦组织的攻击，这些网站首页被替换成了反以色列的恐怖视频，视频下方还放着用希伯来语和英语写的"摧毁以色列早已进入倒计时"的标语，对以色列整个国家、民族和人民造成了巨大的心理冲击。

国内网站遭遇篡改的形势同样严峻。2021 年 2 月，中国互联网信息中心发布的《中国互联网络发展状况统计报告》显示，2020 年 CNCERT 监测发现，我国遭遇过篡改事件的政府网站数量高达 1030 个，较 2019 年同期增加了 30.9%。

未来，只要互联网的主要展现形式还是网站，"挂马"这种攻击方式就一定会长期存在，并且会随着互联网环境和攻防对抗的发展，不断发生新的变化。

网站拖库与撞库

数据泄露一直是网络安全的焦点，服务商和黑客之间在用户数据这个舞台上，一直在进行着旷日持久的攻防战。在这场攻防战中，"拖库"与"撞库"成为了我们必须重视的问题。那么什么是"拖库"和"撞库"呢？

"拖库"顾名思义就是黑客从有价值的网站中把用户资料数据库拖走。而"撞库"则是指黑客通过收集互联网已泄露的用户和密码信息，生成对应的密码字典表，尝试批量登录其他网站后，碰撞出一系列可以登录的账户。用户在不同网站登录时使用相同的用户名和密码，相当于给黑客配了一把"万能钥匙"，一旦丢失后果无法想象。

"撞库"攻击需要一定的攻击成本，其中最重要的是"撞库"的源数据。这些源数据主要通过以下三种方式获取：黑市购买；同行交换；自行入侵网站并拖库。这三种源数据的获取方式都是由黑客入侵网站后进行"拖库"而泄露出来的。

随着网站数据库泄露事件频繁发生，加上地下黑色产业日渐成熟，不法分子获取网站用户数据后，可以通过诈骗、推广等方式迅速变现，"撞库"攻击逐渐成为主流的盗号方式。

2019年2月，北京字节跳动科技有限公司向警方报案，称旗下某APP遭到黑客使用千万级外部账号密码恶意"撞库"，其中上百万个账号与密码已经和外部泄露密码相吻合。值得庆幸的是，字节跳动检测到恶意攻击后，及时对疑似被盗账号设置了短信二次登陆验证，因此没有造成巨大损失。5月底，犯罪嫌疑人汪某被抓获。

通常情况下，黑客盗取大量账号后，会使用不同的方式对这些账号进行变现。例如：游戏类的账号可以转移虚拟货币、出售游戏账号、盗取装备；金融类的账号可以用来进行金融犯罪和诈骗；其他类型的账号还可以直接出售给专门的广告投放公司，用于发送广告、垃圾短信、电商营销等。

在字节跳动被"撞库"一案中，犯罪嫌疑人汪某就是通过发布广告的形式进行变现。该男子利用自身的计算机能力编写了大量"撞库"代码，控制了多个热门网络平台的大量账号，通过刷流量、发布广告等业务牟利，累计获利上百万元，字节跳动只是受害者之一。

随着网络诈骗问题日益增多，"拖库"与"撞库"攻击所衍生的问题也

越来越受到重视。要防止"拖库",主要是要做好网站自身的安全工作,杜绝网页漏洞、管理员弱口令,同时还可以和专业安全厂商合作,通过渗透测试的方式,全面检查网站所存在的漏洞和脆弱点。而防止"撞库"攻击,重点是在网站登录时做好相对严格的验证流程和防御措施,如限制同一个 IP 的请求频率、添加无法通过机器去识别的滑块验证码等。

DDoS 攻击

DDoS 是 Distributed Denial of Service 的缩写,意为"分布式拒绝服务"。通俗地说,DDoS 攻击就是使被攻击的系统"拒绝提供服务",一般是利用这个系统的功能缺陷,或者直接消耗其系统资源,使系统无法正常提供服务。

DDoS 攻击由来已久。可以说,自互联网通讯协议(TCP/IP)诞生之日起,DDoS 这种攻击方式就伴随而生。

互联网上最经典的 DDoS 攻击方式之一是 SYN Flood 攻击(SYN 为 Synchronization 开头三个字母的缩写,意为"同步"),它利用的是 TCP/IP 设计的天然缺陷。简单来说,TCP 在交换数据之前有一个"三次握手"建立连接的过程,这是一种协商机制,只有握手成功才能建立成功连接。然而,目标主机缺乏有效的校验机制,不论是谁发起"握手请求"(即 SYN 请求),目标主机都要作出响应。这就给攻击者提供了可乘之机,当攻击者蓄意发起大量的 SYN 请求时,目标主机就不得不对这些请求作出响应,导致出现内存不足和 CPU 满负载的情况,从而无法正常地提供服务。

和 SYN Flood 攻击的原理类似,DNS 服务器也成为 DDoS 攻击的重灾区。DNS(域名系统)被称为"互联网的基石",不论是谁发起 DNS 请求,DNS 服务器都需要响应。如果遇到蓄意的 DDoS 攻击,DNS 服务器就会因为要大量响应、查询大量的表项,最后导致无法正常提供服务。

2020 年 6 月,美国电信网络遭遇历史上规模最大的 DDoS 攻击,美国的多家运营商以及 Instagram、脸书等网络公司都遭遇了服务中断,全国网络陷入瘫痪,电话、短信无法正常使用,严重干扰了人们的正常生活。

攻击频率变高、攻击数量猛增的背后,是逐渐成熟的 DDoS 黑灰产业链。调查显示,在黑灰产交易平台上,有不少黑客向买家提供 DDoS 攻击服务。产业链上游负责为"傻瓜式"的 DDoS 网络攻击提供工具;产业链中游负责提供流量，一般都拥有稳定的带宽和大量"肉鸡"；产业链下游便是执行攻击的黑客。一次 DDoS 攻击的价格高低视网站防御情况或攻击规模而定，一般在人民币 1000~2000 元，支付方式多样，支付宝、微信、比特币，均可付款。

随着信息技术的飞速进步，DDoS 攻击正变得越来越频繁。2021 年 2 月，奇安信羲和实验室发布了 DDoS 攻击报告。报告显示，春节期间 DDoS 攻击明显增加，奇安信星迹 DDoS 观测系统累计观测到反射放大 DDoS 攻击事件六万多个，涉及被攻击 IP 57000 多个。

私服外挂

私服一度是网络安全领域的热门词语，指的是未经版权拥有者授权，非法获得服务器端安装程序之后设立的网络服务器，本质上属于网络盗版，与在互联网上共享未经授权的版权作品的本质差别不大。随着时间的流逝，越来越多的私服开始转入地下，我们可以从私服的兴起之路来回顾一下这种新型的网络犯罪手段。

在网络游戏中，拥有特殊需求的玩家大有人在，为满足这部分人的需求，私服"应运而生"。其主要目的是通过以包月或者点卡等方式，向游戏玩家收费，满足玩家的特殊需求。由于利润可观，私服实际造成的影响力比其他网络盗版行为危害更为严重。

2001 年网络游戏兴起，来自韩国的 MMORPG 游戏《传奇》火遍中国，但由于其苛刻的等级升级制度，玩家往往要耗费大量精力及财力，才能获得较好的装备和较高的等级。在这种情况下，一些私服运营者开始扮演 GM（Game Master，游戏管理员）角色，比如提升游戏初始等级、减少升级所需经验等，同时向愿意付费的玩家出售装备。

私服的兴起催生了多条产业链。首先是 DDoS 产业链。为了抑制对手扩张，私服的运营者会提供费用招揽黑客，以 DDoS 的方式致使其他私服不可用。其次是雇佣黑客针对网络游戏开发公司进行渗透，如某老板贿赂巨人网络游戏公司的开发者，从其手中购买网络游戏源码以供架设私服。最后是伴随私服大量兴起而生的"外挂"产业链。

严格来说，"外挂"在私服兴起之前就已经存在了。"外挂"的早期雏形是针对单机游戏的游戏修改器。随着网络游戏兴起，流行的外挂技术包括封包修改法、Hook 网络游戏客户端关键函数等。"外挂"产业链也逐渐变大，

包括外挂开发者、销售、客服等各个角色，外挂产业中还借用了与游戏运营相同的一些理念，如外挂的会员制度、包月制度等。

如今，几乎所有流行的网络游戏中都存在外挂，包括最近火遍全球的"吃鸡"游戏《绝地求生》。随着某平台主播使用外挂事件的发酵，FPS 类游戏的外挂泛滥问题也逐渐浮出水面。这些外挂的主要功能包括射击无后座力、透视、千里狙击等。在国内某外挂销售网站上，我了解到类似功能的外挂售价高达 100 元 / 天，更有甚者号称其外挂功能强大并开出了 8000 元 / 月的高价。由此可见，整个外挂产业链利润十分可观。

除了 PC 端网游，大火的移动端手游也难逃游戏外挂的魔爪。2020 年 12 月，浙江警方破获一起《王者荣耀》外挂案，犯罪团伙分工明确，开发、测试、分销环环相扣。调查发现，该团伙开发、测试仅两人，共计非法所得 60 余万元，销售代理非法所得 1~10 万元。

随着电竞行业的完善，网络游戏除了休闲的功能，也逐渐体现出某些竞技性，某些游戏在发行时就提供了创建服务器等功能。因此，私服产业逐渐衰败，但外挂仍旧是困扰电竞产业最大的威胁，一些国家甚至为反外挂推出了专门定制的法律。预计在未来的游戏产业中，关于游戏安全及外挂的技术对抗，仍旧会此消彼长。

域名劫持攻击

域名劫持攻击离我们有多远？我可以告诉大家，其实我们每天上网都会遇到。

域名系统（DNS，Domain Name System）是互联网最为关键的基础设施，它是一个分布式数据库，能与 IP 地址相互映射，从而使用户不用死记硬背那些复杂的、能被机器直接读取的 IP 地址，就能方便地访问互联网。域名一旦被劫持，将会引导用户进入攻击者伪造的网站或导致网站无法访问，造成无法估量的后果。

域名劫持攻击一般有很多种形式。其中的一种方法是利用各种恶意软件修改浏览器、锁定主页或不停弹出新窗口，强制用户访问某些网站，或者访问 A 站时替换成 B 站，这种威胁目前因为有安全软件和安全浏览器的存在，基本已经消除。

更高级的攻击是通过冒充原域名拥有者，修改网络解决方案公司的注册域名记录，将域名转让到另一团体，让原域名指向另一个服务器，使正常的域名访问被指向攻击者所引导的内容。

EfficientIP 与 IDC 合作完成的《2020 全球 DNS 威胁报告》显示，2020 年，服务提供商成为 DNS 攻击的热门对象，全球有 83% 的服务商遭到了 DNS 攻击，频率明显增加。服务商遭受攻击往往会造成巨大的经济损失，有超过 8% 的组织表示，DNS 攻击给它们造成的经济损失超过 500 万美元。

2021 年 4 月，Forescout 研究实验室与 JSOF 合作，发现了一个新的 DNS 漏洞，并将其命名为 WRECK。研究发现，WRECK 漏洞广泛存在于当前流行的四个堆栈中，会对全球数百万的物联网设备造成影响，范围几乎覆盖政府、企业、医疗、制造业、零售等所有领域，仅美国就有超过 18 万台设备受到了这个 DNS 漏洞的影响，全球的受害者包括西门子、网飞（Netflix）、雅虎（Yahoo）等全球知名的工业制造商和互联网巨头。

DNS 安全是网络安全的第一道大门，如果 DNS 的安全没有得到有效防护，也未制定应急措施，即使网站主机安全防护措施级别再高，攻击者也可以轻而易举地通过攻击 DNS 服务器使网站无法提供服务。

勒索与敲诈

勒索软件和敲诈病毒是近几年盛行的新型网络犯罪。它的原理是，通过对用户的数字资产（如 Office 文档、图片、视频、源代码、数据库等）进行加密，造成使用者无法访问这些文件，或篡改系统密码锁定系统，迫使用户交付赎金。

已知的勒索软件最早可追溯到 1989 年，哈佛大学毕业生约瑟夫·帕普（Joseph Popp）编写了一个名为 AIDS Trojan（也称为"PC Cyborg"）的病毒。它会隐藏硬盘上的文件，并对文件名进行加密，然后声称用户的软件许可已经过期，要求用户向"PC Cyborg"公司寄去 189 美元以获得修复工具。可以说，AIDS Trojan 开启了勒索与敲诈攻击的先河。

2013 年年底，黑客首次采用比特币作为赎金支付形式，通过勒索软件 CryptoLocker 获取了价值 2700 万美元的赎金。由于比特币具有很强的隐秘性，很难抓捕到恶意软件的作者，因此这几年出现的勒索病毒几乎都使用加密数字货币作为交付赎金。

现在，勒索软件开始呈现爆发之势，技术手段不断更新，攻击目标也逐渐从个人转向企业。黑客通过漏洞利用、弱密码攻击等手段入侵政企客户的高价值服务器，加密其核心业务数据，企业客户迫于业务运营的压力，不得不尽快支付赎金，而且数额巨大。

2020年12月，德国第三大出版商遭到勒索软件攻击，导致其在德国各地的超6000台办公电脑和数千个办公系统受到严重影响。

2020年10月，美国佛蒙特州一家医疗服务提供商遭到勒索软件攻击。直到2021年1月，被攻击的系统都没有完全恢复，一些应用程序仍然处于关闭状态。在新冠疫情肆虐期间，这起勒索攻击不仅造成了数百万美元的收入损失，而且导致电子健康记录系统延迟推出，极大阻碍了美国抗击疫情的进程。

2020年5月，REvil勒索软件窃取了一家律师事务所的756GB数据，其中包含美国众多名人的隐私信息，美国前总统特朗普就是受害者之一。黑客向特朗普开出了4200万美元的赎金，称所窃取的资料中包含对其竞选不利的敏感信息，如果不及时支付赎金，就会将这些黑料公开。

在勒索攻击高发的形势下，用户一定要做好事前防范工作，因为事前的防控远比事后的补救更重要。用户要养成良好的安全意识，设置高强度系统密码，及时安装系统补丁，将核心业务数据备份，同时安装安全防御软件并保持实时更新，将勒索软件的攻击风险降到最低。

攻击工业控制系统

2010年的伊朗"震网"病毒事件，给全球工业控制系统敲响了警钟。这次事件让人们认识到，互联网在拓展工业控制系统发展空间的同时，也带来了工业控制系统的网络安全问题。

工业控制系统通常指由计算机设备和工业生产控制部件组成的系统。20世纪70—90年代，许多系统与业务网络完全隔离，因此针对工业系统的网络攻击被认为是"可管理的"。随着信息技术（IT）和运营技术（OT）逐渐融合，原本在隔离网络中几乎完全被忽视的工业控制系统网络成为黑客、病毒、木马攻击的主要目标之一。

工业控制系统中大量使用的各种Windows及开源的Linux操作系统，通常数午甚至是十余年未打补丁和升级，存在大量漏洞，任何针对这些漏洞的攻击都将造成难以估量的损失。除了操作系统的漏洞外，大量工控系统的设备、协议及应用程序在设计之初没有考虑安全问题，更没有采用认证和加密机制等网络安全对抗措施，因此近年来针对工控系统的网络安全事件频发。

2021 年伊始，就发生了多起智能工厂遭遇网络攻击的案例。2 月，黑客对起亚汽车进行了勒索攻击，起亚的支付系统和经销商使用的网站都受到影响。黑客声称已经加密锁定了该公司的文件，并要求支付价值约人民币 1.35 亿元的比特币，如果当天不及时支付，次日赎金将加码到 2 亿元。3 月，电脑巨头宏碁遭到勒索软件攻击，财务电子表格、银行往来邮件等敏感数据被盗，黑客开出了迄今为止最高数额的赎金，约合人民币 3.25 亿元。

截止 2020 年 12 月，国家信息安全漏洞共享平台（CNVD）收录的工控系统漏洞达到了 2945 个，新增工控漏洞 593 个，创下历史新高，与 2019 年相比，增长了 43.6%。总体来看，本年度收录的工控系统漏洞多数分布在制造业、能源、水务、商业设施、石化、医疗、交通等领域，高危漏洞比重达到 56.6%，潜藏的危害极大，严重危害国家和社会安全。

攻击关键信息基础设施

在万物互联的今天，利用技术上的漏洞，攻击水电、通信、交通、金融、医疗、卫生、军事等关键信息基础设施，并使其陷入瘫痪，这种威胁变得十分现实。

关键信息基础设施所涉及的范围比较广泛，并兼具着多种不同身份与职能，这也使得其暴露面增多。一旦关键信息基础设施运行、管理的网络设施和信息系统遭到破坏、丧失功能或者数据泄露，可能严重危害国家安全、国计民生、公共利益。

关键信息基础设施被攻击的危害在 2017 年的"永恒之蓝"勒索蠕虫事件中体现得尤为明显。"永恒之蓝"在国内波及了医疗、能源（加油站）、公安（出入境、户籍管理）、制造业（产线停摆）、教育等众多行业，直接对社会公共利益造成较大的影响。而在国外，很多病人甚至因此错过了手术时间。

2020 年，关键信息基础设施网络安全事件频发：6 月，美国核武器库的承包商遭到 Maze 勒索软件攻击，大量敏感信息被黑客窃取；7 月，法国电信服务商遭到网络攻击，数十家飞机制造商的运营文件和敏感数据被盗取，部分数据被黑客公开；10 月，加拿大蒙特尔公交系统遭到攻击，网站陷入瘫痪。

2020 年 9 月，美国某激光设备开发商遭到勒索软件攻击，导致运营中断。该公司是美国领先的医疗和激光武器开发商，其激光设备被用作美国海军激光武器系统的一部分。由于受到攻击，这家公司遍布全球的 IT 系统被迫关闭，严重影响了企业的经营和生产活动，不仅办公室的电子邮件、电话和网络连接无法使用，零件制造部门和运输部门也无法正常运转。

随着关键信息基础设施攻击事件日益频繁，我国加大了对关键信息基础设施的保护程度。2017 年 7 月，国家互联网信息办公室发布了《关键信息基础设施安全保护条例（征求意见稿）》，划定了关键信息基础设施的保护范围，规定了安全保护的基本制度，关键信息基础设施防护进入全面提速期。

APT 攻击

APT 是"Advanced Persistent Threat"的缩写，又称"高级持续性威胁"，通常以政治或商业为动机，针对特定目标实施持续且隐匿的网络攻击活动。APT 攻击的实施者通常由具有国家、政府或情报机构背景，或是由它们资助的攻击组织，而非普通网络黑客或网络犯罪团伙。

"APT"一词普遍被认为是美国空军分析师格雷格·拉特雷（Greg Rattray）上校在 2006 年首次提出。2010 年 6 月，著名的"震网"蠕虫被发现，它以破坏伊朗核设施为目的。"震网"事件完全具备 APT 攻击的特点，是一起由国家和政府背景支持的 APT 攻击。

近年来，APT 攻击活动的动机多和地缘政治冲突、军事行动相关，主要攻击意图是长久性的情报刺探、收集和监控，其攻击目标除了政府、军队、外交相关部门外，还包括科研、海事、能源、高新技术等领域。

2020 年 11 月，奇安信威胁情报中心检测到一波活跃于中东地区的持续攻击活动，活跃时间从 2019 年 3 月至今，通过多元信息交叉对比，奇安信将此 APT 组织命名为"利刃鹰"。

由于中东地区复杂的种族、宗教、地缘政治问题，APT 组织一直高度活跃，此次"利刃鹰"组织就是其中的新生代表。通过对移动端的样本攻击分析，我们发现"利刃鹰"组织具有明显的攻击目标指向性，主要针对伊斯兰国、基地组织、库尔德族、土库曼族等，目的是针对特殊群体进行实时监控。

当前比较知名且活跃的 APT 攻击组织还有"海莲花""蔓灵花"等，我将在本书第五章中展开详细介绍。

如今，随着安全人员与 APT 攻击组织的对抗日益升级，APT 组织开始利用多层次的加密混淆、多阶段载荷投放等手段进行攻击，这加大了分析取证难度，也使攻击来源的研判更加困难。APT 威胁的攻防博弈将长期延续。

在梳理完网络"黑产"的类型后，我们会发现，在这条黑色产业链中，有的人负责提供技术，有的人负责搭建平台运营，有的人负责扩大组织规模。如果按照"上游、中游、下游"进行分类，那么一般而言，上游是提供技术的黑客，中游为黑色产业犯罪团伙，下游则是支持黑色产业犯罪团伙的各种周边组织。

目前，对网络犯罪的打击主要是从下游犯罪出发，对上游和中游的打击还存在力度不足等诸多困难。现在，国际社会已经加强了在网络犯罪打击方面的合作。例如：联合国毒品与犯罪问题办公室一直在就网络犯罪作出战略响应，为全球 70 多个国家提供技术支持和能力建设，与全球政治领导、司法官员、执法部门及专家学者共同推动打击网络犯罪、在线儿童色情、毒品贩卖、人口贩卖、武器交易以及恐怖主义等领域的国际合作。

我国也先后和美国、俄罗斯、英国等全球多个国家在合作打击网络犯罪领域达成了共识，积极推进网络安全国际执法合作，通过广泛的国际合作，积极营造全方位、宽领域、多层次、讲实效的打击网络犯罪国际执法合作格局。

▣ "黑产"的五大趋势

至此，可以说我们已经对网络黑色产业完成了庖丁解牛的工作。未来，网络"黑产"的攻击重点、发展趋势又有哪些呢？从近几年发生的网络安全事件中，我总结了网络"黑产"的五大趋势。

趋势一：关键信息基础设施成为攻击重点

关键信息基础设施是经济社会运行的神经中枢，是网络安全的重中之重。一旦被攻击，就可能导致交通中断、金融紊乱、电力瘫痪等问题，带来灾难性的后果。我在很多公开场合曾经呼吁过，一系列真实发生的案例告诉我们，关键信息基础设施已经成为网络空间安全战争的主战场。

公开资料统计，全球信息基础设施发生重大网络安全事件的类型主要有敏感信息泄露、系统破坏、金融资产盗窃等。从共性上来看，不同领域关键信息基础设施一般都会遭遇敏感信息泄露问题，而不同领域也呈现一定的自身特点，例如：在金融领域中，窃取金融资产的事件明显偏多，在通信、能源领域中，系统破坏事件较多，而在教育行业领域中，网站遭篡改的事件明显多于其他领域。

根据中国国家互联网应急中心发布的《2020 年上半年中国互联网网络安全监测数据分析报告》，我国境内的工控系统网络资产持续遭受来自境外的扫描嗅探，日均超过 2 万次。这些嗅探行为来源于美国、英国、德国等境外的 90 个国家，目标均为境内重点行业，包括能源、制造、通信等领域的联网工业控制设备和系统。

关键信息基础设施面临着巨大安全风险，可引发级联危害，让网络攻击者不费一枪一炮，就能达到破坏社会正常秩序、引发混乱甚至政权更迭等目的。

趋势二：勒索攻击成为互联网的流行病

在本书第一章中，我就提到，勒索攻击愈演愈烈，已经达到了"流行病"的程度。

全球威胁情报公司 Group-IB 发布报告称，2020 年，全球勒索软件攻击次数增长 150% 以上。美国安全机构预测，2021 年预计每 11 秒将发生一次勒索攻击，全年总计将超过 300 万次。

超强的变种能力、多样的攻击手段、隐秘的交易方式，共同促成了勒索病毒"大流行"。作为"自我进化能力"最强的网络安全威胁之一，勒索病毒一直在不断产生新的变种；勒索攻击手法也在不断变化，从钓鱼邮件攻击到网站恶意代码入侵、社会工程学，各种技术手段在勒索攻击中得到复合应用；比特币的隐秘性也为黑客勒索赎金提供了绝佳选项，高赎金到手后，黑客立马逃之夭夭，调查往往变得无从下手。

勒索攻击成为了黑客组织牟取暴利的绝佳手段。这些以谋财为主要目的的团伙，将勒索对象瞄准了对数据价值、生产安全、品牌声誉更加看中的政府单位和企业用户。攻击者偏好这些行业机构，并非由于他们在日常运营中缺乏防护，而是由于这些机构的正常运转极其依赖关键业务数据，一旦受到勒索攻击影响，需要快速做出决断，因此通常会选择支付赎金，而不是和勒索病毒打持久战。

现在，勒索攻击的产业规模不断扩大，已经细分出了更多工种，形成了完整的产业链条。它就像暗影中的一双手，时刻盯着目标伺机而动，不仅会带来巨大的经济损失，还会给工业正常运转、经济平稳运行和政治稳定造成实实在在的影响，必须引起高度重视。

趋势三："零日漏洞"被视为珍贵的资源甚至武器

"零日漏洞"是指被发现后，还未被公众和对应软件厂商所知，还未有相应补丁的漏洞。此类漏洞由于其扩散范围非常小而且又没有对应的防护措施，使得对漏洞的利用具有极高的隐秘性和成功率，是黑客用来获取非法控制的"核武器"和真正的"杀手锏"。

虽然目前软件设计、编程范式在安全性方面不断更新，漏洞测试人员的水平不断提升，软件商研发漏洞补丁的速度日趋加快，但"零日漏洞"还是无法完全避免。

正因如此，"零日漏洞"已被视为一种珍贵的作战资源和武器，甚至产生了"零日漏洞"的交易市场。

"零日漏洞"的发现者主要是独立的黑客以及专门从事漏洞挖掘的安全公司。"零日漏洞"从被发现到被软件厂商修复，可能需要长达数年的时间。"震网"病毒中使用的 Lnk 漏洞在多年前就被 Zlob 木马使用过，但直到"震网"事件曝光才被微软了解到。

在发现"零日漏洞"后，发现者有可能将其出售给不同的买方，以换取利益。根据买方的不同，随漏洞信息一起出售的内容可能还包括但不限于：完整的漏洞利用程序、漏洞利用程序所需的攻击载荷、特洛伊木马、监听工具包等。

过去几年，市场上对于"零日漏洞"的需求大幅增长，以漏洞挖掘为主业的小公司越来越多。大型安全承包商纷纷招募职业黑客团队，以完成为政府开发漏洞利用程序的任务。这个市场变得更加商业化，价格也随成交量水涨船高。随着买家和卖家数量暴增，"零日漏洞"交易的地下黑市逐渐变成了网络武器集市。

趋势四：比特币成为网络犯罪交易的主流支付方式

由于比特币可以完全隐藏交易记录，黑产、灰产、网络犯罪使用这类货币交易，从理论上确实可以逃避监管和追责。因此，比特币未来可能成为网络犯罪交易的主流支付方式。

我们曾协助警察追查过一起能源行业网络犯罪事件，涉案金额超过千万元人民币。黑客入侵了某能源行业网络系统，盗取了千万额度的充值卡并在网络上通过代理商进行销赃。整个过程从技术角度做得非常隐蔽，在技术侧根本找不到这名黑客的真实身份。

传统的网络类犯罪事件侦破多数依靠经济途径，但在此案中，黑客巧妙地通过比特币代购中间人进行洗钱。流程是：黑客向代理商销售充值卡后，将货款直接打入代购中间人的账户，黑客再联系中间人直接购买对应金额的比特币，中间人并不知道钱的来路，只当是买比特币的货款，买成比特币后再打入黑客的钱包地址。

在这起案件侦破的过程中，警察找到了比特币代购中间人，经过确认，中间人对钱的来源并不知情。整个交易期间，黑客不需要露面，全程互联网指挥交易。最终该案件不了了之，黑客带着约 3000 枚比特币销声匿迹。

趋势五：处于混沌状态的网络"灰产"日益庞大

除了传统的黑色产业，还有庞大的网络灰色产业市场，其市场份额是"黑产"的无数倍。这类灰色产业市场包括水军、小贷等多种打擦边球的产业形态，没有得到真正治理。

传统安全市场属于纯投入、少产出的市场，各公司在安全方面的投入都比较有限，但大部分公司在推广、包装方面会投入较多资源和资金，这方面的灰色产业规模巨大。比如，部分创业公司、自媒体、P2P 等公司，为了数据或报表雇佣该类团伙进行数据作假，从而达到完成指标、欺骗资方等目的。

据我了解，在数据交易部分，尤其是征信数据方面，曾有公司想成立联合小贷、P2P 公司的内部征信数据进而形成征信联盟，但并没有做成。经过分析发现，各家小贷和 P2P 公司都在想着扯竞争对手后腿，因此经常出现假数据的情况。

上文提到的"零日漏洞"交易，也出现了日益庞大的灰色市场。"零日漏洞"灰色市场的主要买家是各国的情报机构、安全承包商和专职的私营漏洞交易商，他们的客户往往来自政府。买卖双方参与漏洞交易的初衷都是为了利用"零日漏洞"来保障公众安全和国家安全，但谁也不敢保证买方在拿到了漏洞后，是否会对其进行滥用。这使得一些原本会流向软件厂商、会被修复的漏洞，流入了只想利用这些漏洞的个人和组织机构手中。

值得关注的是，这类灰色产业达到了一种相对的共赢模式，目前没有形成明显的攻守关系。我判断，网络"灰产"的市场份额还将进一步扩大。

第二节　网络白色产业

有罪犯的地方就有警察，有黑就有白，有攻就有防。前一章中我讲到，缺陷是天生的，漏洞是不可避免的，人类将永远与漏洞作战。如果我们想把每一个技术环节的漏洞全部挖掘并且修复，肯定是不可能完成的任务。只有专业安全人员才能对特定漏洞进行以人为本的审查和分析，才能为系统安全提供决定性的帮助和提升。

围绕漏洞展开的安全攻防对抗是网络安全行业永恒的主题。在人们对抗网络"黑产"的过程中，以防漏洞为核心的网络白色产业应运而生，网络安全行业持续不断地开发相应的产品、系统、平台、模式，与攻击者对抗，网络"白产"呈现出如火如荼的态势。

从广义上来看，整个网络安全产业都属于"白产"，包含网络安全厂商所提供的各种安全产品和服务。比如，防火墙在内部网和外部网之间、专用网与公共网之间的界面上构造了一道保护屏障；网闸从物理上隔离、阻断具有潜在攻击可能的一切连接，增强网络的抗攻击能力等。

从狭义上来说，网络白色产业是围绕漏洞的评估、发现与响应工作而形成的产业。其中，漏洞挖掘技术是"白产"的核心技术，漏洞防护是"白产"快反的高级手段。随着漏洞响应平台、安全众测、实战攻防演练等不断发展壮大，"白产"已经渗透到了社会各个层面。

▣ 漏洞挖掘是"白产"发展的核心技术

在网络世界中，我们一直说，"未知攻，焉知防"，与攻击者对抗的核心就是漏洞挖掘能力。这里的漏洞既包括 IT 产品自身存在的技术漏洞，也包括系统防护体系可能存在的管理漏洞。

以漏洞的挖掘为例，奇安信团队就多次发现并协助修复了微软、谷歌、甲骨文等知名厂商不同等级的系统漏洞。

比如，2021 年 1 月，奇安信代码安全实验室的研究员发现了微软的两个"重要"级别漏洞（CVE-2021-1646 和 CVE-2021-1709）。我们在第一时间向微软进行了情况报告，并协助进行了修复。1月13日，微软发布了补丁更新公告以及致谢公告，对奇安信代码安全实验室的研究人员进行了公开致谢。

2021年5月，奇安信代码安全实验室的研究员发现了谷歌 Chrome 浏览器的"高危"级别漏洞（CVE-2021-30510），第一时间向谷歌官方通告并协助修复，11日收到了谷歌的官方致谢。

▣ 漏洞防护是"白产"快反的高级手段

安全公司的核心业务是补漏洞、防攻击，围绕漏洞防护而形成的网络安全产品是"白产"快速反击的高级手段。

比如漏洞扫描与评估是一类重要的网络安全产品，通过对网络系统的扫描，安全人员能了解安全配置缺陷，及时发现安全漏洞，客观评估网络风险等级，在黑客攻击前采取安全防范措施，是一种主动的安全防范技术。

传统的漏洞扫描与评估产品是网络安全产业中的一个非常成熟的细分市场，已经有二十多年的发展历史。经过长年的发展，这些产品对标准的操作系统 Windows、Linux 和标准的数据库等应用的支持都已经非常完善，扫描的准确性和性能也很难区分伯仲，而且它们都在不断优化和强化资产识别、漏洞优先级分析和评估、漏洞报告等功能。

漏洞扫描产品主要有基于网络和基于主机两种形态。基于网络的扫描器是通过网络来扫描远程计算机中的漏洞，而基于主机的扫描器则是在目标系统上安装了一个代理或者服务，以便能够访问所有的文件与进程，这也使得基于主机的扫描器能够扫描到更多的漏洞。安全配置评估产品则是基于安全缺陷知识库，检测和发现网络系统配置中存在的安全缺陷。

我们谈到的漏洞扫描与评估产品往往是这两类工具的集成，这种产品的区分可以帮助我们更好地理解这个市场。虽然漏洞扫描产品和技术已经非常成熟，但是安全配置评估却可能随着具体应用环境和场景的不同而体现出更多的产品差异化。

▣ 攻防大赛是"白产"聚智的重要平台

网络空间的攻防对抗，归根结底是人才之间的竞争。网络攻防大赛正是在全民中聚集网络安全人才的最好途径之一，既可以提升人才技术水平，也能提升各方的协作能力。

网络攻防大赛最早起源于"BBS 黑客竞赛"，它由 DEFCON 创始人杰夫·莫斯（Jeff Moss）于 1993 年发起。此后，在各界的广泛参与下，各类网络攻防大赛蓬勃发展。

比如，全球著名的攻防大赛 Pwn2Own 创立于 1997 年，由美国五角大楼网络安全服务商 ZDI 主办。微软、谷歌、苹果、零日计划（Zero Day Initiative）等全球知名软件厂商和安全解决方案提供商提供赞助。它们提供最新和最安全的主流桌面操作系统、浏览器及桌面应用作为攻击对象，同时为获胜参赛队提供奖金。

还有 2014 年由国内信息安全团队碁震（KEEN）发起并主办的黑客大赛 GeekPwn，至今已经成功举办了七年，成为了与 Pwn2Own、Defcon 齐名的世界三大黑客赛事，是一场尖端的技术盛会。在 2020 年的 GeekPwn 大赛上，奇安信技术研究院一举斩获了四项大奖，覆盖新基建安全、互联网基础设施安全、远程办公安全等多条赛道。

2018 年，我国以打造中国自己的 Pwn2Own 为目标，在成都举办了首届"天府杯"国际网络安全大赛，高达 100 万美元的奖金吸引了众多"白帽子"参与，这是一场大咖云集的技术盛宴。在 2020 年的"天府杯"大赛上，奇安信 TQL 战队现场演示了在不接触汽车的情况下，对智能汽车进行远程操控，包括对汽车进行解锁、启动、熄火，对行驶中的车辆进行控制等。凭借车联网破解项目，奇安信 TQL 战队成功斩获了第三届"天府杯"最佳漏洞演示奖。

2018 年，奇安信参与协办了公安院校内实力强、规格高的网络安全技能选拔比赛——"蓝帽杯"。这是中国首个针对公安院校大学生的网络安全技能大赛，吸引了中国公安院校内最顶级的网络安全人才，是业内最具影响力、最高规格、最高水平的全国大学生网络安全技能大赛，致力于选拔和培养高水平人才。

2020 年的"蓝帽杯"吸引了全国七家地方院校、26 家警察院校，共201 支战队、603 名警院学生参赛。"蓝帽杯"以赛促学、以赛代练的模式，既是探索网络安全执法专业建设的有益尝试，也为公安院校进行教学实战化改革提供了途径，更为培养专业化网络安全人才开辟了新的道路。

▣ 攻防演习是"白产"壮大的有效机制

2016 年 11 月，我国颁布了《网络安全法》，其中明确要求，关键信息基础设施运营者应该制定网络安全事件应急预案并定期进行演练，中国网络安全实战攻防演习的大幕就此拉开。

之后的五年里，网络安全实战攻防演习飞速发展，从单一领域发展至各行各业，从某一区域拓展到全国各地，走向了演习规模化、规则成熟化、频度常态化、手段多样化、防御体系化，成为了壮大中国网络安全"白产"力量的有效机制。

《网络安全法》的颁布，标志着我国网络安全实战攻防演习进入试验阶段。这一阶段，我国以学习先进实战经验为主，参演单位少，演习范围小。世界上著名的"网络风暴""锁盾"等一系列网络安全实战攻防演习行动，都为我国实战攻防演习发展提供了参考。试验阶段的各种演习经验，为我国日后网络安全攻防演习的发展打下了坚实基础。

随后，在监管部门、政企机构的高度重视下，我国的网络安全实战攻防演习进入了推广阶段，取得了飞跃式发展。这一阶段的参演单位数量逐年增加、演习所涉及的行业也越来越广泛，同时每年一度的演习，其周期也在不断拉长，逐渐走向常态化，更加贴合当下的实战要求。2020 年，监管机构和各行各业都开展了网络安全实战攻防演习，并且在演习中诞生了一大批网络安全尖兵，成为了守护我国网络安全的中坚力量。

现在，越来越多的政企机构越来越重视网络安全实战攻防演习的作用，将其视为网络安全防御水平的"试金石"，开始利用攻防演习检测自身的网络安全能力水平，从而为后续网络安全建设指路。

持续开展的网络安全实战攻防演习，已经和我国的"白产"力量产生了良性互动，成为了推高我国网络安全水平、壮大网络安全产业的有效机制。

▣ "白产"的三大趋势

上一节，我总结了网络黑色产业的五大趋势，对它做出了科学预判。按照相似的逻辑，我总结了网络白色产业的三大趋势。

趋势一：实战化成为检验网络安全能力的唯一标准

新兴技术的发展，让网络世界和现实世界走向深度融合，网络世界的攻防对抗变得越来越复杂，攻击呈现出高度组织化、专业化、目的性强的特点。面对来势汹汹的网络攻击，只靠防是防不住的，网络安全走向实战化已经是大势所趋。

网络安全"一失万无"，真正的实战容不得丝毫闪失，稍有差池迎接我们的可能就是断水、断电、断网，社会瘫痪，政权震荡这种灾难性后果。防守者必须第一时间发现并掌握，是谁、通过何种方式进入我们的系统做了什么。在保护系统安全的同时，更要保证相关业务的安全运营，把损失降到最低，确保业务不被干扰、数据不被盗取、运行不受影响。

网络安全讲一百遍不如打一遍，只有不断通过实战化的检验，才能锤炼出符合真实场景的网络安全能力。打一遍，在攻防对抗中发现问题、解决问题，才能针对特定问题进行建设规划，全面提升网络安全能力。现在很多大型政企机构都希望专业的网络安全服务商给他们做一次实网攻防演习，通过演习结果来进行定制化的网络安全规划与设计服务。这充分体现出，大型政企机构对于实战化网络安全能力的高需求。

未来的网络安全能力建设必须走向实战化，变被动防御为积极主动防御，准确把握网络安全风险发生的动向和趋势，真正做到来之能战、战之能胜，守护目标安全。

趋势二：体系化的网络安全建设成为根本保障

俗话说，"苍蝇不盯无缝的蛋""天网恢恢疏而不漏"，这些都强调了完整的体系是安全的保障，网络安全也是如此。面对多样化的网络攻击手段，不能临阵磨枪、仓促应对，必须立足根本、打好基础，用系统思维开展体系化的网络安全建设。

数字化时代要求我们转变思路，建立"事前防控"的安全防御体系，将关口前移，做到防患于未然。技术的发展扩大了网络安全的攻击面，从前"围墙式""补丁式"的被动防御手段失灵了。过去我们普遍采用隔离、修边界等技术方法，是局部的、针对单点的，安全产品间缺乏联动，往往会导致攻击者从东门进不去，绕道西门进去了的情况。这种"头痛医头脚痛医脚"的防御思路，不再适应当前的网络安全形势。

总结来说，建立一个完整的、自主的网络安全体系有三个关键："盘家底""建系统""抓运营"。"盘家底"指的是体系化地梳理、设计出所需的全部安全能力；"建系统"指的是通过与信息化的融合实现深度结合、全面覆盖，把安全能力组件化，以系统、服务、软硬件资源等不同形态科学、有序地部署到信息化环境的不同区域、节点、层级中，确保安全能力可建设、可落地、可调度；"抓运营"指的是确保安全运营的可持续性，实现安全管理闭环。关于如何建立完整的网络安全体系，我将在第九章中详细论述。

趋势三：常态化的安全运营和服务成为必要条件

网络安全事件不会等我们做好防御准备再发生，网络攻击是暗影中的一只手，时刻准备突袭。这给网络安全带来了新的挑战，它要求网络安全能力必须走向常态化，做好随时进行攻防博弈的准备，对网络安全风险进行全天候、全方位的态势感知。

网络安全防御的目标是及时发现攻击，并快速阻断。数字化时代，网络暴露面猛增，黑客很容易进来，但由于数据资产变得庞大，进来之后，黑客想要偷走核心数据就需要一个翻箱倒柜的过程，这个过程最短一周，长的需要几个月。

通过常态化的运营，我们可以在黑客对网络实施破坏之前，把攻击行为判断出来，及时告警，采取应急响应措施，并进行溯源分析，有效控制住攻击方，那么就能使已经得手的网络攻击产生不了实际破坏效果。

常态化安全运营要实现"全面、高效"，网络安全建设就必须做到"人＋流程＋数据＋工具"的结合。"全面"指资产信息掌握要全，"高效"指安全事件响应效率要高。通过高水平的安全服务专家队伍，让实战化、体系化的安全能力"活"起来，真正保障业务安全。

第三节　打造凝聚"白产"力量的平台

数字时代，网络攻击频发，造成的损失严重。新形势下，攻击者往往是高度专业化的组织，目的性、针对性极强，有的是为了求财，有的是为了窃取个人隐私或者国家机密，他们不达目的誓不罢休，给网络空间安全造成了极大威胁。

网络安全的本质是攻防两端的对抗。在这样的背景下，如果"白产"是一盘散沙，各自为战，网络安全产业将很难拧成一股绳去对抗"黑产"。我们迫切需要将"白产"力量凝聚起来，搭建一个面向新时代的安全产业交流沟通平台，不仅把中国的安全从业人员、创业人员、学术代表聚在一起，更要把国外安全产业的代表人物、大咖邀请过来，进行产业交流，碰撞出新的火花，打造面向世界的网络安全交流平台，共同推动产业发展。因此，我产生了举办北京网络安全大会（BCS）的想法。

▣ 与时俱进的北京网络安全大会，在变局中开新局

"北京是中国的北京，也是世界的北京。网络空间是全球的空间，也是中国的空间。倾听北京声音，读懂中国，对推动全球网络空间治理、共建网络空间命运共同体至关重要。"这是 2019 年我为首届 BCS 写下的寄语。

在日益复杂的网络安全形势下，维护全球网络空间的安全与稳定任重道远，单靠企业自身力量是远远不够的，需要凝聚各国政府、社会组织和机构等各方智慧，形成合力，共建网络空间命运共同体。

举办 BCS 的初衷就是搭建一个开放的行业交流平台，凝聚网络安全行业的创新合力，打造联合创新、协同攻关的网络安全产业生态，努力为推动全球网络安全产业共赢发展做出更大贡献。

2019 年 8 月 21—23 日，首届 BCS 在在北京国家会议中心成功举办。我们举办了三场国际峰会、40 场安全行业高端论坛、九大安全行业顶级独立品牌活动，内容涵盖了当前网络安全的政策法规、技术趋势、网络安全产业发展、网络安全建设及解决方案，以及网络安全人才培养、创新创业、网络空间治理及国际合作等几乎所有热门的网络安全话题。

我们邀请到了联合国官员、20 位两院院士、50 位部级官员以及来自 30 多个国家的 400 位行业领袖、产业精英，其中包括以色列前总理埃胡德·巴拉克、中国工程院院士方滨兴、思科 (Cisco) 安全首席技术官布莱特·哈特曼 (Brett Hartmann) 等，还有多位监管部门领导和业界领袖。他们所分享的内容涵盖网络空间对抗、网络空间治理、行业国际合作等多个领域，不仅加强了各地区、各领域的交流合作，更对网络安全行业的发展起到了重要带动作用。

2020 年，一场突如其来的新冠疫情袭卷全球，第二届 BCS 成为了疫情之后首届立足北京、辐射全球的国际行业盛会。受疫情影响，第二届 BCS 的筹备工作困难重重。

越是艰难，越不能放弃。我们利用云技术，将为期 10 天的北京网络安全大会打造成了首个"10×24"全天候、不打烊的云上网络安全盛宴。大会邀请到日本前首相鸠山由纪夫、中国工程院院士邬贺铨、派拓网络公司首席安全官约翰·戴维斯（John Davis）等来自中、美、俄、以色列、日、韩多国的网络安全专家进行交流分享。各国专家破除地域限制，克服疫情影响，共同探讨疫情之下网络安全行业的新趋势和新机遇，共同守护网络空间的和平与稳定。

作为新冠疫情之后安全行业首场国际级峰会，2020 年的 BCS 给全球网络安全行业的发展打了一剂强心针。

两年来，北京网络安全大会共举办了将近 100 场分论坛，邀请了覆盖 20 余个国家和地区的 500 多位重量级嘉宾参会，演讲议题超过 1700 个，被称为网络安全行业的"达沃斯"。论坛上各路专家共同分析研讨网络空间政策和安全动态，实现和推动了各域、各界的深层互动，让国际社会听懂并开始认同网络安全领域的"中国声音"。

北京网络安全大会一直注重参与感，除了干货十足的论坛外，我们还利用多种形式增强同与会人员和观众的互动。在 2020 年 BCS 上，我们首次建立了 3D 云展厅，在云上举办网络安全交易博览会，吸引了 300 多家安全厂商与专业机构参展，2022 年北京冬季奥运会的各大赞助商也在此亮相。另外，我们还开设了"大咖说安全""安全新视角""TSD talk""嘶吼安全四人行夜话"等多档直播栏目，可以实现观众和栏目组的全方位互动。

更让我自豪的是，每一届 BCS 的主题都能对网络安全研究和产业起到风向标的作用。从"内生安全"到"内生安全，从安全框架开始"，它们已经成为了安全行业的趋势和主要技术方向。在 2020 年的世界互联网大会上，奇安信创新推出的内生安全框架荣膺"世界互联网领先科技成果奖"。内生安全框架目前已经在百余个大型机构落地应用。

▣ 补天漏洞响应平台，激活"白帽"力量

为了提高漏洞发现能力，专门关注、收集漏洞的漏洞响应平台应运而生。奇安信旗下的补天漏洞响应平台是国内影响力最大的漏洞响应平台之一，同时也是最活跃的网络安全从业者交流平台之一。

补天漏洞响应平台成立于 2013 年 3 月，是专注于漏洞响应的第三方公

益平台。作为负责任的民间漏洞响应平台，"补天"主动承担起了民间安全爱好者正向成长、政企用户安全能力有效提升、"互联网+"经济新形态健康发展的历史责任和社会使命，通过充分引导和培养民间的"白帽"力量，建立了实时、高效的漏洞报告与响应机制。

截至 2021 年 7 月，补天漏洞响应平台已经汇聚了八万余名"白帽子"，累计发现各种类型的安全漏洞超过 60 万个，先后被公安部、国家信息安全漏洞共享平台（CNVD）、国家信息安全漏洞库（CNNVD）评定为技术支持先进单位、漏洞信息报送突出贡献单位和一级技术支撑单位。

面对复杂多变的网络安全态势和层出不穷的攻击手段，补天漏洞响应平台为了更好地服务政企用户，提高漏洞报送的质量和效率，于 2016 年推出了补天众测服务方案，致力于群测群力，创造出安全新高度。

补天众测是一个依托于补天漏洞响应平台的全新漏洞奖励计划。它有一套明确的服务流程，当众测项目在平台中审核通过后，"白帽子"就可以申请参与项目。"补天"将从中为企业量身挑选精英"白帽"，实名认证并签署保密协议后，为企业提供定制化测试服务，有针对性地进行漏洞挖掘，同时避免漏洞信息泄露给企业造成不可估量的影响。

漏洞众测是一种新兴的安全服务模式，从一开始不被认可到现在走上台面，充分反映出越来越多的政企机构意识到了漏洞的重要性。我相信，未来，补天众测这类高效的服务模式一定会得到更多用户的认可和接受，补天漏洞响应平台也一定会成为汇聚"白帽"力量的重要阵地，成为守护我国网络空间安全不可或缺的民间力量。

至此，可以说我们已经完成了对漏洞产业化的全面剖析。在漏洞的生产和产业中，黑客作为技术主体，其地位和作用不言而喻。接下来，我将重点分析黑客，讲述这个充满传奇色彩的职业和故事。如果没有他们，那么关于漏洞产业的说法就无从谈起。毕竟，他们才是追漏洞的人。

第三章

权杖之手：
黑客是以武犯禁，
还是侠之大者

Chapter 3

黑客是追求极致的漏洞捕捉者，对计算机科学、编程和设计方面具有高度理解。他们似乎总是带着隐秘的面纱，在网络的世界里，无所不能。

投身网络安全行业，让我很早就开始"追"这些挖漏洞的黑客。第一个招致麾下的黑客是"mj0011"郑文彬。我还记得第一次看见他是在一个大冬天，郑文彬从广州飞到北京的时候，还穿着拖鞋。

在坚持不懈的"追逐"下，"无线电钢铁侠"、著名反黑客工具"狙剑"的作者，还有国际知名的少年攻防专家相继而至。他们的加盟让我们的产品和能力不断提高，同时也使公司成为了黑客交流、沟通的最好平台。

若干年后，各大安全厂商和互联网公司也开始了对这些挖漏洞高手的"追逐"。黑客成为了安全领域最热门的"抢手货"，他们挖出来的漏洞，动辄价值百万、千万元以上。

随着网络空间成为第五空间，黑客开始从幕后走向台前，承担起更重要的历史使命。如今，我们在过去数十年间培养的黑客分散在世界各地，成为了一股守卫网络空间安全的重要力量。

第一节　黑客演化史

什么是黑客？黑客到底是什么人？如果让我来回答，答案很简单——黑客是追漏洞的人。

"黑客"一词是英文"Hacker"的音译，通常是指热心于计算机技术、水平高超的电脑专家，尤其是程序设计人员。随着时代的发展，"黑客"的含义已经不能与英文原文 Hacker、Cracker 等的含义完全对译了，这是中英文语言词汇各自发展中形成的差异。黑客逐渐被人们区分为"白帽""灰帽""黑帽"等。

黑客从诞生之日起，就随着计算机和网络的发展而不断发展。从单纯对技术痴迷到臭名昭著，从"白"变"黑"，这群特殊的人慢慢地"黑化"了。

▣ 20 世纪 60—70 年代：黑客诞生

麻省理工学院（MIT）的学生把解决计算机难题的方法称为"hack"，相应地，从事"hack"的人就是"hacker"，也就是"黑客"。在他们看来，要完成一次"hack"，需要高度的革新、独树一帜的风格和出色的技术。"黑客"这个词刚出现的时候，完全是正面意义上的称呼。

黑客最早诞生于 20 世纪 60 年代。1961 年，麻省理工学院得到了第一台计算机，引发了许多学生的兴趣。MIT 有一个学生团体，叫做"铁路模型技术俱乐部"（Tech Model Railroad Club），一群计算机鬼才们天天聚在一起，热衷挑战，畅游在技术的海洋中。

当时，俱乐部成员们为修改功能而黑了他们的高科技列车组。然后，他们从玩具列车推进到了计算机领域，试图扩展计算机能够完成的任务，探索、改进和测试计算机程序的极限。

后来，这个俱乐部诞生的"黑客"，成为了 MIT 人工智能实验室的核心成员。《黑客》（*Hackers*）一书的作者史蒂文·利维（Steve Levy），把他们称为"计算机革命的英雄"。

到了 20 世纪 70 年代，黑客持续繁荣，诞生了"电话飞客"——玩弄电话系统的黑客。代表性人物是约翰·德拉浦（John Draper），他被人们称为"嘎吱上尉"，曾是许多人崇拜的英雄，其中包括苹果公司联合创始人斯蒂夫·沃兹尼亚克（Stephen Wozniak）。

当时，美国电话电报公司 (AT&T) 垄断了长途电话业务，收费极高，价格很不合理。对很多黑客来说，闯入 AT&T 的电话系统成为当时最有趣也最富有挑战性的信息技术。约翰·德拉浦是感兴趣的黑客之一，于是他疯狂钻研，试图入侵系统实现免费拨打。结果，他发现通过"嘎吱嘎吱船长"（Cap'n Crunch）牌麦片盒里赠送的玩具口哨，可以实现成功入侵。原来这个口哨可以发出 2600 赫兹的声音，电话交换机收到这个频率的信号以为通话中断便停止计费，于是可以继续打免费电话。

在口哨的帮助下，德拉浦又发明了另一个有名的电话盗打器——蓝盒子（Blue Box）。蓝盒子是一个信号发生器，它能发出各种电话网上的模拟信号频率，而早期的电话网又都是模拟网。直到 1972 年，电话公司发现他的账单很奇怪，每次通话都只有短短一两秒，德拉浦因此被判入狱 2 个月。

德拉浦可以说开创了"盗用电话线路"的先河，其他"电话飞客"也开始玩弄电话系统，免费享用长途通话。"电话飞客"文化不仅仅造就了德拉浦这样有影响力的黑客，也打磨出一批具备数字远见的人。

◼ 20 世纪 80—90 年代：黑客的分水岭

虽然大量黑客仍然专注于改进操作系统，但一群更关注利用技术为个人带来利益的"新"黑客渐渐浮出了水面。他们将自己的技术用于盗版软件、创建病毒和侵入系统盗取敏感信息等犯罪活动。

20 世纪 80 年代，完备的个人计算机进入了公众视野，同时也成为黑客历史的分水岭。计算机不再局限于大公司和名校所有，每个人都可以用计算机干自己的事。个人电脑的广泛普及，引爆了黑客的快速增长。

在这一时期，中国黑客也开始由星星之火渐成燎原之势。当时，中国互联网处于起步阶段，一些热爱新兴技术的青年受到国外黑客技术的影响，开始研究安全漏洞。

这些黑客大多是由于个人爱好而走上这条道路，好奇心与求知欲是驱使他们前进的动力，没有任何利益追求。他们通过互联网看到了世界，他们崇尚分享、自由、免费的互联网精神，并热衷于分享自己最新的研究成果，与西方发达国家同时期诞生的黑客精神是一脉相传的。

1981 年，《纽约时报》（*New York Times*）曾详细描写了黑客这一群体："黑客是技术上的专家，技艺精湛，通常很年轻，总是带着奇思妙想来试探计算机系统的防御系统，总是探寻着机器的极限和可能性，尽管他们总是看起来像是在破坏系统，但在计算机行业中是重要的资产，通常来说非常有价值。"

"黑客是能做好事也能做坏事的数字专家"这一概念开始进入人们的认知。一系列的书籍和电影推广了这种认知，例如 1983 年上映的美国科幻电影《战争游戏》(*War Game*)。

这是开黑客电影之先河的一部电影，讲述的故事发生在里根总统任期，当时正值美苏冷战高峰。影片主角中学生戴维是一个电脑天才，误打误撞地进入了北美空防司令部专门用于对苏战争的军用电脑，并用它玩起了"第三次世界大战"的模拟游戏，从而引发了一连串风波，险些引发真正的第三次世界大战。这部电影让人们初次感受到地下技术的能量，激发了人们对地下技术的好奇和向往，而这名电脑天才戴维的原型，正是著名的"世界头号黑客"凯文·米特尼克（Kevin David Mitnick）。

凯文·米特尼克、凯文·鲍尔森 (Kevin Poulsen)、罗伯特·莫里斯 (Robert Morris) 和弗拉基米尔·勒文（Vladinir Lewyn）是这一阶段著名的黑客。他们屡屡犯下网络罪行，包括盗取大公司专利软件、欺骗电台以赢取豪车、制作并传播第一个计算机蠕虫病毒以及主导第一起数字银行劫案。

为了打击这些网络犯罪行为，1986 年，和黑客相关的首部立法《联邦计算机诈骗和滥用法案》出台。1990 年，美国特勤局执行了一系列清晨突袭，查封了很多用来架设论坛以及为黑客们提供服务的服务器，并逮捕了大量黑客。

这一系列事件让美国的黑客一夜回到"解放前"，很多黑客团队都解散了，甚至有一小部分人遭受了牢狱之灾。大量的高调抓捕，让"黑客"这个词开始变得臭名昭著。

▣ 21 世纪前十年："新"黑客崭露头角

21 世纪，网络技术与现实世界进一步深度融合，人类社会进入数字时代。在这一时期，恶意黑客拥有了更多攻击目标，针对政企的新一类危险黑客开始崭露头角，黑客社区变得更加高端复杂，网络黑色产业开始浮出水面。

最早的黑色产业是游戏盗号，通过木马偷装备、卖钱，有的黑客可以月入十几万美元。盗号生意持续火了很长一段时间，随着各大厂商反盗号手段的升级，黑色产业开始转向广告联盟作弊，然后是钓鱼诈骗、贩卖漏洞、制作恶意软件以及以赢利为目的的攻击行为。

不仅如此，很多黑客组织开始互相攻击，最主要的方式就是 DDoS 攻击。微软、易贝（eBay）、雅虎和亚马逊等大型公司都曾沦为大范围 DDoS 攻击的受害者，而美国国防部则被一个 15 岁的小男孩入侵了系统。这个小孩就是我之前提到的世界著名黑客凯文·米特尼克。

一些小型的黑客组织日益活跃，他们或者在优化软件，或者在发起勒索软件和 Wi-Fi 攻击；还有一些激进黑客组织，比如"匿名者"，他们发布机密文档，揭露政府秘密，以保护公众免受伤害、利用和蒙蔽的名义，成就所谓的"数字侠客"。

与这些黑客组织一同成长起来的还有网络安全产业。2010 年左右，整个网络黑色产业每年都会给互联网造成数十亿美元的损失，黑色产业日益成熟。为了应对激进黑客和网络罪犯，政府实体和大公司竞相改善安全措施，计算机巨头努力调整他们的系统，并招募网络安全专家。

对于掌握安全技术的黑客们来说，他们就像是孤独地站在十字路口，面临着两难抉择：做"黑产"项目每年能赚到几百甚至上千万美元，而做网络安全每年辛辛苦苦只能赚到几十万美元。

尽管"黑产"充满诱惑，但越来越多的黑客选择并坚持走上了"白帽"黑客的道路，陆续成长为安全领域的高级人才，成为了维护世界网络、计算机安全的主要力量。

第二节　最牛的黑客传奇

有人的地方就是江湖，更何况是神秘的黑客。这些具有传奇色彩的世界最牛黑客，亦正亦邪，寻求刺激，挑战权威。在正义与邪恶的较量中，在攻与守的角逐中，黑客客观上推动了网络安全技术的进步，也使得黑客江湖更加血雨腥风，同时也赢得了普通大众对黑客的关注。

◙ 世界上一"黑"成名的黑客

互联网始于 1969 年美国国防部的阿帕网，也是在美国最先开始民用的。前文提到的许多大名鼎鼎的黑客，都诞生在美国。他们对网络技术极度痴迷，追寻漏洞似乎是一种本能，他们都充满了传奇色彩。

世界"头号电脑黑客"凯文·米特尼克

凯文·米特尼克是第一个被美国联邦调查局通缉的黑客，有评论称他为世界上"头号电脑黑客"。他在 15 岁时仅凭一台电脑和一部调制解调器，就闯入了北美空中防务指挥部的计算机系统主机，之后他又黑进了五角大楼。现在，这位世界级的黑客成了一名网络安全咨询师。

1963 年，凯文·米特尼克出生在美国加利福利亚州洛杉矶市。3 岁时父母离异，他跟着母亲生活。早年时期，米特尼克性格孤僻，在学校成绩比较差，但他其实极为聪明，喜欢钻研。

20 世纪 70 年代末，上小学的米特尼克迷上了无线电技术，并且很快成为了这方面的高手。15 岁时，米特尼克凭一台电脑和一部调制解调器闯入了北美空中防务指挥部的计算机系统主机。世界首部黑客电影《战争游戏》正是以此为原型。

1981 年，米特尼克和同伙潜入洛杉矶市电话中心盗取了一批用户密码，毁掉了电脑内的一些档案，并用假名植入了一批可供他们使用的电话号码。由于当时米特尼克年纪尚小，被判监禁 3 个月，外加 1 年监督居住。之后，他没有收手，五角大楼、摩托罗拉、诺基亚等公司都成为他的入侵对象。他曾使用一台大学里的电脑闯入了美国五角大楼的电脑，被判管教 6 个月。

1988 年他再次入狱。美国数字设备公司（Digital Equipment Corporation, DEC）指控他从公司网络上盗取了价值 100 万美元的软件，并造成了 400 万美元损失。由于重犯，他没有了保释机会，被处一年徒刑，并且被禁止从事电脑网络的工作。

一年后，他又成功地侵入了几家世界知名高科技公司的电脑系统。根据这些公司的报案资料，美国联邦调查局推算损失共达 3 亿美元。正当 FBI 准备再度逮捕他时，米特尼克赶在抓捕前逃之夭夭，从此开始了长达两年的"逃亡生活"。

最后，FBI 在另一名黑客高手下村勉的帮助下，追踪到了米特尼克的行踪，将他抓捕。米特尼克被指控犯有 23 项罪，后又增加 25 项附加罪，审判一直进行到 1999 年 3 月，米特尼克被判刑 68 个月，外加三年监督居住。2000 年，美国法庭宣布他假释出狱，并要求他三年内不接触任何数字设备，包括程控电话、手机和电脑。

禁令到期后，很多公司邀请他去做安全方面演讲，米特尼克逐渐走上"白帽子"的道路，华丽转身蜕变成世界顶级安全咨询专家。他开办了网络安全公司，全世界巡回演讲，还出版了《反欺骗的艺术》（*The Art of Deception: Controlling the Human Element of Security*）、《反入侵的艺术》

(*The Art of Intrusion: The Real Stories behind the Exploits of Hackers, Intruders and Deceivers*) 和《线上幽灵：世界头号黑客米特尼克自传》(*Ghost in Wires: My Adventures as the World's Most Wanted Hacker*) 等著作。

"黑客罗宾汉" 朱利安·阿桑奇 (Julian Paul Assange)

朱利安·阿桑奇是"维基解密"的创始人，被称为"黑客罗宾汉"。他认为，透露公共治理机构的秘密文件和信息，对大众来说是一件有益的事。至今为止，"维基解密"已公开了超过 1000 万个解密档案，卷入了大约 100 场泄密官司。

1971 年，阿桑奇出生在澳大利亚东北海岸的汤斯维尔市。父母离异后，阿桑奇跟着母亲过着吉普赛人式的流浪生活。中小学时期，阿桑奇一共上过 37 个学校，他的性格因此越来越孤僻。

16 岁时，阿桑奇成为了一名网络黑客，并和另外两名黑客组成了一个名为"跨国颠覆"的小组，曾闯入欧洲和北美的保密计算机系统。他逐渐建立了自己的声誉，被称为"能够闯进最安全网络的高级程序员"。

2006 年，阿桑奇创建"维基解密"网站。同年 12 月，这家网站公布了首份文件：这是一份密件，由索马里反政府武装"伊斯兰法院联盟"领导人签署。不过，这份文件的真实性始终没有得到确认，而关于"维基解密"的新闻很快取代了对密件本身的关注。

"维基解密"的架构设计极为巧妙，能够最大限度地规避审查，服务器设在瑞典和比利时境内，两国都有全世界最严密的保护消息来源的法律。"维基解密"成立的第一年，其资料库内就拥有了 120 万份来自全球各地网络志愿者提供的资料，而且以每天 1000 份的速度递增。

2010 年，"维基解密"曝光了美国关于阿富汗战争的九万多份机密文件，引起巨大轰动和争议。同年 11 月，阿桑奇因涉嫌强奸受到瑞典检方调查。随后，身处英国的阿桑奇向伦敦警方自首，被押送到威斯敏斯特地方法院出席引渡聆讯，保释申请被驳回。2012 年 5 月，英国最高法院裁定，可以引渡阿桑奇至瑞典，但是阿桑奇在保释期间进入了厄瓜多尔驻英使馆寻求庇护。

在厄瓜多尔驻英大使馆进行"政治避难"期间，阿桑奇也没有闲着。2016 年 7 月，在美国民主党大会前夕，"维基解密"公布了民主党内部两万封邮件，最后导致了民主党主席下台。

2018 年 1 月 11 日，厄瓜多尔外交部表示，厄瓜多尔政府已于 2017

年 12 月 12 日授予阿桑奇厄瓜多尔公民身份。

阿桑奇和他创立的"维基解密"一直以来饱受争议。反对者指责阿桑奇打着自由的旗号，威胁了相关国家的国家安全，并影响国际外交；支持者认为他捍卫了民主和新闻自由，他甚至被打上了"新英雄"的标记。

"流浪黑客"阿德里安·拉莫（Adrian Lamo）

阿德里安·拉莫被称为"流浪黑客"。他技术高超，居无定所，作案方式十分隐蔽，每次行动都在不同地区的公用电脑上进行。他喜欢使用咖啡店、快印店或图书馆的网络来进行黑客行为，又被称为"不回家的黑客"。

2001 年 9 月，拉莫成功侵入雅虎网站，并篡改了这家网站的新闻内容。之后，他专门找大组织下手，例如微软、《纽约时报》、雅虎、花旗银行和美国银行等知名公司，在入侵后免费为这些公司修补网络安全漏洞。

2002 年，他入侵《纽约时报》的电脑系统后，掌握了该报员工大量的个人隐私材料，并将自己的名字添加到专栏版（Op-Ed）投稿人名单中，这次入侵使拉莫成为顶尖的数码罪犯之一。

这一系列入侵使拉莫成为了联邦调查局追捕的对象。2003 年，他向加利福尼亚州一家联邦法院自首，被判处六个月家庭禁闭、两年缓刑以及六万美元的罚款。

2010 年，拉莫向联邦当局举报士兵布拉德利·曼宁（Bradley Manning）向"维基解密"网站泄露了美国当局数百份敏感文件。后来，曼宁因拉莫的举报被捕，而拉莫则遭到了全国"维基解密"支持者以及黑客们的声讨。

2018 年 3 月，这位著名的"流浪黑客"突然去世，年仅 37 岁。据外媒报道，美国堪萨斯州塞奇威克县的验尸官证实了拉莫的死讯，但没有提供进一步的细节。

3 月 16 日，拉莫的父亲马里奥·拉莫（Mario Lamo）在脸书《2600 | 黑客季刊》（2600 | The Hacker Quarterly）中写道："一个拥有智慧和富有同情心的灵魂已经离开了，他是我亲爱的儿子。"

"年少成名"的乔纳森·詹姆斯（Jonathan James）

乔纳森·詹姆斯在互联网上的名字是"c0mrade"，他曾在 16 岁时因为入侵美国国防部和美国国家航空航天局（NASA）计算机系统被捕，成为世界上第一个因黑客行为而被捕的未成年人。后来，他成为网络安全的守护者，曾帮助 FBI 找到电脑病毒"梅丽莎"的制造者。

1999 年 6 月，詹姆斯非法进入了美国国防部 13 个计算机系统，使用两个不同的互联网服务提供者的原始地址发起攻击。他下载了大量 NASA 的专用软件，这些软件支持着国际空间站的物理环境，包括舱内实时温度和湿度的控制，最后导致 NASA 的计算机系统死机 21 天，损失巨大。

同年 8 月到 10 月，他入侵了美国国防威胁防御机构（DTRA）使用的军队计算机网络。他在入侵的路由器上安装了一个隐蔽程序，拦截了 3300 多名 DTRA 员工的电子信息。

这两次入侵事件被发现后，年仅 16 岁的詹姆斯被判处为期 6 个月的有期徒刑。服刑结束后，詹姆斯立志开办一家电脑安全公司，开始对网络安全投入大量的注意力，并和 FBI 展开合作，找出电脑病毒的制造者。

"梅丽莎"病毒的发布者大卫·史密斯（David Smith）就是在詹姆斯的帮助下追踪到的。1999 年，美国爆发了"梅丽莎"病毒，詹姆斯成功跟踪到了这个病毒的发布者，并协助 FBI 成功将其抓捕。次年 5 月，詹姆斯又帮助 FBI 找出了席卷全球的"爱虫"病毒的来源。

2008 年，詹姆斯被传患癌去世，年仅 25 岁。也有媒体报道他用自己的手枪结束了生命，一直到现在，詹姆斯真正的死因仍不得而知。尽管英年早逝，但是他做的很多事情受到了人们的称赞，成为了黑客发展历史上浓重墨彩的一笔。

"蠕虫病毒之父"罗伯特·莫里斯（Robert Tappan Morris）

罗伯特·莫里斯毕业于康奈尔大学，是美国国家计算机安全中心前首席科学家莫里斯的儿子。他天资聪颖，在一次工作过程中戏剧性地散播出了网络"蠕虫"病毒，成为首位依据 1986 年《计算机欺诈和滥用法》被起诉的黑客。现在，他是麻省理工大学计算机科学和人工智能实验室的一名终身教授。

1988 年，正在康奈尔大学攻读计算机科学硕士学位的莫里斯，突然心血来潮想探究互联网到底有多大，于是他编写出一个"蠕虫"病毒的软件程序，这个程序可以通过互联网进入电脑，在当时属于全新的电脑病毒。

原本莫里斯只是想搞清当时的互联网内到底有多少台计算机，但他低估了"蠕虫"病毒的传播速度和破坏力。1988 年 11 月 2 日，莫里斯从麻省理工学院释放"蠕虫"病毒，这个病毒立刻化身网络中的超级间谍，不断截取用户口令等网络中的机密文件，利用这些口令欺骗网络中的"哨兵"，长驱直入互联网中的用户电脑。当晚，从美国东海岸到西海岸，互联网用户陷入一片恐慌。

　　"蠕虫"事件最终导致 15.5 万台计算机和 1200 多个连接设备无法使用，美国国家航空航天局、军事基地和许多研究机构的网络陷于瘫痪，不计其数的数据和资料毁于一旦，经济损失巨大，对当时的互联网几乎造成了一次毁灭性攻击。随后，莫里斯向美国联邦调查局交代了自己的罪行。1990年，纽约地方法庭判处莫里斯三年缓刑，罚款一万美元。

　　现在，莫里斯是麻省理工大学的教授。因为在操作系统、分布式计算和计算机网络上做出的卓越贡献，莫里斯还在 2014 年当选了国际计算机学会（ACM）的研究员。

▣ 我身边的黑客

　　前文，我介绍了很多传奇黑客，实际上，他们在广为人知之前，和我们身边的普通人并无二致。现在，我们身边许多看似普通的人，也有可能是水平极高的黑客。尤其是在我创办的几家公司里，由于专业从事网络安全工作，黑客的比例更高。

MJ——中国著名黑客

　　中国有一个代号"mj0011"的黑客，他本名郑文彬，在业界有很多称谓："国内内核第一人""驱动神童""网络奇才"、最早揪出"熊猫烧香"的人，等等，是网络安全领域充满传奇色彩的"明星"。他第一次被广为人知，是发现了微软 Windows "DirectShow 视频开发包"漏洞，被微软官方公开致谢，成为业内标杆。2016 年，他被中国互联网发展基金会评为"十大网络安全杰出人才"。现在，郑文彬是国家信息安全漏洞库特聘专家。

　　郑文彬 2006 年进入网络安全行业的时候，只有 19 岁。他的代号是"mj0011"，"mj"是拼音"majia（马甲）"的两个首写字母，刚开始他想注册"mj001"，但是被注册了，于是又加了一个"1"注册了"mj0011"。他经常沉浸在各个技术论坛中，很大一部分技术积累都是从网友的帖子中汲取的。小时候他就对计算机技术非常热爱，上高一时，就开始尝试做一些编程，当时电脑还没有普及，最艰苦的时候他只能在草稿纸上写好代码，然后再把代码输入设备。正是在这个时候，他开始更深入地接触到一些更底层的内核和攻防等技术。

　　2015 年，《人民日报》对他的一篇专访报道称，他是"与网络病毒赛跑"的人。当时，他刚带领黑客团队 Vulcan Team 从世界黑客大赛 Pwn2Own

上载誉归来。他们仅仅用时 17 秒就攻破了 Win8.1+64 位 IE11 浏览器，成为自 2007 年 Pwn2Own 举办以来，首个攻破 IE 的亚洲团队。

郑文彬曾跟我说，他之前对网络安全方面的技术只停留在爱好者阶段，进入网络安全企业后才有了深入的研究。郑文彬形象地将与黑客之间的攻防战形容为"打 cs（反恐精英）游戏"，他认为寻找系统漏洞的过程如同在地图中找到藏着的枪，黑客发现它就会用来"杀人"，但"白客"发现它会藏起来或者销毁。如果"白客"速度更快，就可以保护用户不被攻击，所以要做到"魔高一尺，道高一丈"。

徐贵斌——知名反黑工具"狙剑"的作者

和我并肩战斗之前，徐贵斌已经在圈内小有名气。当时，互联网网上木马病毒泛滥，为了解决这个问题，徐贵斌写出了功能强大的安全反黑工具——"狙剑"。之后，他领导查杀部门，把公司的查杀能力提升了一个大台阶，并颠覆了网络安全产业技术创新。

"狙剑"一经推出，很快就在圈内打响了名气。这个反黑工具功能强大，可以提供系统监视、进程管理、磁盘文件管理、注册表检查、内核检查等多个功能，防止恶意软件修改文件及注册表，从而方便地手工查杀木马。

因此徐贵斌刚加入公司时，被安排在查杀组，他的能力在团队中很快得到了凸显。比如 2008 年，我们推出的系统急救箱就是徐贵斌带领团队开发出来的。系统急救箱对各类流行的顽固木马查杀效果极佳，能够强力清除木马和可疑程序，并修复被感染的系统文件，抑制木马再生。

这只是徐贵斌能力的冰山一角。更重要的是，他领导查杀部门，把公司的查杀能力提升了一个大台阶。简单来说，当时业内主要是基于病毒库来扫描查杀木马病毒，也就是俗称的"黑名单"机制。但我们创新推出了以"查白"为核心的网络安全技术，应用了搜索引擎、云技术、人工智能等互联网技术，攻克了黑名单瞬息万变、不可捕捉的难题，积累了比较全面的白名单样本数据库。

在奇安信新一代网络安全技术体系的突破和实践中，徐贵斌做出了不可磨灭的贡献。在之后的章节中，我将详细介绍网络安全产业的技术变革和我们的具体实践。

杨卿——"无线电钢铁侠"

杨卿是国内首个地铁无线网（Wireless）与公交卡（NFC）安全漏洞的发现及报告者，有媒体形容他是"无线电钢铁侠"。

让杨卿一战成名的是，他在 2009 年成功破解了北京公交一卡通。他利用的是一个早就在国外论坛里爆出来的漏洞，当时国内并没有黑客做类似的研究。对此，杨卿花了几个月时间，最后完成了破解。

2015 年央视"315 晚会"上，杨卿在现场展示了如何利用 Wi-Fi 窃取用户手机中的数据。移动设备只需与钓鱼 Wi-Fi 相连，手机中的大量隐私数据即会被钓鱼 Wi-Fi 获取。在当年的美国 DEFCON 全球黑客大会上，他还展示了利用软件无线电设备发射虚假定位信号，欺骗手机、智能汽车、无人机的 GPS 导航攻防技术，可以让手机原地不动，却在地图上环游世界。

他也是美国、欧洲、亚洲黑帽大会、DEFCON 黑客大会和 CanSecWest 等国际安全会议的演讲者， DC010（DEFCON 团队）的技术顾问和网络安全试点示范项目的评审专家。

杨卿选择无线电领域的原因很简单，就是因为小时候觉得科幻电影里的特工很酷，他的偶像是钢铁侠。正因如此，杨卿被媒体形容为"无线电钢铁侠"。2018 年，独角兽团队在知名学术期刊出版社斯普林格（Springer）出版了《深入无线电：攻防指南》（*Inside Radio: An Attack and Defense Guide*），这让杨卿更坚定了自己的选择。他告诉我，接下来他将脚踏实地地为下一个阶段的目标努力。

▣ 著名的黑客组织

当互联网刚开始发展的时候，黑客基本上都是各做各的事，并不知道在网络的另一端，会有与自己相似的高手。随着互联网的影响从社区延伸至全世界，黑客从 BBS 社区中找到了志同道合的伙伴。逐渐地，这些黑客开始结成联盟，形成了黑客组织。

黑吃黑的高手——影子经纪人（Shadow Brokers）

2016 年，一个叫做"影子经纪人"神秘黑客组织宣布成功黑掉了"方程式组织"（Equation Group），使"方程式组织"的黑客工具大量泄露。其中，2017 年 5 月爆发的"永恒之蓝"勒索病毒事件，就是黑客利用"影子经纪人"曝光的网络武器，对全球 150 多个国家发动了网络攻击。

"影子经纪人"攻入"方程式组织"后，免费向所有人泄露了其中部分黑客工具和数据。更绝的是，"影子经纪人"还宣称将通过互联网拍卖所获取的这些"最好的文件"，如果他们收到 100 万个比特币，就会公布更多工具和数据。

黑客利用"影子经纪人"曝光的第四批网络武器，制造了"永恒之蓝"勒索病毒，袭击了全球 150 多个国家和地区，影响领域包括政府部门、医疗服务、公共交通、邮政、通信和汽车制造业。

之后，"影子经纪人"宣称将会继续曝光更多窃取自美国国家安全局（NSA）的工具。他们表示，他们拥有美国 75% 的"网络武器"，并将发布更多工具，这些工具可以利用浏览器、路由器以及手机的漏洞。

网络核武器的制造者——方程式组织（Equation Group）

"方程式组织"的行踪可以追溯至 2001 年，团体成员超过 60 人。"方程式组织"被评价为"网络武器王冠的制造者"，是"最隐秘、最先进、最复杂"的黑客组织之一。从 2001 年开始，这个组织就在帮助美国国家安全局开发网络武器。上文提到的"永恒之蓝"漏洞，只是他们开发出的网络武器的冰山一角。

"方程式组织"的名字是由发现他们的卡巴斯基实验室命名的。卡巴斯基在报告中说，之所以叫他们"方程式"，是因为在他们的行动中，偏爱加密算法、模糊策略等比较复杂的技术。由于恶意软件开发、行动技术突破和对目标封锁所花费的时间、金钱均由美国政府资助，项目资源几乎不受限，所以"方程式组织"得以成为全球"最牛"的黑客组织。

他们的攻击水平极高。多年来，他们向全世界释放的恶意代码各具特色，分别采用不同的传播手法，设定了不同的攻击目标，成功攻破了政府部门、电信、航空航天、核能源、军事、金融、伊斯兰宗教等组织机构的加密技术，给全世界的网络安全造成了极大破坏。

"方程式组织"拥有一个庞大而强悍的攻击武器库。传统的病毒往往是单兵作战，攻击手段单一，传播途径有限，而"方程式组织"动用了多种攻击工具协同作战，发动全方位立体进攻，可以说是世界上最强的网络攻击组织。

全球影响力最大的黑客团体——匿名者 (Anonymous)

"匿名者"源于 2003 年成立的 4chan 论坛，这个论坛聚集了许多喜欢恶作剧的黑客和游戏玩家。由于所有用户都被标记为"匿名者"，他们便以"匿名者"作为自己的代号。"匿名者"在全球范围内有数百万名成员，他们在行动时以数百人的小组为单位，进入大公司和政府部门的内部网站，中断服务、删除备份信息、截取电子邮件以及盗取各种文件。

　　"匿名者"脸上戴着的盖伊·霍克斯（Guy Fawkers）面具（电影《V字仇杀队》中主角的象征物）是他们最鲜明的标志。他们的核心观点是"互联网自由"，并在政治上形成了一些共识。虽然入侵公司和政府部门网站的行为违反了法律，但他们辩称违法是出于"道德"目的，是为了监督大公司和政府，曝光他们的错误行为。

　　2008年，"匿名者"攻击了美国山达基教会（Scientology）的网站，正式进入公众视野。当时，有网民恶搞美国影星汤姆·克鲁斯（Tom Cruise）对山达基教会的支持言论。对此，山达基教会警告称："将把发布或共享视频的用户诉诸法律。""匿名者"认为，这违反了互联网自由，因此发起了网络攻击。这次事件使"匿名者"迅速走红。

　　之后，"匿名者"的行动变得越来越频繁。比如，2010年，他们攻击维萨（Visa）网站、万事达（MasterCard）网站和支付网站贝宝（PayPal），以表示对"维基解密"的支持；2011年，在"阿拉伯之春"事件中，他们协助网民突破突尼斯等国家的网络管控；2015年，他们表示将对恐怖分子宣战，并声称已经控制或摧毁了1000多个"伊斯兰国"的相关网站、社交媒体账号以及电邮地址。

　　"匿名者"的成员分散在世界各地，这为抓捕带来了难度。2010年"维基解密"事件发生后，FBI和英国、荷兰等国家对攻击贝宝的黑客进行搜捕，但最终只逮捕了16人。与此同时，"匿名者"的其他成员则继续高调地行动，丝毫不受影响。

　　这些黑客组织，许多都干着危害国家安全、破坏社会秩序的事儿。为应对这些组织的肆虐蔓延，各国政府纷纷成立专门机构，增加经费，培养网络安保人才，相继出台了法律法规，加大打击力度，并联合其他国家共同应对。

　　另一方面，民间网络安全产业不断发展壮大，聚集了一批网络安全攻防高手，由他们组成的团队成为了保卫国家网络安全的重要力量。下面，我简要介绍奇安信几个有代表性的团队。

多次率先披露重大安全漏洞的 A-team 团队

　　奇安信 A-team 团队专注于网络实战攻击研究、攻防安全研究、黑灰产对抗研究。团队从底层原理、协议层面进行严肃、有深度的技术研究，深入还原攻与防的技术本质，曾多次率先披露 Windows 域、Exchange、Weblogic、Exim 等重大安全漏洞。

2020 年 4 月，奇安信 A-team 团队被甲骨文公司评为"在线状态安全性贡献者"，对 A-team 团队提交的三个漏洞（漏洞编号 CVE-2020-2798、CVE-2020-2829、CVE-2020-2963）表示感谢。

甲骨文表示，只有在提交的信息对甲骨文的在线外部系统安全性有重大帮助的情况下，才会被评为"在线状态安全性贡献者"。A-team 团队获得甲骨文公开致谢，充分证明了该团队在漏洞挖掘方面的实力。

在实战攻防演习排名中名列前茅的 Z-team 团队

奇安信 Z-team 团队是一支在实战攻防演习中扮演重要角色、擅长组织实施渗透攻击的队伍，又称"蓝队"。团队成员大多来自攻防渗透研究出身的高级技术专家和渗透工程师，均有多次参与省部级实网攻防演习的经历。

Z-team 团队平均全年参与全国范围内 200 余场实战攻防演习活动，演习项目涵盖党政机关、公安机关等机构，以及民生、医疗、教育、金融、交通、电力、银行、保险、能源、传媒、生态、水利、旅游等各个行业。在所有行业化的实战攻防演习排名中均名列前茅，其中，年均统计排名第一的次数占比达 2/3 以上。

团队还在实网对抗的不断锤炼中，研发出多套实用技战法和配套工具。在 Web 攻防、社工渗透、内网渗透、模拟 APT 攻击等方面，技术实力扎实，战法灵活，实战能力受到业内高度认可。

支撑国家级漏洞平台工作的代码安全实验室

奇安信代码安全实验室是专注于软件源代码安全分析技术、二进制漏洞挖掘技术研究与开发的团队。实验室支撑国家级漏洞平台的技术工作，多次向国家信息安全漏洞库（CNNVD）和国家信息安全漏洞共享平台（CNVD）报送原创通用型漏洞信息并获得表彰。

实验室还帮助微软、谷歌、苹果、思科、瞻博、红帽、甲骨文、奥多比、威睿、阿里云、飞塔、华为、施耐德、美国网件、友讯科技、以太坊、脸书、亚马逊、IBM、思爱普、奈飞、阿帕奇基金会、腾讯、滴滴等大型厂商和机构的商用产品或开源项目发现了数百个安全缺陷和漏洞，并获得公开致谢。

目前，实验室拥有国家信息安全漏洞库（CNNVD）特聘专家一名，多名成员入选微软全球 TOP 安全研究者、甲骨文安全纵深防御计划贡献者等精英榜单。在 Pwn2Own 2017 世界黑客大赛上，实验室成员还曾获得"世界破解大师"（Master of Pwn）冠军称号。

基于奇安信代码安全实验室多年的技术积累，奇安信集团在国内率先推出了自主可控的源代码安全分析系统——奇安信代码卫士和奇安信开源卫士。目前已经在数百家大型企业和机构中应用，帮助客户构建自身的代码安全保障体系，消减软件代码安全隐患，并入选国家发展和改革委员会数字化转型伙伴行动、工信部中小企业数字化赋能专项行动，为中小企业提供软件源代码安全检测平台和服务。

协助修订国际互联网标准的羲和实验室

奇安信羲和实验室专注于互联网基础协议和基础设施的安全研究、数据驱动的网络威胁检测与防御技术研究。团队核心成员历年来在网络安全国际顶级学术会议 USENIX Security、NDSS、CCS 发表多篇论文，并获得 NDSS 最佳论文奖（2016）、CCS 最佳论文奖（2020）。

以实验室成员为核心组成的战队曾获得 GeekPwn2018 国际安全极客大赛第二名、GeekPwn2019 第一名的成绩，多个漏洞挖掘研究成果获得微软、谷歌、苹果等国际知名厂商致谢。相关研究成果被国际互联网工程任务组（IETF）等全球互联网社区借鉴采纳，多次协助修订国际互联网相关标准，对全球互联网基础设施安全稳定做出了一定贡献。

实验室还研制了天罡安全基础数据平台、司南网络空间威胁导航平台，拥有国内最大规模的被动域名系统（PassiveDNS）与网络主动测量数据资源，结合大数据分析技术驱动对大网威胁的分析、捕获以及溯源。

挖掘了近 300 个工控系统领域漏洞的巽丰实验室

奇安信巽丰实验室是专注工控系统安全漏洞挖掘和工业互联网安全防御的团队。实验室秉承"未知攻，焉知防"的理念，既研究分析存在于工控嵌入式设备与工业软件中的安全隐患，又开发工控安全检测引擎和规则，覆盖工业互联网领域的"资产—漏洞—协议—IDS"等安全防御技术。

巽丰实验室累计独立挖掘了近 300 个工控系统领域的漏洞缺陷，不仅积累了丰富的攻防实战经验，而且对奇安信工业信息安全产品防御水平的提升发挥重要支撑作用。

目前，实验室致力于打造工业安全技术组件（ISTP），为包括军工、核电、电网、航天、汽车、智能制造等在内的众多关键工业领域客户提供多维度的安全检测引擎、规则和服务。

此外，实验室还承担了众多国家和省部级科研课题，参与组建了国家发展与改革委员会授予的国家级重点实验室——工业控制系统安全国家地方联合工程实验室、北京市发展与改革委员会授予的工业控制系统安全北京市工程实验室、工业互联网安全技术试验与测试工信部重点实验室。

拥有强大的 APT 发现能力的红雨滴团队

奇安信红雨滴团队专业从事威胁情报生产、运营和产品孵化。团队以业界领先的安全大数据资源为基础，基于奇安信长期积累的核心安全技术，依托亚太地区顶级的安全人才团队，通过强大的大数据能力，实现全网威胁情报的即时、全面、深入的整合与分析，为企业和机构提供安全管理与防护的网络威胁预警与商业情报。

奇安信红雨滴团队基于海量的威胁情报数据，拥有丰富的威胁情报来源和强大的 APT 发现能力，持续监测境内外针对国家重要系统的 APT 攻击，成功发现了 40 余个境内外黑客组织，处置关键重点单位 APT 事件超 100 次。

团队基于长期积累的核心安全及 APT 跟踪发现能力，应用于奇安信威胁情报综合分析平台，以海量多维度网络空间安全数据为基础，为安全分析人员及各类企业用户提供基础数据的查询，攻击线索拓展，事件背景研判，攻击组织解析，研究报告下载等多维度的威胁情报服务。

第三节 黑客的宿命与使命

黑客通常隐藏在电脑屏幕后面，看不见摸不着，就像"世外高人"一样，不"黑"则已，一"黑"惊人。随着网络空间成为第五空间，黑客也开始从幕后走向台前，并承担起更重要的历史使命。

▣ 从幕后到台前

这些组织各自代表了当时黑客团体的精神和力量。它们的崛起，也说明了黑客活动在这二十年多年间，方式从个人活动到集体行动、出发点从个人利益到政治目的的转变。

20 世纪 80 年代，个人电脑还未普及，计算机网络也只是将一个办公室里的几十台电脑连接在一起，懂计算机的人更是少之又少。当时，能够令整个计算机网络瘫痪的人就是了不起的人物。上文提到的"全球最著名的五大黑客"，他们的活跃年份都是在这一时期。在全民都不懂计算机的时代，出现一个以当时最顶尖的技术来进行犯罪活动的人，引起的轰动可想而知。

20世纪90年代初期，黑客的行动仍然只是"小打小闹"。具体地说，他们以个人为单位寻找和发现系统中的漏洞，然后发动攻击。即使到后来电子邮箱、新型Web BBS等开始发展时，他们依然是通过注册一些马甲帐号、借助个人或处理程序，将自制的病毒和木马散布出去。当时互联网还没有将全世界的人联系起来，黑客基本上都是各做各的事，并不知道在网络的另一端，会有与自己相似的高手。

随着互联网的影响范围从社区延伸至全世界，不少黑客从各种BBS社区中找到了与自己志同道合的伙伴，彼此之间也有了越来越多的交流。逐渐地，这些黑客开始结成联盟，以集体为单位进行有目的性的攻击。

目前，全球范围内影响力最大的黑客团体是"匿名者"。前一节中提到，"匿名者宣言"和他们脸上戴着的盖伊·霍克斯面具，是他们最鲜明的标志。

▣ 全民皆黑客

21世纪，个人电脑和网络逐渐普及，上网对于人们来说已经非常普遍。与此同时，制作病毒的门槛越来越低、获利越来越大，使得"全民皆网民"的时代将向"全民皆黑客"的时代演进。

我们可以从六个角度，来理解"全民皆黑客"时代的特征。

第一，传播极速化。随着众多漏洞细节的曝光，攻击代码的"窗户纸"一点就透，黑客能力被插上翅膀，电脑木马病毒开始肆虐。比如，2001年一名赋闲在家的程序员开发出了"求职信"病毒，这个病毒没有太高的编程技术，但传播速度惊人。

再如，"灰鸽子"病毒自2001年诞生之后，曾连续三年被国内杀毒软件厂商列入10大病毒，并在2007年大规模爆发。当时，全国每10台感染病毒的计算机中就有超过一台感染了此病毒。有记者调查发现，在百度中搜索"灰鸽子"病毒，弹出了200多万相关词条，其中关于如何用"灰鸽子"抓"肉鸡"的教程随处可见。

还有"冲击波""震荡波"等病毒，都是一些年龄较小的编程者学习顶级黑客的"成果"。他们毫无顾虑，没有任何目的地编写电脑病毒，但这类病毒传播速度快、变种多，往往让人猝不及防，容易造成极大的损失。

第二，使用简单化。模块组装型木马的流行使成为黑客的门槛越来越低。由于木马制作工具的泛滥，病毒的制作逐渐呈商业化运作模式。某些制作小组甚至可以根据使用者的要求，为其提供针对特定目标的专门版本。

比如，前文提到的"永恒之蓝"勒索病毒事件，黑客就是把网上流传的标准漏洞攻击代码、非对称加密技术、匿名网络技术等进行了重新组合，编制成了完整的攻击程序。攻击者不需要任何技术功底，只需要执行攻击命令，就能完成对目标的攻击，并且攻击成功率极高。

第三，分工专业化。一个不懂任何电脑技术的人都可以成为黑客。在网络黑色产业链中，有人专门从事木马以及病毒的开发，有人负责销售和利用这些木马病毒获取利益。

以"肉鸡买卖"为例，黑客制作出网游盗号木马、远程控制木马等各类木马工具后，出售给木马播种环节的人，由他们负责实施"挂马"。用户一旦访问被"挂马"的页面，则立即中招，成为"肉鸡"。能够使用几天的"肉鸡"在国内可以卖到 0.5~1 元一只；如果可以使用半个月以上，则可卖到几十元一只。这些黑客从中招用户电脑中盗取各类有价值的信息，然后再把信息进行"套现"，获取了大量利润。

第四，知识普及化。网络攻防大赛如雨后春笋般出现，让黑客进一步进入大众视野。一方面，演练的针对性、演练规模和演练的实战性都有明显提升，尤其是针对特定目标的深度攻防，以验证防御系统的效果，发现潜在的威胁和漏洞。另一方面，演练组织者有国家、行业、地区、银行、电力等关键信息基础设施机构和企业，甚至一些电商、互联网企业、家电企业也开始组织攻防演练。

第五，能力产业化。安全服务市场将催生"准黑客"产业大军。在传统的网络安全市场中，政企用户更倾向于购买安全设备，把硬件盒子放在企业，能够让人更放心。但随着网络安全威胁形势的不断变化，以及越来越严苛的网络安全监管环境，政企用户对于安全的需求不断增强，他们的安全需求从基本合规逐步转向真正的安全防护需求。

安全服务化是未来的趋势。随着大数据安全、威胁情报、机器学习、云安全被越来越多地应用于安全防护体系中，新的技术、新的知识对于企业现有的安全管理人员来说是一种挑战。换句话说，企业需要专业的安全人才来更及时有效地应对网络安全威胁，这也将催生"准黑客"产业大军。

第六，教育正规化。网络安全人才培养有普及之势。2015 年 6 月，"网络空间安全"正式被国务院学位办和教育部获批为国家一级学科。《网络安全法》第二十条将培养网络安全人才确定为一项基本法律制度：国家支持企业和高等学校、职业学校等教育培训机构开展网络安全相关教育与培训，采取多种方式培养网络安全人才，促进网络安全人才交流。

近两年，各相关高校响应国家培养网络安全人才的号召，陆续设立了"网络空间安全学院"。2015 年至今，中国科学院大学、北京邮电大学、四川大学、电子科技大学、暨南大学等高校相继成立了"网络空间安全学院"或"网络空间研究院"。

从这六点来看，"全民皆黑客"的时代已经到来。这些黑客也许是通过技术获取非法利益的人，也可能是维护网络空间安全的"攻防高手"。很多黑客有着自己的事业和工作，在平时他们不会轻易表露自己"黑客"的身份，还在学校上学的学生也不少见，各行各业都暗藏着黑客精英，而且，他们很有可能就在你我的身边。

▣ 黑客精神与黑客使命

黑客，并不都是坏人，他们既能做好事也能做坏事。他们中有一些黑客具有英雄主义色彩，反映了当时的历史潮流和社会正义，敢于克服困难，主动承担责任，向社会反动和黑暗势力进行坚强不屈的斗争。黑客精神与黑客使命，也在一定程度上制约和规范着黑客的行为。

黑客精神

在我看来，黑客都有着强烈的好奇心，对能够充分调动大脑思考的问题感兴趣，并且总是带着质疑的眼光思考问题。当碰到棘手的问题时，他们从不会轻易放弃，而是想方设法刨根问底。总之，"黑客精神"本质上是一种工匠精神、钻研精神、职业精神和侠义精神，这种精神在任何行业都值得赞扬。

2011 年，一群中国顶尖黑客们制订了"COG 黑客自律公约"，其中写道：金钱不等于罪恶，但金钱绝对不是彰显和证明黑客能力的标准，以买卖社会普通公众隐私信息为目的的活动不是黑客行为。

"公约"还重新定义了"黑客精神"：黑客是用来形容那些热衷于解决问题、克服限制的人的。因此"黑客精神"并不单单指（限制于）电子、计算机或网络。"黑客精神"的特质不是处于某个环境中的人所特有的，而是可以发挥在其他任何领域，例如音乐或艺术等方面。"公约"中提到：好奇、怀疑、独立思考、开放、共享都是"黑客精神"的表现特质。

黑客使命——未来网络安全的守护者

在网络技术越来越发达的今天，黑客在网络安全中扮演的角色越来越不可忽视。安全不仅关乎个人的信息隐私防护，关乎企业的财产以及数据保护，更关乎国家安全。黑客可以从恶，也可以从善。守护未来的网络安全将是黑客的使命。

2017年5月发生的"永恒之蓝"勒索病毒事件就是一次例证。当时，病毒突袭了全球150多个国家，许多用户的电脑被病毒锁定，无法正常使用。十万火急之下，奇安信技术团队闪电出击，发起火线营救，搭建起多重防护体系，力保用户平安无恙。

此次勒索病毒传播速度之快、破坏性之大、影响范围之广，为互联网历史上罕见。面对严峻的勒索软件攻击形势，奇安信利用自己在安全大数据和态势感知领域的优势，很快推出了"永恒之蓝"勒索蠕虫传播专项态势感知，并以此为基础建立了应急响应体系，先后派出超过2000位安全应急响应人员，为超过1700家政企机构提供了现场支持，为超过2000家机构提供了电话支持，制作了5000多个工具U盘和光盘，发布了九个版本的安全预警通告、七个安全修复指南文档，推出了六个修补工具软件，确保五亿用户免受勒索病毒困扰。

这场正义与邪恶的较量中，奇安信与"永恒之蓝"勒索病毒大战三天三夜，最终以勒索病毒失败告终。

就像"狙剑"作者徐贵斌一直坚持的那样，"实战是检验安全技术及产品的唯一标准"。这些黑客对网络攻防有辩证的思维和深刻的理解，他们的这份坚持对网络空间的安全有着不可取代的重要意义。

在智能化的未来，这些掌握高超技术的黑客，不仅是网络攻防的关键性人才，更是维护网络安全的重要力量。我们会看到越来越多的年轻人一步步登上世界舞台，他们也许玩世不恭，但却固执地坚守着道义。

第四章

数字时代：
新技术是漏洞帮凶，
还是克星

人类的历史，是一部人类运用技术的发展史。18 世纪 60 年代，蒸汽机的广泛应用，标志着人类进入工业时代；19 世纪 70 年代，内燃机的广泛应用，标志着人类进入电气时代；20 世纪 40—50 年代，电子计算机和信息技术的广泛应用，标志着人类进入信息时代；21 世纪，大数据、云计算、人工智能等技术的应用，标志着人类进入数字时代。

数字时代是万物互联的世界，更多的设备和系统连接在互联网上。更多的连接点意味着更多的漏洞和攻击点，追求方便和小巧意味着资源受限和安全性的牺牲。

数字时代在给人类生活带来无数便利的同时，也成了滋生漏洞的温床。支撑数字时代的大数据、云计算、物联网、工业网络、人工智能等新技术，既是创新发展的膨化剂，也是网络安全问题的催化剂。

第一节 "数字生活"的便利与威胁

数字技术正在深刻改变人们的日常生活。网上购物、车票预订、预约挂号、水电费缴纳……人们只需轻点手机,这些事情便能轻松解决。人们在享受着数字技术带来的便利的同时,也面临着技术带来的威胁。

正如我在本书中一直强调的,缺陷是天生的,漏洞是不可避免的,网络攻击是必然的。人类社会的数字化程度越来越高,安全漏洞问题也日益严峻。下面我亲历的几个故事,就很能说明这一点。

▣ 威胁就在身边

我的特斯拉报废了

研究发现,特斯拉传感器系统并不绝对可靠。它需要传感器、毫米波雷达、摄像头等多个部分配合,融会贯通后特斯拉才会做出报警、刹车等反应。但是在黑客简单的干扰下,传感器"致盲",就会发生误报。所以,在真正的行驶过程中,驾驶员稍不注意,就可能发生车毁人亡的灾难事故。

2014年7月的一个下午,我突然接到我们网络安全攻防实验室负责人林伟的电话。他在电话里焦急地告诉我,我买了不久的特斯拉出了车祸,情况很严重,可能彻底报废了。我赶紧问他,人有没有事?还好,人没事。"人没事就好,赶紧把车牌子搂回来。"当时全北京只有几辆特斯拉,我可不希望成为车祸新闻的主角。

车祸发生一周后,我们重现了这个漏洞的安全隐患,成功利用电脑实现了远程开锁、鸣笛、闪灯、开启天窗等操作。其实这只是攻防实验室的一部分研究成果,出于公众情绪的考虑,我们并没有演示其他成果:成功做到让汽车在行驶过程中偏航,以及在充电过程中烧掉电池。

当时,特斯拉是唯一最彻底的电子智能化汽车,类似于一台大型PC机。我本能地意识到,如果特斯拉存在漏洞并被黑客利用,可能会车毁人亡。从这个角度而言,特斯拉非常具有研究意义。当汽车模块化后,每一个独立的单元都会拥有独立的IP地址和端口,这和PC机很类似,黑客们可以通过各种方式(网络探测)扫描探测各个组件的IP地址和端口,以图谋破解。

一切智能硬件皆可破解

安全技术并不神秘，实际案例告诉我们，一切智能硬件皆可被破解，安全意识时刻不可放松。

2020 年 11 月，在"2020 中国 5G+ 工业互联网大会"奇安信展台上，奇安信天工实验室的安全研究员演示了黑客是如何通过利用智能网联汽车系统的漏洞，对智能网联汽车进行远程操作，仅仅用了 58 秒，就"隔空"实现对智能网联汽车的操控，包括打开车门、车窗等。

当前，智能网联汽车发展迅猛，已经成为大众百姓出行交通工具的热门选择之一。据"IDC 全球智能网联汽车预测报告"中的数据显示，2019年可以连接第三方服务平台以及配备嵌入式移动网络的全球智能网联汽车出货量达 5110 万辆，未来智能网联车的年出货量复合增长率约 16.8%，智能网联汽车市场将迎来快速发展。

智能网联汽车是典型的信息物理融合环境，信息技术在智能网联汽车的电控单元、车载计算设备中的应用越来越广泛。一旦遭遇黑客入侵，汽车的网络信息安全问题可能导致汽车的功能安全问题，甚至会危及人身安全。

由于市场竞争激烈，技术更新迭代太快，多数厂商考虑更多的是尽快设计研发、更快推出市场和占领市场，却忽视了安全问题。我们希望通过现场互动演示，能够引起厂商对于智能网联汽车安全性的重视。

毫不夸张地说，如果不能很好地解决网络安全问题，智能网联汽车就无法得到大规模应用。

15 分钟破解 19 部人脸识别手机

人脸识别技术凭借自身的便利性逐渐渗透人们的日常生活。但是，这项技术目前仍存在诸多漏洞，极易造成数据泄露、数据伪造等安全风险。

2021 年 1 月，清华大学人工智能研究院团队披露了最新研究成果。研究员通过 AI 算法技术成功解锁 19 款国产智能手机，整个破解过程仅用 15 分钟。

研究员介绍，在拿到测试者和被攻击者的照片后，首先通过算法将两张照片生成眼部区域的干扰图案，然后将干扰图案打印裁剪出来贴到镜框上。测试人员戴上眼镜面对手机就能完成面部解锁。

生成干扰图案用到的算法被称为"对抗样本攻击算法"，是结合攻击者与被攻击者的图像，再通过攻击算法计算出最佳的干扰图案，确保只要攻击者加上干扰图案，就能接近被攻击者的特征，在人脸识别算法看来，就是同一个人了。

攻击测试人员成功解锁手机后，就可以任意翻阅机主的微信、信息、照片等个人隐私信息，甚至还可以通过手机银行等个人应用APP的线上身份认证完成开户。

这项测试证实了人脸识别技术在现实生活中是会带来安全威胁的。搭载人脸识别功能的应用和设备一旦被黑客利用，隐私安全与财产安全都将受到威胁。

2021年3月15日，央视曝光了万店掌、悠络客、雅量科技等人脸识别系统供应商，违规识别用户人脸信息，并进行二次贩卖。普通人脸数据一份只需0.5元，商家还可提供一份价值35元的软件包，可以完成静态图像动态化，让照片中的人像做出点头、摇头、眨眼、张嘴等动作，进而骗过部分手机应用中的活体认证环节，给人们的隐私安全、财产安全带来巨大的安全隐患。

毫无疑问，数字技术给我们的生活带来了无限可能和想象，帮助人们实现诸多以前不敢想象的事情，但是，我们绝对不能陷入技术万能论的泥沼之中。如果我们不对数字技术保持警惕，不意识到漏洞被利用的可能性，那么，我们就会对危机的发生难以招架，被它一击即溃。

◉ 当科幻成为现实

我们经常看一些影视作品，但你是否会想过这些原本经过艺术加工的内容有一天会在现实中上演呢？

"棱镜计划"、纽交所暂停股票交易、人工智能与人类对弈、比特币协助黑帮洗钱、政府悄然构建庞大面部识别系统等这些科幻片《疑犯追踪》（*Person of Interest*）中的剧情，在现实生活中一一被应验。《实习医生格蕾》（*Grey's Anatomy*）中医院被黑客入侵勒索的情节，现在就在我们身边不断上演……

预言"棱镜计划（PRISM）"

2011年开播的美剧《疑犯追踪》中，出现了和"棱镜计划"几乎一样的剧情，而且细节还原度还高得离奇，就连时间也对得上号，被称为"神预言"。其实，这不仅仅是巧合。随着科技的发展，一切科幻情节都可能成为现实。

"今天的新闻，我是不是前几天已经在剧里看过了？"这可能是看过美剧《疑犯追踪》的人的最大感受。2011年9月，美剧《疑犯追踪》开播，该剧讲述了一位推定死亡的前美国中央情报局（CIA）特工与一位神秘的亿万富翁联合起来，运用一套独特的办法制止犯罪的故事。

第一季第22集的片头揭示了本集的核心设定——"你正在被监视着，政府有一个秘密系统，一台机器正在每时每刻监视着你。它为了预防恐怖袭击而诞生，但是它却看到了所有的罪恶。"剧中，政府为了防范恐怖袭击制定了一套计划，主角芬奇（Finch）用了七年的时间终于在2009年制作出机器"The Machine（TM）"，拥有所有电子设备最高权限的TM对人类展开了全面监控，并从中判断即将发生的恐怖袭击。随后芬奇将"相关人"的号码发给政府处理，而"非相关人"的号码则交给主角团队处理。剧集中的"非相关人"是一名国家安全局情报分析员，在工作过程中发现了这一计划，并因此遭到政府追杀。

美国的"棱镜计划"就是剧情的翻版。2013年6月，前CIA职员爱德华·斯诺登（Edward Snowden）将两份绝密资料交给英国《卫报》（The Guardian）和美国《华盛顿邮报》（The Washington Post），美国国家安全局代号"棱镜"的秘密项目被曝光。"棱镜计划"是一项由美国国家安全局自2007年起开始实施的绝密电子监听计划，正式名号为"US-984XN"。2012年，它作为"总统每日简报"的一部分，项目数据被引用1477次，国家安全局至少有1/7的报告使用该项目数据。

"棱镜计划"之所以能够对即时通信和既存资料进行深度的监听，原因之一就是利用了系统漏洞。FBI和NSA通过漏洞挖掘了各大技术公司的数据，包括微软、雅虎、谷歌、脸书、PalTalk、优兔（YouTube）、Skype、美国在线（AOL）、苹果等。消息爆出之后，美国舆论随之哗然，世界为之震惊。

纽交所暂停股票交易

2015年7月9日，美国纽约证券交易所由于技术故障，一度暂停了所有股票交易，经过四小时修复才恢复正常。巧合的是，美剧《疑犯追踪》中又一次"神预言"了此次故障，科幻情节再一次成为了现实。

在2015年1月播出的美剧《疑犯追踪》第四季第11集中，对手利用AI技术制造出的"机器"Samartian，试图控制整个城市。这台机器通过攻击证券市场，试图制造新的金融危机来影响美国乃至世界。

类似的剧情半年后在现实中上演。据媒体报道，在出现技术故障的两周前，纽交所就曾通知交易公司和其他用户，交易所将关停部分老化系统。当天股市开盘前，纽交所又发出了一条警示通知，交易所的一些网关被发现有问题，网关是连接纽交所执行交易命令的连接点。通知说，这些问题将会影响到一组股票交易，但并没有说是哪个组。

当天上午 10 点 49 分，纽交所发出通知说，所有技术问题都解决了，股票可以正常交易，但交易所就在这个时候出现了宕机。

值得注意的是，著名黑客组织"匿名者"在前一天晚上曾用账户"YourAnonNews"发布推文说："不知道明天会不会成为华尔街的'坏日子'……我们只能希望。"纽交所故障发生后，这个账户又发出多条相关推文，甚至呼吁民众前往纽交所抗议，还倡议"卖掉股票，救济穷人"。虽然，纽交所第一时间否认了"黑客攻击"的说法，但是这一系列"巧合"很难不让人怀疑是被黑客利用系统漏洞攻击所致。

医院被黑客利用漏洞入侵

随着医院信息化建设力度的加大，医院的信息安全问题也成为关注的焦点。美剧《实习医生格蕾》中医院被黑客入侵勒索的情节，如今也开始在我们身边不断上演。

2020 年 9 月，德国杜塞尔多夫大学医院遭受勒索软件攻击，致一名患者被迫送往 32 公里外的另一家医院，因此错过了最佳抢救时间，最后不幸死亡。

这是有史以来第一例因勒索软件攻击而间接导致的人员死亡事件。黑客利用医院使用的商业软件漏洞发起勒索攻击，感染了 30 多台内部服务器遭，导致 IT 系统中断，医院无法进行计划和门诊治疗以及急诊护理，那些急诊患者不得不被转移到更远的医院接受治疗。

同样在 9 月，美国通用健康服务公司 (Universal Health Services) 系统遭到勒索攻击，导致 400 多家医院受到严重影响。一些医院不得不把病人送往附近的其他医院，医护人员也开始用纸笔记录病情。

该公司是美国最大的医疗服务提供商之一，业务遍及美国、波多黎各和英国，包括 26 家急诊医院、328 家医疗机构和 42 家门诊医院。

佛罗里达州的一位医院工作人员说："今天的急诊室一片混乱。"由于医院的导管检查室关闭，运送心脏病患者的救护车被迫改道。加州的另一名工作人员表示："我们的急诊室对救护车关闭，手术室也关闭，所有救护车和手术室都改变了救治路线。"

这些真实发生的事件告诉我们，人们在享受技术带来的便利的同时，也面临着技术带来的威胁。系统越复杂，漏洞存在的可能性就越大，也越有可能被入侵；网络的连接点越多，被攻击的机率就越大；设备越智能、越便捷，漏洞所带来的后果就越严重。

第二节　大数据的安全困扰

"天下熙熙，皆为利来"，在大数据时代，海量数据背后隐藏着大量的经济和政治利益。总会有一些不法分子，利用各种手段谋取利益。

从 2014 年大数据首次进入政府工作报告起，大数据产业开始得到国家层面的支持。自五中全会的"十三五"规划提出"大数据发展"战略以来，各地都在大数据建设上取得了不少成就，深刻改变着我们的思维、生产、生活和学习方式。

当前，大数据已经融入到我们的生活和生产之中，其安全问题也成为一个绕不开、必须谈的话题。在大数据时代，数据远比金钱重要。对数据的攻击和破坏，不仅带来经济利益上的损失，还会严重影响到我们的日常生活，影响到城市的运转和人的生命安全，每一个人都不可避免地成为网络安全威胁的受害者。大数据安全一旦出问题，后果将是灾难性的。

▣ 什么是大数据

对于"大数据"（big data），麦肯锡全球研究所给出的定义是："一种规模大到在获取、存储、管理、分析方面大大超出了传统数据库软件工具能力范围的数据集合，具有海量的数据规模、快速的数据流转、多样的数据类型和价值密度低四大特征。"

我在参加国资委的一次关于企业改革的会议上谈过一个观点，大数据是新经济的"石油"，它对新经济的驱动力可以用"加减乘除"来概括。加法就是要更精细的质量、更高的效率以及更多的扩展业务；减法就是要降低成本，降低消耗，减少次品；乘法就是要通过大数据驱动人工智能，让产品的性能和价值实现几倍甚至百倍的蹿升；除法就是通过网络化让供应链精准分工，实现轻资产的运营。

最近十年，互联网经济飞速发展，创造了一个又一个神话，几乎所有世界级互联网企业都得益于大数据的应用，得益于用大数据的方法颠覆了传统产业。

近几年，互联网流行的精准营销、用户画像都是通过大数据实现的。很多人认为大数据是指大数据技术，这是一个误区，技术只是手段，其核心是数据。互联网公司的产品连接每个用户的鼠标和手指，能完整地把用户的所思所为变成数据。将海量的数据"提纯"并迅速处理成有用信息，就像掌握了一把能打开另一个世界的钥匙。

可以说，大数据代表着未来，在未来 10 年、20 年以及更长的时间里一定会引领市场和潮流。

◨ 大数据遭攻击的典型案例

大数据在给我们带来智慧和便利的同时，也带来了新的网络威胁。现在各地都在建数据中心、智慧城市、政务云，大数据和云计算技术已经在政务、企业、金融、电信、能源各大行业广泛应用，承载着大量敏感信息。

这些涉及个人、企业、政府的敏感信息一旦泄露，网络安全问题将会对城市建设造成直接的、实质性的影响，给公民个人权益、企业商业利益、政府信息安全带来不可估量的危害。大数据安全一旦出问题，后果将是灾难性的。

上亿用户支付数据泄露，印度面临严峻网络安全挑战

2021 年 3 月，印度国内最大的移动支付服务商之一 MobiKwik 遭遇黑客攻击。该事件造成约一亿用户的个人信息泄露，可能成为印度国内规模最大的违规事件。

作为印度最大的移动支付服务商之一，MobiKwik 拥有超过 1.2 亿用户。此次攻击泄露了约一亿用户的个人信息，包括电话号码、邮箱、签名、交易日志、部分付款卡号、密码以及个人身份证明文件。犯罪分子声称掌握了 8.2TB 用户数据，并开出了 1.5 个比特币的赎金，约合 88000 美元。

印度互联网独立研究员拉贾哈里亚（Rajaharia）表示，黑客从

MobiKwik 窃取的数据已经在暗网论坛上售卖，在卖方建立的专题页面上，买家可以通过电话号码或电子邮件 ID 搜索到指定的结果。

令人担忧的是，MobiKwik 在被迫公布真相之前成功地把事件隐瞒了一个月之久。事件曝光时，面对印度储备银行下达的取证审查令，MobiKwik 仍坚持认为自己的系统安全无忧。

类似的事件还有很多。2019 年，印度最大银行印度国家银行的一台未受保护的服务器遭到意外访问，数百万客户的银行余额和最近交易记录等大量财务信息暴露在网上。印度计算机应急与响应小组估计，从 2015 年到 2020 年，印度共出现了 145 万起网络安全漏洞利用与黑客攻击事件，且事件数量仍在逐年增长。

互联网自由基金会的罗因·加格（Rohin Garg）强调，目前印度国内大部分数据库的底层架构都极不安全。从私营企业到公共银行，每一家印度机构都随时面临着数据泄露或黑客攻击的风险。

超 300 万奥迪、大众车主个人信息在地下论坛售卖

2019 年 8 月至 2021 年 5 月，大众汽车集团美国公司的一家供应商在互联网上泄露了大量未受保护的客户数据。泄露的数据包括用户的姓名、个人或企业邮寄地址、电子邮件地址及电话号码等，主要影响到美国及加拿大多家奥迪与大众授权经销商的 330 万购车客户。

2021 年 6 月，黑客在一个高人气黑客论坛上公开出售大众汽车客户数据。根据论坛帖子显示，在售数据包含超过 500 万条记录，其中 3862231 条为导购记录、1792278 条来自销售数据库。这些数据包括用户姓名、电子邮件地址、邮寄地址、电话号码，在某些情况下还包括车牌号。

其中约 9 万名奥迪车主或潜在买家受到的影响最大，泄露信息包括购买、贷款或租赁资格等敏感内容。并且，有超过 95% 的泄露信息都涉及驾照号码，甚至还有极少数记录包含出生日期、社保或保险号码、账户或贷款号码以及税号。

黑客为这些数据开出了 4000 美元到 5000 美元的价码，并表示目前在售的数据库中不包含任何客户的社保号码。目前，关于这些数据是否已被未经授权的第三方下载获取，还不明确。

泄露发生的原因是大众的一家供应商在 2019 年 8 月至 2021 年 5 月期

间，将客户数据"未经保护"地留在了互联网上。大众汽车及其子公司奥迪以及位于美国和加拿大的官方经销商都使用这个供应商的服务。

如今，大部分互联网用户随时面临网络欺诈的风险。外泄数据一旦落入不法分子之手，这些车主很可能成为专业偷车大盗的首选目标。

▣ 大数据面临的安全挑战

大数据发展和网络安全管理其实是背道而驰的。大数据是越集中越有价值、越智能，而安全则是越集中越有风险，因为攻击只要成功一次，就得手了。

大数据成为了黑客更显著的攻击目标

在网络空间里，大数据更容易被"发现"。大量的数据意味着更复杂、更敏感的数据，而敏感信息会吸引更多的攻击者。同时，大量数据的汇集使黑客攻击一次就能获得更多数据，降低了黑客的攻击成本。

大数据技术成为黑客的攻击手段

黑客和不法分子也在与时俱进。在企业利用大数据、人工智能和机器学习等技术获取商业价值的同时，黑客也在使用这些技术向企业和国家发起攻击。黑客会最大限度地收集更多有用信息，例如邮件、电话、电子商务、社交网络等。此外，黑客利用大数据发起僵尸网络攻击，可能会同时控制上万台傀儡主机并发动攻击。

隐私泄露风险增加

个人隐私泄露会给不法分子带来便利，便于其采用社会工程学等手段，进行电话诈骗、广告推销等，给人们的财产、精神带来损失，现在越来越多的骚扰电话、垃圾短信即是明证。另一方面，一些敏感数据的所有权和使用权并没有明确界定，很多大数据应用的分析都未考虑其中的个人隐私问题。

影响社会稳定运转

现在是大数据与万物互联的时代，智能交通、智慧医疗、智慧城市的建设如火如荼，对数据的破坏将可能直接导致关键信息基础设施的瘫痪，安全问题已经威胁到城市的正常运转与人民的生命安全。

威胁现有的防护设施

大数据技术还会对安全控制的措施产生一定的影响。其主要原因是由于安全防护手段的更新升级速度无法跟上数据量非线性增长的步伐，这会暴露大数据安全防护的漏洞。

大数据时代的到来给安全产业的发展带来了新的契机，大数据正在为安全分析提供新的可能性。在未来的安全架构体系中，如何通过大数据智能分析有效地将原来分割的安全产品更好地融合起来，成为不同的安全智能节点，并驱动这个体系高效运转，将是数字时代安全产业研究突破的重点。

第三节　工业互联网的安全困扰

谈到数字时代，不得不说工业互联网。工业互联网的前景广阔，已经成为新一轮科技革命与产业变革的核心驱动力之一。工业互联网一方面使传统工业得到换代升级，劳动力得到解放，生产力得到提高；另一方面，工业互联网也使工业安全面临严峻的威胁。

工业是经济发展的重要引擎，是推动经济高速发展的重要力量。一旦工业互联网中的某个漏洞被黑客发现而入侵，后果不堪设想，引发的蝴蝶效应好比一只南美洲亚马孙河流域热带雨林中的蝴蝶，偶尔扇动几下翅膀，可以在两周以后引起美国德克萨斯州的一场龙卷风。

▣ 什么是工业互联网

什么是工业互联网？我认为，工业互联网创造出了更多的连接端点，它包含"IT 网络（互联网）＋ OT 网络（工业控制系统网络）＋ IOT 网络（物联网）"，因此也简称"IIoT"。这种复杂性增加了工业环境中的"攻击面"，如工业控制系统、监控和数据采集（SCADA）系统、制造业、智能电网、石油和天然气、公用事业和运输业，也增加了被攻击的可能性。

美国通用电气（GE）提出了一个工业互联网计划：在其产品中增加更多的传感器来获取海量数据，用以提高效率。比如一个机器学习专家小组通过测试筛选 2 万台喷气发动机的各种细小警报信号，作为发动机维修的前瞻性评估数据。这套正在研发的航空智能运营服务系统，采用专业计算算法，能够提前一个月预测哪些发动机急需维护修理，准确率达到了 70%。据统计，每年航班延误给全球航空公司带来 400 亿美元的损失，其中 10% 的延误，源自飞机发动机等部件突发性维修。

这套智能运营服务系统的最大价值，就是可以实时监控从飞机设备收集的各项数据，在飞机出现故障隐患前做出诊断预测，大幅降低飞机的误点机率，最终目标是"将计划外的停飞时间降为零"。GE 公司发表的《工业互联网：打破智慧与机器的边界》白皮书认为，在全球，如果工业互联网仅仅将铁路、航空、医疗、电力、石油天然气这五个行业的工业生产效率提高 1%，就可以在未来 15 年为世界贡献 2760 亿美元增长。

2021 年 3 月，青岛啤酒成为全球首家啤酒饮料行业工业互联网"灯塔工厂"。"灯塔工厂"被称为"世界上最先进的工厂"，是由达沃斯世界经济论坛和麦肯锡咨询公司共同遴选的"数字化制造"和"全球化 4.0"示范者，入选企业代表着未来工厂的数字化增长和可持续发展之道。

青岛啤酒"灯塔工厂"的独到之处在于将个性化定制嵌入大规模生产。在每小时生产 6~8 万罐啤酒的流水化生产线上，工业互联网智能分拣系统能快速识别每一个罐上的二维码，准确分拣出数量少到可能只有一罐的个性化定制产品，实现同时生产 20 个品种彼此互不影响。

工业互联网还让工业生产的网络化协同成为了现实。例如中国航天科工集团旗下的航天云网，通过搭建以 INDICS 为核心的工业互联网公共服务平台，把分散在全国各个角落的市场主体连接起来，横向整合固化于千万个企业中的同质化资源，实现"企业有组织、资源无边界"的生产资源配置，优化业务流程，打通云端应用工作室中的协同制造、智能制造全链条业务流程，为工业企业提供供需对接、信息共享以及包括创意、设计、制造、投资等全产业链的配套服务。

例如，贵阳的一家食品企业每天生产 250 万瓶调味品，每瓶都有唯一的二维码。通过航天云网的网络协同，山东的一家企业帮助这家食品企业，将对每瓶进行二维码防伪追溯的成本降低到了一分钱；成都的若克精密机械制造有限公司与航天云网耗时六个月打造的一条智能制造生产线可以将其设备运行、生产管理等数据都传输到航天云网云平台，根据上传的数据，航天云网可以为其匹配合作商、寻找商机，将生产能力和市场对接最大化。

服务化延伸、智能化生产、个性化定制、网络化协同……工业互联网业务正在渗透到越来越多的领域，带动工业、汽车行业、城市建设等领域的智能化升级。

在生产领域，新型的商业模式催生出新的需求，为满足这些需求，需要将全球的工业系统与高级计算、分析、感应和通信技术进行融合，需要实现智能机器间的连接并最终实现人机连接，结合软件和大数据分析，重构全球工业，激发生产力。

由此，工业信息系统迎来了万物互联的时代。换句话说，工业互联网的时代已经到来。

▣ 工业互联网遭攻击的典型案例

工业互联网在拓展了工业控制系统发展空间的同时，也带来了网络安全问题。近年来，随着安全事件的频繁发生，工业互联网安全越来越受到政府、工业用户、科研机构和工控系统厂商的重视。

由于信息技术和操作技术的一体化，传统病毒和工控病毒相互渗透，可利用的漏洞数量和类型同时增长，安全事件不断增多。与单一的互联网相比，工业互联网系统有不同的攻击向量和威胁，它所造成的社会混乱和损失也更严重。

从近些年来全球发生的一系列工业互联网安全事件来看，这些攻击都造成了重大的社会和经济损失，也给人们的生活带来了直接影响。

能源技术供应商遭攻击，影响挪威 85% 的居民
2021 年 5 月，挪威一家能源技术供应商遭遇勒索软件攻击，导致挪威国内 200 座城市的供水与水处理设施的应用程序被关闭，影响了全国约 85% 的居民。

挪威公司 Volue 是一家专为欧洲能源及基础设施企业提供技术方案的厂商，2021 年 5 月该公司遭遇了严重的勒索软件攻击。调查人员在 Volue 公司的计算机系统中发现了 Ryuk 勒索软件。

挪威公司 Volue 目前在全球 44 个国家及地区拥有 2000 多家客户。为了防止勒索软件进一步传播至其他计算机系统，挪威公司 Volue 不得不关闭了所托管的其他多种应用程序，并将约 200 名员工使用的设备隔离。挪威面向能源与水务部门的网络安全响应单位建议，所有客户应立即关闭与该公司应用的连接并重置登录凭证。

    Gartner 公司工业系统网络安全分析师认为，以能源供应商及油气公司为代表的关键基础设施运营商，已经成为勒索软件团伙的主要攻击目标。犯罪分子很清楚，这类组织必须保证设备的正常运转以支持业务延续。

电力系统成为网络空间对抗的最前线

美国安全公司 Dragos 称，俄罗斯黑客组织 Kamacite 长期对美国电力、石油与天然气以及其他工业企业实施网络攻击，并且数次成功入侵和驻留在企业内网。与此同时，美国政府官员也曾承认，早在 2012 年就已经在俄罗斯电网植入恶意代码，可随时发起网络攻击。

    2021 年 2 月，美国安全公司 Dragos 发布《2020 年度工业控制系统安全状态》报告，披露了多个针对美国工业控制系统实施网络攻击的外国黑客组织，其中最积极的 Kamacite 组织，自 2017 年以来，该组织长期对美国电力、石油与天然气以及其他工业企业实施网络攻击，并且数次成功入侵和驻留在企业内网。

    Dragos 公司认为，Kamacite 组织可能与知名俄罗斯黑客组织沙虫有关系，其曾帮助沙虫进行过网络侦查，将获取的企业内网驻留权限交给沙虫使用。沙虫组织曾先后两次网络攻击乌克兰，造成 2015 年底、2016 年底的乌克兰大规模断电。

    而据《纽约时报》2019 年 6 月的报道，美国政府官员承认，早在 2012 年就已经在俄罗斯电网植入恶意代码，可随时发起网络攻击。随着美国网络战略更多地转向进攻，在过去的一年里，美国正在以"前所未有"的深度，将潜在的恶意代码安置于俄罗斯系统内。

智能设备生产商系统因勒索攻击全线瘫痪

2020 年 7 月，中国台湾知名 GPS 及运动穿戴设备厂商佳明遭到勒索软件攻击，主要产品服务和网站均瘫痪，生产线暂停了两天。攻击者向佳明索要 1000 万美元赎金，威胁要删除服务器上的所有数据，最终佳明被迫支付赎金恢复了数据。

    中国台湾知名 GPS 及运动穿戴设备厂商佳明涉足智能穿戴、海上导航、航空导航等多个领域。攻击者加密了这家运动穿戴设备制造商的内部服务器，迫使其关闭了呼叫中心、网站和相关服务，导致全球大量用户无法同步自己的运动和健康数据。

佳明的航空数据库服务也宣布暂停服务，飞行员无法下载数据库到飞机导航系统上，而这是美国联邦航空管理局的强制要求。佳明的员工无法使用办公设备和VPN，位于中国台湾的生产线也被迫暂停两天。

事件发生后一周左右，有媒体披露，佳明通过第三方支付赎金，获得解密密钥恢复了数据。作为纳斯达克上市公司，佳明这一行为违反了美国财政部的监管要求，存在被政府处罚的风险。

近两年来，网络犯罪组织和国家级攻击组织为窃取知识产权、数据或通过勒索攻击获取经济利益，频繁对制造业发起攻击，使其成为全球受威胁最大的行业之一。富士康、丰田汽车、特斯拉、宏碁电脑等知名企业均成为过受害者。

这些真实发生的典型工业互联网安全事件充分表明，技术可以造福人类，也可以威胁人类。随着工业互联网的进一步发展，强安全、弱开放的工业生产系统和弱安全、强开放的互联网，会结合得更加紧密，导致攻击路径大大增加，安全挑战更加严峻。如果没有做好安全防护，价值巨大的工业互联网就成了黑客唾手可得的"香饽饽"。

▣ 工业互联网面临的安全挑战

从整体来看，随着制造业的转型升级，万物互联已经成为工业信息系统中不可逆转的趋势。在工业信息系统逐步与互联网进行融合的过程中，安全问题也逐渐凸现出来。由于工业信息系统安全水平相对较低，漏洞较多，这些漏洞极易被黑客利用。

安全漏洞，成了工业互联网面临的首要安全问题。截至2020年年底，我国国家信息安全漏洞共享平台（CNVD）收录的与工业控制系统相关的漏洞总计2945个。2020年新增的工业控制系统漏洞数量达到593个，漏洞年增长数量再创历史新高，整体形势日益严峻。

未来，工业互联网领域的安全事件还会继续呈现高发状态。我认为，工业互联网面临的安全挑战可以分为外部和内部两方面。

工业互联网面临的外部挑战

·暴露在外的攻击面越来越大

信息技术与操作技术（IT/OT）一体化后端点增加，给工业控制系统（ICS）、数据采集与监视控制系统（SCADA）等工业设施带来了更大的攻击面。与传统 IT 系统相比较，IT/OT 一体化的安全问题往往把安全威胁从虚拟世界带到物理世界，可能会对人的生命安全和社会的安全稳定造成重大影响。

·软件漏洞容易被黑客利用

黑客入侵和工控应用软件的自身漏洞通常发生在远程工控系统的应用上。另外，对于分布式的大型工控网，人们为了控制监视方便，常常会通过开放虚拟网络隧道（VPN tunnel）等方式接入甚至直接开放部分端口，这种情况下也不可避免地给黑客入侵打开了方便之门。

·操作系统安全和工业软件漏洞难以修补

工业控制系统操作站普遍采用 PC+Windows 的技术架构，任何一个版本的 Windows 自发布以来都在不停地发布漏洞补丁。为保证过程控制系统的可靠性，现场工程师通常在系统开发后不会对 Windows 平台打任何补丁，更为重要的是，即使打过补丁的操作系统也很少再经过工控系统原厂或自动化集成商测试，存在可靠性风险。

与之相矛盾的是，系统不打补丁就会存在被攻击的漏洞，即使是普通常见病毒也会遭受感染，可能造成 Windows 平台乃至控制网络的瘫痪。由于工业软件开发工程师更关注工业流程控制以及工艺相关问题，其编程的安全水平普遍不如 IT 工程师，所以工业软件的漏洞数量远高于 IT 软件。

·恶意代码不敢杀、不能杀

基于 Windows 平台的 PC 广泛应用，病毒也随之泛滥。全球范围内，每年都会发生数次大规模的病毒爆发。目前全球已发现数万种病毒，并且还在以每天数十种的速度增长。这些恶意代码具有更强的传播能力和破坏性。此外，蠕虫病毒死灰复燃。随着第三方打补丁工具和安全软件的普及，近些年来蠕虫病毒几乎绝迹。但随着"永恒之蓝""永恒之石"等网军武器的泄露，蠕虫病毒又重新获得了生存空间。

基于工控软件与杀毒软件的兼容性，在操作站（HMI）上通常不安装杀毒软件，即使是有防病毒产品，基于病毒库查杀的机制，其在工控领域使用也有局限性。网络隔离性和保证系统稳定性的要求导致病毒库对新病毒的处理总是滞后的。因此，工控系统每年都会大规模地爆发病毒，特别是新病毒。

此外，即插即用的 U 盘等存储设备滥用，也给这类病毒带来了泛滥传播的机会。

·DDoS 攻击随时可能中断生产

在本书第二章中，我对 DDoS 攻击进行了详细介绍。该攻击是一种危害极大的安全隐患，可以人为操纵也可以由病毒自动执行，通过消耗系统的资源，如网络带宽、连接数、CPU 处理能力、缓冲内存等，使正常的服务功能无法进行。

DDoS 攻击极难防范，原因是它的攻击对象非常普遍，从服务器到各种网络设备，如路由器、防火墙等，都可以被拒绝服务攻击。控制网络一旦遭受严重的拒绝服务攻击就会导致严重后果，轻则控制系统的通信完全中断，重则导致控制器死机等。目前的工业总线设备终端对 DDoS 攻击基本没有防范能力。另外，传统的安全技术对这样的攻击也缺乏有效的手段，往往只能任其造成严重后果。

·高级持续性威胁时刻环伺

高级持续性威胁的特点是：目的性非常强，攻击目标明确，持续时间长，不达目的不罢休，攻击方法经过巧妙构造，攻击者往往会利用社会工程学的方法或利用技术手段对被动式防御进行躲避。

传统的安全技术手段大多是利用已知攻击的特征对行为数据进行简单的模式匹配，只关注单次行为的识别和判断，并没有对长期的攻击行为链进行有效分析。因此，对于高级持续性威胁，无论是在安全威胁的检测、发现还是响应、溯源等方面都存在严重不足。

工业互联网面临的内部挑战

除了外部的威胁，工业系统自身安全建设的不足，也给工业信息系统带来挑战。

·工业设备资产的"底数不清"

工业设备"底数不清"严重阻碍了安全策略的实施。要在工业互联网安全的战斗中取胜，"知己"是重要前提。许多工业协议、设备、系统在设计之初并没有考虑到复杂网络环境中的安全性，而且系统生命周期长、升级维护少也是巨大的安全隐患。

·工控设备缺乏安全设计

各类机床数控系统、PLC、运动控制器等所使用的控制协议、控制平台、控制软件等，在设计之初基本未考虑完整性、身份校验等安全需求，存在输入验证，许可、授权与访问控制不严格，不当身份验证，配置维护不足，凭证管理不严，加密算法过时等安全挑战。

例如，生产系统中广泛使用的 PLC 产品未设计身份校验机制。控制器对命令发送方不做身份鉴别，因此可以被攻击者欺骗，重放攻击。

·设备联网机制缺乏安全保障

工业控制系统中越来越多的设备与网络相连。例如：各类数控系统、PLC、应用服务器通过有线网络或无线网络连接，形成工业网络；工业网络与办公网络连接形成企业内部网络；企业内部网络与外面的云平台、第三方供应链以及客户的网络连接。

由此产生的主要安全挑战包括：网络数据传递过程中的常见网络威胁（如拒绝服务、中间人攻击等），网络传输链路上的硬件和软件安全（如软件漏洞、配置不合理等），无线网络技术使用带来的网络防护边界模糊等。

·IT 和 OT 系统安全管理相互独立，互操作困难

随着智能制造的网络化和数字化发展，工业与 IT 的高度融合，企业内部人员，如工程师、管理人员、现场操作员、企业高层管理人员等，"有意识"或"无意识"的行为可能破坏工业系统、传播恶意软件、忽略工作异常等。

由于网络的广泛使用，这些挑战的影响将会急剧放大；而针对人的社会工程学、钓鱼攻击、邮件扫描攻击等大量攻击都利用了员工无意泄露的敏感信息。因此，在"智能制造 + 互联网"中，人员管理也面临巨大的安全挑战。

·生产数据面临丢失、泄露、篡改等安全威胁

智能制造工厂内部生产管理数据、生产操作数据以及工厂外部数据等各类数据存在安全问题。不管数据是通过大数据平台存储，还是分布在用户、生产终端、设计服务器等多种设备上，海量数据都将面临数据丢失、泄露、篡改等安全威胁。

第四节　云计算的安全困扰

从 2006 年谷歌提出云计算开始，已过去了 15 年，云计算已经渗透到了各个行业。

美国智库信息技术和创新基金会（ITIF）2021 年发布的"云计算第一阶段的秘密：政府和工业的行动议程"称，云计算作为一种新兴技术架构，正在推动增长、生产和创新。它能有效地标准化 IT 基础设施，并将其外包给云服务提供商，代表了 IT 的工业化，对 IT 而言，云计算是一种更好的经济模式，是功率更强大的"数字版电网"。

此外，云计算具有较低的成本，与传统的本地部署的基础设施相比，其大大降低了运行成本，扫除了公司组建的障碍，推动了整个经济体系内的创新。云计算的更大意义在于，它正在成为构建经济的 IT 平台，为数字经济提供动力。

▣ 什么是云计算

关于云计算的定义，目前广为接受的是中国云计算专家咨询委员会副主任、秘书长刘鹏教授给出的定义。他对云计算做出了长短两种定义。

长定义是："云计算是一种商业计算模型，它将计算任务分布在大量计算机构成的资源池上，使用户能够按需获取计算力、存储空间和信息服务。"短定义是："云计算是通过网络提供可伸缩的、廉价的分布式计算能力。"

简单地说，云计算就是把计算机资源集中起来，放在网络上，无数的大型机房和大数据中心就成了"云端"。用户不需要了解云基础设施的细节，不必具有相应的专业知识，就可以随时获取"云"上的资源，按需付费使用。

根据商业模式的不同，云计算主要可以分为三类：公有云、私有云、混合云。

公有云（Public Cloud）

"公有"反映了这类云服务不属于用户所有，而是放在一个公共的地方。应用程序和存储等资源由 IDC 服务提供商或第三方提供，这些资源部署在服务提供商的内部，用户通过互联网访问这些资源。

私有云（Private Cloud）

私有云是专为单个客户创建的，因此可以对数据、安全性和服务质量进行最有效的控制。客户有自己的基础设施，可以控制应用程序在其上的部署方式。私有云可以部署在企业数据中心的防火墙中，也可以部署在安全的主机托管站点中，确保第三方提供商无法访问操作和敏感数据，提供了更高的安全性。

混合云（Hybrid Cloud）

混合云融合了公有云和私有云优点，是近年来云计算的主要模式和发展方向。出于安全考虑，企业更愿意将数据存放在私有云中，但是同时又希望可以获得公有云的计算资源，在这种情况下混合云被越来越多地采用，将公有云和私有云进行混合和匹配，达到既省钱又安全的目的。

我国云计算发展势头非常迅猛。根据赛迪顾问 2021 年发布的《中国云计算市场研究年度报告》，2020 年中国云计算市场规模达到 1922.5 亿元，同比增长 25.6%。《报告》认为，"上云用数赋智"成为企业发展的行动指南、"新基建"进程加快、大型企业变革 IT 架构等，为以云计算为代表的新一代信息技术产业带了广阔的发展空间，未来三年中国云计算仍将保持高速增长，预计到 2023 年市场规模将达到 3670.5 亿元。

▣ 云计算遭攻击的典型案例

云让数据资产更集中，形成了一个个数据金矿，同时，也必然更容易吸引黑客的攻击。世界经济论坛 (WEF)2018 年发布的《全球风险报告》称：对主流云计算公司的网络攻击所造成的经济损失，堪比桑迪或卡特里娜飓风所带来的巨大灾难。如果攻击者拿下一家主流云提供商，带来的损失可能在 500 亿到 1200 亿美元之间。

云服务商 Blackbaud 遭勒索软件攻击，导致客户数据被盗
2020 年 5 月，美国软件和云托管解决方案提供商 Blackbaud 遭到勒索攻击，黑客窃取了客户数据并威胁公开，因此该公司不得不支付赎金。

Blackbaud 发现被黑客攻击后，网络安全团队立刻联合独立取证专家和执法部门，成功阻止了网络犯罪分子拦截系统管理权限并完全加密文件的行为，最终将黑客驱逐出系统。

然而，在被赶出网络之前，黑客设法从"自托管环境中"窃取了供用户保存文件的一个数据子集。黑客威胁称如不支付赎金，则公开被盗数据。

加拿大约克大学 (University of York) 使用了该公司的服务，根据学校的说法，校友、教职员工、学生等个人信息在此次攻击事件中被盗，包括姓名、出生日期、学生编号、电话号码、电子邮件地址、物理地址和领英的个人资料记录。此外，课程信息、获得的资格证书、课外活动的细节、职业、雇主、调查反馈，以及校友记录和筹款活动都可能被曝光。

Blackbaud 在 7 月 16 日的一份公开声明中表示："由于保护客户的数

据是我们的首要责任，我们根据网络罪犯的要求，向其支付了赎金，并确认他们掌握的数据副本已经被销毁。我们没有理由相信任何数据会流失。"

亚马逊云数据仓库存在漏洞，导致百万客户隐私遭泄露

2020 年 11 月，西班牙一家用于酒店预定的软件供应商 Prestige Software 由于亚马逊云数据仓库存在漏洞，导致十余家全球顶级旅行公司数百万客户私密数据泄露。

安全研究人员称，Prestige Software 将云酒店（一种连接预订网站和酒店的渠道管理器，可管理房间可用性和空置率）的数据存储在了亚马逊云服务器上。但由于配置错误，导致数据泄露。

被泄露的数据多达 24.4GB，总计超过 1000 万个文件。研究发现，仅从 2020 年 8 月开始，云服务器就包含了超过 18 万条记录，每一条记录都暴露了预订人的可识别个人身份信息。被泄露的数据具体包括酒店客人的全名、电子邮件地址、身份证号码、电话号码、信用卡号、预订号码、入住日期、每晚支付的价格等。

根据该研究人员列出的遭遇信息泄露的部分酒店预订平台，安可达（Agoda）、缤客（Booking.com）、好订网（Hotels.com）等知名平台均在列，全球数百万人可能受到此次数据泄露的影响。

▣ 云计算面临的安全挑战

云计算安全可以分为传统安全威胁和新的安全威胁。

云计算面临的传统安全挑战

·DDoS 攻击

大家都知道 DDoS 攻击是一种拒绝服务攻击行为，这里所说的是针对云平台业务系统的攻击行为以及由云平台内部外发的攻击行为，这是整个云平台的安全隐患。

·僵木蠕威胁

在云平台内，如果租户隔离、区域隔离措施不当，僵木蠕（僵尸网络、木马、蠕虫）威胁将会更快、更迅速地传播，给云平台带来极大的安全隐患。

·业务系统威胁

云上业务系统同样面临着结构化查询语言（SQL）注入、跨站脚本攻击（XSS）、跨站脚本伪造（CSRF）等传统的 Web 应用攻击威胁。

·主机威胁

云平台上，各类操作系统、网络交换设备、数据库及中间件等都面临着安全漏洞风险，传统的漏洞利用方式和攻击手段对它们依然有效。

·恶意代码病毒

恶意代码和病毒仍然会对云内的业务系统、操作系统、云管理平台、中间软件层（hypervisor）等造成安全威胁。在云环境下，上述传统安全问题可能会造成比其在传统环境下更严重的后果。

·云计算面临的新安全挑战

云安全的最大挑战，一是来自于其本身，也就是云上的安全；二是云计算的动态化、软件化、虚拟化等特点带来的新安全挑战。

·云计算带来的边界变化

云计算技术让网络的传统边界发生了变化，软件定义网络（SDN）、虚拟私有云（VPC）、弹性扩展、动态迁移等技术打破了传统的网络架构，过去基于传统网络和划分安全域，在出口上堆叠防火墙等防御设备的时代已经一去不复返了。公有云、混合云的出现，彻底将企业的安全边界扩展至企业内网之外。为了应对这种新的变化，我们首先要做的事情，就是重新构建弹性安全，重建云上的安全边界。

·虚拟化漏洞的三大危害

虚拟化漏洞在目前主流虚拟化系统中广泛存在，黑客利用虚拟化漏洞不但可以偷取重要信息，甚至可以从一台虚拟机的普通用户发起攻击控制宿主机，最终控制整个云环境的所有用户。

虚拟化漏洞导致的危害主要有三个方面：一是造成宿主机崩溃，从而影响同一宿主机上其他虚拟机的正常运行；二是宿主机被控制，即虚拟机逃逸攻击，获取宿主机的控制权，使用宿主机发动更加深入的攻击；三是侧信道攻击，就是获取同一宿主机的其他虚拟机的敏感信息。

·云计算带来的管理上的变化

云计算将过去分散、孤立的 IT 系统进行了集中，这势必带来运维和管理的集中，原来的角色和责任分工也受到冲击。例如，租户、云平台运营方、安全防护方、云平台拥有方的责任分工目前不清晰，租户系统发生安全问题经常找不到责任方。

·云计算带来的复杂度

在云环境中，变化是常态，静态的部署和策略配置基本无效，安全也要能够随着云的变化而动态调整。此外，复杂的 IT 融合环境、SDN 技术带来的控制和数据平面分开、弹性调度与动态迁移等，都使安全的配置与管理变得更加复杂。

▣ 云建设需要形成三方制衡机制

云的引入，对现行的 IT 技术和 IT 管理都产生了深刻影响。在本章的开篇，我提到了一个云安全"黑洞"，这需要引起我们的高度重视。

云和大数据平台存储的都是数字化信息，对甲方来说像"黑洞"，要想"看见"需要借助云厂商提供的工具。设想一下，如果云厂商技不如人，甲方数据"被丢失"，但甲方是没有感知的，也很难通过什么手段去核查。

甲方获知数据泄露的途径只有两种：一是数据泄露的危害显现出来，从而推导出数据被窃；二是依赖云厂商的良心，主动报告。如果厂商发现了这个事故就报告，一定会受到甲方的处罚，而他不报告，甲方又很难发现核查，他就可以免受甲方的处罚。在这个"二选一"的抉择里，如果没有任何监督手段，完全凭厂商的良心，其实是对事业的不负责任。

不管是电子政务，还是地铁、水电等公共服务，以及银行、航空等专业服务，云中的数据被偷、被篡改、被破坏，都会给甲方带来重大损失。

可以确定的是，云厂商的产品，无论水平多高都会有漏洞。像微软、谷歌、苹果、Adobe 这样的大公司，每个月都会有几十个漏洞被发现、被提交，需要公告天下并打补丁。这些都是需要专业的安全团队才能完成的事情。

我们还要考虑到，云厂商的代码，要么是自己写的，要么是开源的，要么是供应商提供的，除了代码本身会有漏洞这个不可避免的因素，供应链安全问题、内部人员可靠性问题等，都是可能造成安全事故的巨大隐患。

目前，云在互联网之上已经成为全球攻击的重要目标，云的防护、应急、安全服务都需要和顶级的黑客对抗，乙方是不具备能力完成的。这与甲方的利益息息相关，需要引起高度重视。

在新时代，我们需要建立一个三方制衡机制，建设、运营和安全服务三个角色分开，这和建筑工程需要建设方、施工方和监理方三方制衡是一个道理。

　　一个建筑工程需要建设方、施工方和监理方。这是因为建房子有很多隐蔽工程，比如这个地基到底挖了多深，房子盖好就看不见了；用的钢筋有多粗，砖头砌好也看不见了；用的水泥、电线、管道等材料，都需要在工程实施的过程中就进行有效监督。如果没有监督，再好的建设施工方，也有偷工减料的可能。

　　现在我国各地都在大力建设云平台、大数据中心，安全是政务云的生命线，需要明晰各方的分工和责任，甲方是建设方，要严格要求，乙方云厂商，要提高标准，还需要第三方安全服务查漏补缺。这三方互相制衡，才能从最大程度上杜绝漏洞，长治久安。

第五节　人工智能的安全困扰

　　让我们再回到本章第一节所展现的影视作品中的各种科幻情节。

　　《疑犯追踪》第四季第 11 集讲述了芬奇在公园训练 TM 下国际象棋的故事。现实中，从阿尔法狗（AlphaGo）与世界围棋冠军李世石的人机大战到与我国中国围棋职业九段棋手柯洁的正面交锋，都说明了人工智能与人脑的角逐一直在持续。

◪ 什么是人工智能

　　人工智能是计算机科学的一个分支，它企图了解智能的实质，并生产出一种新的、能以与人类智能相似的方式做出反应的智能机器，该领域的研究包括机器人、语言识别、图像识别、自然语言处理和专家系统等。

　　人工智能（Artificial Intelligence）英文缩写为 AI，它是研究、开发用于模拟、延伸和扩展人的智能的理论、方法、技术及应用系统的一门新的技术科学。

　　随着人工智能理论和技术日益成熟，应用领域也不断扩大。人工智能可以模拟人的意识、思维的信息过程。人工智能不是人的智能，但能像人那样思考，也可能超过人的智能。

　　值得注意的是，尽管人工智能技术可以应用于安全防御，但也可能会被黑客利用。正如一些科幻电影中所展现的，一些黑客利用人工智能进行语音合成，模拟成其他人物进行精准欺诈；利用面部识别技术和无人驾驶飞机，进行识别并攻击特定的人类目标；或者利用培训过的机器，开展网络钓鱼等网络攻击。

2018 年 2 月，来自牛津大学人类未来研究所、剑桥大学存在风险研究中心和 OpenAI 公司的二十多位专家共同发布了《人工智能的恶意使用：预测、预防和缓解》（*The Malicious Use of Artificial Intelligence: Forecasting, Prevention, and Mitigation*）报告，指出未来五年人工智能可能带来的潜在社会威胁及其化解方式。报告写道："随着人工智能越来越强大、越来越普及，我们预计人工智能系统的广泛应用将导致现有威胁的扩大，还会引发新的威胁，甚至改变典型的威胁特征。"

◉ 人工智能带来的安全挑战

任何科技都有其双面性，新兴的人工智能也不例外。因此，在大力发展技术的时候，我们有必要注意防止该技术被滥用的可能性。

挖掘大数据进行精准攻击

黑客利用人工智能技术，可以通过挖取网络大数据得到每个人包括出生日期、电话等在内的几乎所有身份信息，也可以监控邮件、发送的信息，甚至用量身打造个性化的"鱼饵"，来进行精准的网络攻击。

例如，黑客组织 Lazarus 利用脸书、信使（Messenger）、领英、推特等社交平台上的信息，用人工智能的分析方法梳理出值得攻击的目标，然后跟踪分析，寻找机会。他们全球作案，涉案金额高达数亿美元，索尼数据泄露、加密货币交易所遭攻击、SWIFT 银行网络遭攻击等事件都与该组织有关。

此外，黑客还利用人工智能技术进行自动化漏洞检测、构建恶意软件等，不仅大规模降低了攻击成本，更提升了复杂攻击的速度与执行效率。不仅如此，人工智能还拥有超强适应性、自动智能判断等优势，当网络攻击遇到阻力，或者网络安全专家修复了原有漏洞时，人工智能会快速做出反应，提醒黑客利用另一项漏洞，发动入侵行为，让网络攻击的成功率更高。

伪造图像和声音进行诈骗

深度伪造（Deepfake）是一种利用人工智能制作的逼真的合成音视频的技术，它可以合成图像和声音，伪造人们从未做过和从未发生过的事情。

深度伪造技术生成的伪造图像和音视频可以模仿目标的面部表情、动作和语音的音调、色调、重音和节奏，这些伪造的方式使得伪造的图像和音视频与真实的图像和音视频之间很难区分和检测。

2019 年 9 月，英国出现全球首起深度伪造音频诈骗事件。诈骗分子利用深度伪造模仿了某能源公司母公司 CEO 的声音，向该公司高管下发转账要求，骗走 24.3 万美元。这位高管在整个通话过程没有产生任何怀疑，直到被要求再次转账，才发觉异常。有安全公司统计，已出现十余起类似诈骗案件，其中有一起损失达数百万美元。

混入"污染"样本逃过查杀

人类需要通过学习才能掌握知识，之后再通过实践来验证和扩展知识。人工智能技术也同样必须通过海量样本的学习和训练，再进行人工校验才能生成可实用的系统。

如果人类小时候学习了错误的知识，就有可能在长大以后做出错误的行为。同样地，人工智能系统如果在做机器学习时，被恶意混入了错误的样本，或者是样本标识错误，也就会导致人工智能系统最终识别的误判。这些错误的样本就是"污染"样本。

大量研究发现，"污染"样本的混入，往往会对人工智能系统产生致命的干扰。因此，一些黑客试图通过在人工智能系统的学习过程中混入"污染"样本的方法，来实现自己的攻击目的。

以上三个方面只是黑客借助人工智能实施攻击的冰山一角。和大数据、工业互联网、云计算等新兴技术一样，人工智能也是一把"双刃剑"。我们不应该神话它，认为它无所不能。如果被合理利用，那么它就可以发挥正面功能，造福社会；如果被不法分子利用，则后患无穷。

▣ 人工智能在安全防护中的应用

2017 年，"人工智能"第一次被写入国务院政府工作报告，表明国家对人工智能的重视程度不断加大，人工智能技术已成为国家战略。人工智能在安全漏洞防护中的应用将是未来的趋势之一。

目前，人工智能已经在多个领域得到了应用。比如，预测犯罪、杀毒引擎和漏洞攻防就是人工智能运用于网络安全防御方面的创新。

人工智能在预测犯罪中的应用

随着全球犯罪率的加剧和恐怖袭击的频繁发生，各国的安全部门正引进大数据技术来帮助预测犯罪及恐怖袭击地点。科幻剧里预测犯罪的例子，现在已经成为现实。

早在 2011 年，美国洛杉矶警察局和英国曼彻斯特警察署合作，做了一次测试，试图通过算法预测犯罪地点，进而提前部署相应的警力和预防措施，来化解或应急处理犯罪。事实证明，这样的方法极为有效。当年洛杉矶的入室抢劫犯罪案件大幅度减小，曼彻斯特市特拉福德区的抢劫案与之前一年同期相比下降了 26.6%，而整个曼彻斯特市的抢劫案件发生率相较之前一年同期减少了 9.8%。

现在，人工智能分析技术被广泛地运用在重大活动或者会议的安全保障工作中。警方以历史案件信息的数据为基础，运用人工智能分析模型，建立犯罪数据分析系统，有效预测犯罪趋势，提高警力的投入效率。

人工智能在漏洞攻防中的应用

RHG（Robo Hacking Game）国际机器人网络安全大赛是国内首个自动化攻防竞赛。它类似于美国国防部发起的 CGC（Cyber Grand Challenge）竞赛，整个比赛由自动攻防机器人系统自主完成，全程无人工参与。

CGC 和 RHG 开启了国际、国内网络自动攻防竞赛的先河，其目标是建立自动攻防系统对软件漏洞进行检测、验证和修补，提升利用人工智能进行网络攻防的能力。

2021 年 3 月，由奇安信技术研究院星图实验室和中科院软件所可信计算与信息保障实验室 ISA 研究组联合组成的 IQ 战队，在"纵横杯"RHG 网络安全竞赛中荣获冠军。在最后的人机对抗赛中，IQ 战队的自动攻防机器人与人类战队平分秋色，并且以更短的时间解出首道题目，拿到一血。

在自动化乃至智能化的路上，机器人已经展示出了强大的潜力，现阶段通过人机协作解决安全威胁也许可以爆发出更高的效率和能量。

人工智能在杀毒引擎中的应用

人工智能引擎的代表是奇安信多年研发而成的深度学习引擎（QDE）。

该引擎在性能和准确率上均达到全球领先水平，已经应用到奇安信天擎终端防护产品中。它采用前沿人工智能算法，具备自学习和自进化的能力，无需频繁升级特征库，不但查杀能力显著提升，而且从根本上攻克了"不升级病毒库就杀不了新病毒"的技术难题。

人工智能杀毒引擎的实质是将从海量样本中"找规律"的繁重工作交给机器来完成，而人的主要工作就是抽样分析一部分黑白样本，然后告诉机器：哪些是黑的，哪些是白的。当然，找规律的方法以及要从哪些方面来找规律，还是由人类工程师来设计。但具体找到的是什么规律，则完全是由计算机通过机器学习来自动完成的。

这种方法可以摆脱对病毒特征库的依赖，通过从海量病毒样本数据中归纳出一套智能算法，自己来发现和学习病毒变化规律。它无须频繁更新特征库、无须分析病毒静态特征、无须分析病毒行为，但是病毒检出率却远远超过了传统引擎，并且查杀速度比传统引擎至少快一倍。

不过，机器在学习过程中，对于学习样本的典型性和纯粹性都有比较高的要求。如果交给机器学习的样本缺乏代表性，那么学习结果就可能有偏颇；如果在白样本中掺入少量黑样本，或者在黑样本中掺入少量白样本，都会导致学习结果的彻底失效。所以，不同的人工智能杀毒引擎，其水平高低的本质差别主要不在算法本身，而是在于机器背后的人类安全专家的素质和水平。

据我所知，现在很多公司都在利用人工智能进行网络攻防对抗。奇安信也一直致力于用人工智能的方法解决智能时代的网络安全问题，除了将人工智能应用于杀毒引擎中，我们在用户行为识别发现中也采用了人工智能的方法，以用户行为、应用系统的日志等大量数据为基础，确定正常用户的基线，从而找出异常。在本书后续的章节中，我将更详细地介绍我们在人工智能应用方面的创新。

数字时代，给我们带来了更便捷的体验。我们享受着新科技带给我们的便利，想我们所想，做我们想做。但正如老子所言："祸兮福之所倚，福兮祸之所伏。"数字技术和万物互联，也是滋生漏洞的温床，数字时代的漏洞防不胜防。

对个人而言，数字时代的漏洞影响的是个人隐私、日常生活，甚至是生命。但数字时代的各种技术并非只为个人服务，企业、社会，乃至一些政府机构都沉浸在数字技术带来的便利中。

可以预见，网络空间的攻防对抗将愈演愈烈，对抗的主体不再仅仅是某些个体或者组织，而会上升到国家间的对抗。这种对抗的主要形态就是我即将在下一章中讲述的网络战。

第五章

网络战场：
漏洞是癣疥之疾，
还是堪比核武器

网络战，将是未来国家间竞争的主要形态。利用网络信息技术掌握其他国家的政治、经济和军事绝密情报，瘫痪其通信网络、金融信息系统和军事指挥系统，发动舆论攻势，实现不战而屈人之兵。

美国在 1991 年的海湾战争中对伊拉克实施的网络战，被普遍认为是网络战的开端。网络信息技术不断进步，开始在战争中发挥更重要的作用。现在，漏洞已经具备了武器属性，其威力被认为仅次于核武器。

和传统战争不同，在这个战场上，闻不见硝烟，看不到刺刀见红，也听不见战马人声，但它比传统战争残酷千百倍。网络渗透和控制将成为国际争斗中最常用、最危险的手段，网络战的攻击力实际上远大于传统战争。

第一节　网络战：愈发重要的战争类型

正如生产力的发展必然带来生产关系的变化，信息时代网络技术的飞速发展及其在各个领域的广泛应用，引发了经济、社会、文化和军事的深刻演变，网络空间已经成为世界各国战略博弈的新领域、军事斗争的新战场，网络战已经成为影响国家安全形势的关键因素。

中国 2015 年版国防白皮书《中国的军事战略》就已经指出："世界新军事革命深入发展，武器装备远程精确化、智能化、隐身化、无人化趋势明显，太空和网络空间成为各方战略竞争新的制高点，战争形态加速向信息化战争演变。"

▣ 美国将增加 14 支新的网络任务部队

美国国防部关于"网络作战"部分的预算申请从 2021 财年的 38 亿美元上升至 2022 财年的 43 亿美元。据媒体报道，国防部计划在 2022 至 2024 的 3 个财政年度内，将网络任务部队规模在 2021 年基础上增加 14 个作战分队，人员增编约 600 人，增幅约为 10%。

近年来，美国网络司令部指挥官保罗·中曾根（Paul Nakasone）一直致力于推动扩大网络任务部队力量规模。2021 年 5 月，他在众议院武装部队委员会网络、创新技术和信息系统小组委员会听证会上表示，自 2012 年设立网络任务部队以来，战略环境已经发生了变化，133 支网络任务部队已经无法满足国防部最新需求，而增加部队人数将确保美国网络司令部能够履行其作为被支援和支援司令部的职责。

美国网络司令部发言人称，目前的计划是由美国空军提供大约 40% 的新网络任务部队，美国陆军和海军承担大约 30% 的角色，他指出计划正在进行中，后续也可能会发生某些变化。

美国网络司令部是美军第十个独立的联合作战司令部。2017 年 8 月，美国时任总统特朗普宣布，将网络司令部地位与之前的九个联合作战司令部拉齐，另外九个作战司令部分别是中央司令部、北方司令部、南方司令部、欧洲司令部、印太司令部、非洲司令部、特种司令部、战略司令部和运输司令部。

◨ 什么是网络战

网络战是指在网络空间或通过网络空间而进行的军事活动、情报活动和日常业务活动。美国独立分析机构皇家国际事务研究所更是把网络战直接定义为：在网络空间，出于政治、经济、领土目的，使用精确和合理的兵力攻击军事和工业目标的一种国家间冲突形式。

过去，我们说战争是一种集体、集团、组织、民族、派别、国家、政府之间互相使用暴力、攻击、杀戮的行为，是敌对双方为了达到一定的政治、经济、领土完整性等目的而进行的武装战斗。然而，随着漏洞不断成为一种被广泛争夺的资源，围绕争夺漏洞的网络战争开始打响，网络上出现了一种真正看不见硝烟的战争。

网络战在未来会取代传统的战争行动，因为，依靠现今的信息系统和人工智能、大数据、物联网、云计算等技术，高度网络化的社会表现出了一些新的战术和战略弱点，而且一些好战组织已经掌握了利用网络发动不同级别战争的能力。我们不难发现，网络战的核心是一个国家利用网络攻击来扰乱另一个国家的信息系统，从而对其造成显著的损失或破坏。其中，获取信息控制权是致胜关键，包括在指挥、控制、通信、情报和搜索等方面全面超过对手，抢在敌人之前了解敌人、欺骗敌人并发动奇袭。

具体来讲，网络战的博弈存在三种方式：一是网络盗窃战，即找到对方网络漏洞，破解文件密码，盗出机密信息；二是网络舆论战，即通过媒体网络，编造谎言，制造恐慌和分裂，破坏对方民心士气；三是网络摧毁战，即运用各种网络攻击武器，进行饱和式攻击，摧毁对方政府、军队等机构的信息网络。

◨ 曾经发生过的网络战

可以预见的是，网络渗透和控制将成为国际争斗中最常用、最危险的手段，网络战的攻击力实际上不逊于，甚至远大于传统战争。

海湾战争：网络战争的开端

美国在 1991 年的海湾战争中对伊拉克实施的网络战，被普遍认为是网络战的开端。网络信息技术不断进步，也开始在战争中发挥更重要的作用。

海湾战争爆发于 1991 年 1 月 17 日，历时 42 天，是美国领导的联盟军队对伊拉克进行的一场战争，是冷战结束后第一场大规模武器冲突。**多国部队充分应用了信息化作战方式，以较小的伤亡代价重创了伊拉克军队，体现了信息技术的发展所引起的作战特点的革命性变化。**

早在开战前，美国中央情报局就派特工到伊拉克，将含有计算机病毒的芯片换到了伊方从法国购买的防空系统中所使用的打印机芯片上。在战略空袭前，美方使用遥控手段激活了病毒，致使伊防空指挥中心主计算机系统程序错乱，防空 C3I 系统失灵。

不仅如此，多国部队集结了固定翼飞机、旋翼飞机、火箭发射车等多种现代化武器，尤其是在精确制导武器上，多国部队拥有绝对优势。美国还动用了 50 多颗各种军用和商用卫星构成战略侦察网，为多国部队提供了战略情报。

我在一篇对美国前情报总监迈克·麦康奈尔（Mike McConell）的专访里看到，麦康奈尔认为，这次战争展现了美国使用计算机技术施行精确打击的能力："在二战中要投 1000 枚炸弹才能有效摧毁目标，在越南战争中要几百枚，现在只需要一枚……"

在拥有网络信息技术优势的部队面前，单纯的数量对比已失去了意义。网络信息技术对战争的强烈影响使海湾战争成为一个新时代的开端。网络战不再是神话，它已经在现实生活中真实上演。

伊拉克战争：开辟网络战新阶段

2003 年的伊拉克战争开辟了网络战新时代，这次战争中所使用信息技术之多是历史上从来没有过的，又被称为"网络中心战"。

早在 2002 年 7 月，美国时任总统小布什签署了一份"国家安全第 16 号总统令"，要求政府部门制定有关网络袭击的战略，就向伊拉克这样的"敌对国家"展开网络攻击提出指导性原则。网络司令部给当时的网络部队下达了三项任务：一是试验各种网络武器的有效性；二是制定使用网络武器的各种条例；三是培训出实战型的网上攻击部队。美方设想，在不出动飞机和部队的情况下，美国士兵可以坐在电脑终端前，悄无声息地侵入敌方电脑系统，将敌人的雷达关闭，造成其电子指挥系统和电话服务失灵。

对伊拉克的网络战分为两个阶段。**第一阶段是在战争爆发前一周的（2013 年）3 月 14 日，伊拉克重要计算机系统遭到了长时间、大规模的攻击。**伊拉克技术防范措施落后，计算机网络不是瘫痪就是被接管，军队指挥与通信系统陷入混乱，这种网络空间"先期作战"效果远胜传统的火力准备。

第二阶段美国先头部队携带各种网络设备，与潜伏的网络特别部队一起，入侵伊军指挥与通信系统，使伊军陷入一种被割裂的无指挥状态。

网络舆论战成为推垮萨达姆政权的秘密武器。媒体报道称，很多伊拉克军官都收到过美军劝降的电子邮件，大意是：你们只要把坦克停到外面，就可以平安回家。美国情报系统不断地向伊拉克国内具有社会影响力的主流阶层发送电子邮件，这些邮件列数了伊拉克总统萨达姆执政 20 年来的种种罪状，散布萨达姆及其两个儿子被"铲除"的消息，极力劝降社会主流人物。

巴格达在陷落半个月后，美国广播公司驻巴格达记者采访了三名伊军军官，这几名伊军军官承认，美军的舆论战和心理战的确动摇了伊军抵抗的信心，真正起到作用的并不是数以千万计的传单和专门开通的广播，而是美军向伊拉克指挥官发去的文传和电子邮件。

爱沙尼亚大战：第一场国家间网络战

2007 年的爱沙尼亚大战，被称为第一场国家间网络战。2007 年 4 月，爱沙尼亚政府把苏军纪念碑"青铜战士"迁往他处，这一举动引发了占全国人口 25% 的俄罗斯族的不满。从 4 月下旬开始，各种爱沙尼亚政府机构、国内最大的银行、多家媒体的网站等都成为俄罗斯所资助的特工们采用 DDoS 攻击的主要目标，致使网络传输中止。

爱沙尼亚被称为互联网普及率最高的欧洲国家，所有公民都能享受免费 Wi-Fi 无线网络，互联网在爱沙尼亚人的日常生活和各种活动中扮演着重要角色，人们投票、交税、转账几乎全部使用网络完成。所以，针对爱沙尼亚进行网络攻击就像一次数字化入侵，诸多基础设施和民生服务都陷入了瘫痪。

从拆迁铜像开始的一周内，第一波网络攻击高峰形成。大规模攻击导致政府、银行、报社、电视台、企业的网站陷入瘫痪，一些网站的首页甚至被换上了俄罗斯宣传口号和伪造的道歉声明。在接下来一周的第二波攻击高峰中，人们的日常生活受到了严重威胁。大量电脑遭恶意软件侵入，人们无法使用信用卡付账，最后爱沙尼亚外交部、国防部不得不紧急向北约求助。

据爱沙尼亚国防部长称，攻击针对的是必不可少的电子基础设施，所有的商业银行、电信运营商、媒体网点、域名服务器均受影响。攻击所造成的最大影响是数以百万计的经济损失，爱沙尼亚最大银行汉莎银行报告其损失超过了 100 万美元。

俄罗斯与格鲁吉亚冲突：一场网络人民战争

网络战作为国家间冲突的组成部分已经不是一件新鲜事了，2008 年的俄罗斯与格鲁吉亚冲突把网络战提高到了一个新等级。

2008 年 8 月，俄罗斯与格鲁吉亚爆发冲突，俄罗斯军队在越过格鲁吉亚边境的同时，对格鲁吉亚展开了全面的"蜂群"式的网络阻瘫攻击。最终，格鲁吉亚的电视媒体、金融和交通等重要系统瘫痪，政府机构运作陷于混乱，机场物流和通信等信息网络崩溃，急需的战争物资无法及时运送至指定位置，战争潜力被严重削弱。这种社会各要素在战争状态难以做好补充供给的情况，直接影响了格鲁吉亚的社会秩序以及军队的作战指挥和调度。

有意思的是，**在网络攻击期间，俄罗斯网民可以从网站上下载黑客软件，安装之后点击"开始攻击"按钮即可参与作战行动，进行网络攻击。媒体评论"俄罗斯打了一场名副其实的网络人民战争"。**

"震网"事件：对现实产生破坏的军用级网络攻击武器诞生

"震网"病毒有很多个全球公认的"第一"——世界上第一款军用级网络攻击武器、世界上第一款针对工业控制系统的木马病毒、世界上第一款能够对现实世界产生破坏性影响的木马病毒。

它是一款蠕虫病毒，赛门铁克（Symantec Corporation）和卡巴斯基（Kaspersky）等知名安全公司都曾先后对该病毒进行过深入的追踪与研究。其英文名称是 Stuxnet，最早于 2010 年 6 月由白俄罗斯安全公司 VirusBlokAda 发现并披露，它最早的攻击可以追溯到 2009 年。

从扩散的地区来看，"震网"病毒显然是一款以伊朗为主要攻击目标的木马病毒。赛门铁克和微软的相关研究显示，在全球已确认被震网病毒感染的超过 45000 个工业控制系统中，近 60% 出现在伊朗，其次为印尼（约 20%）和印度（约 10%）。

"震网"无须通过互联网便可传播，用户用 U 盘就可以把这个病毒从一台计算机传播到另一台计算机。然后"震网"便会使用窃取的数字签名，顺利绕过安全检测，自动找寻及攻击工业控制系统软件，以控制设施冷却系统或涡轮机运作，甚至让设备失控自毁，而工作人员却毫不知情。可以说，"震网"是有史以来首个超级网络武器。

从攻击结果来看，伊朗的损失最为惨重。美国《纽约时报》在 2011 年 1 月 16 日发表文章称，"震网"电脑蠕虫病毒于 2010 年 7 月攻击了伊朗核设施，导致其浓缩铀工厂内约 1/5 的离心机报废，从而大大延迟了伊朗的核计划。有分析人士认为，"震网"病毒的攻击至少使伊朗的核计划倒退两年。2011 年 2 月，伊朗突然宣布暂时卸载布什尔核电站的核燃料。同年 9 月，伊朗原子能组织宣布布什尔核电站于当天并网发电，但联网的功率只有约 60 兆瓦，仅为核电站总装机容量的 6%。

乌克兰断电：攻击关键信息基础设施的典型案例

攻击关键信息基础设施可以让工厂停工、能源停供、交通瘫痪、人员伤亡，其破坏力不亚于传统战争。电力、电信、能源、金融、交通、海关、国防等关键信息基础设施，既是国家经济社会有序运行的"神经中枢"，也是战争状态下对手重点打击的战略目标。

乌克兰断电是攻击关键信息基础设施的一个典型案例。网络攻击者连续在 2015 年和 2016 年两年的圣诞节前夕得手，让人感到既讽刺又无奈。

第一次大规模停电事件发生在 2015 年 12 月 23 日。乌克兰一家电力公司的办公电脑和数据采集与监视控制系统遭第三方非法入侵。事故导致伊万诺·弗兰科夫斯克地区将近一半的家庭经历了数小时的电力中断。起初，电力公司估计受灾用户大约八万户，后来发现受灾用户远远不止八万户，因为有三种不同配电站的能源公司都遭受了攻击，各领域共约 22.5 万用户的电力中断。

攻击事件发生后不久，乌克兰政府官员声称电力中断是由网络攻击引起的，并指责俄罗斯国家安全部门应为此事负责。

2016 年 12 月，乌克兰某电力企业再次被攻击，造成规模性停电事故。

"永恒之蓝"勒索病毒：一场全球网络战的演习

2017 年 5 月 12 日爆发的"永恒之蓝"勒索病毒事件，勒索了全球，震惊了全球。在本书中，我多次提到了这次事件，不仅是因为它迅速感染一百多个国家，瘫痪多个关键信息基础设施所展现出的惊人的传播速度和破坏力，更重要的是，这次事件完全可以称为一场全球网络战的演习。

这次勒索病毒事件生动地展现了第三种网络战形式：网络摧毁战——攻击者运用网络攻击武器进行饱和式攻击，以摧毁对方政府、军队等机构的信息网络。

攻击者所利用的网络武器是此前被泄露的 NSA 研制的"永恒之蓝"。"小蟊贼"低劣的使用就造成了如此巨大的影响和破坏，如果是由"正规军"来使用，后果难以想象。美国网络武器的先进性由此可见一斑。我们从被曝光的 NSA 网络武器库资料来判断，其网络武器的研发已经实现了系统化、平台化、定制化和批量化。

委内瑞拉大停电：网络攻击背后的政权颠覆阴谋

2019 年 3 月 7 日，委内瑞拉国内包括首都加拉加斯在内的大部分地区停电超过 24 小时，在委内瑞拉 23 个州中，一度有 20 个州全面停电。停电导致加拉加斯地铁无法运行，造成大规模交通拥堵，学校、医院、工厂、机场等都受到严重影响，手机和网络也无法正常使用。

8 日凌晨，加拉加斯部分地区开始恢复供电，随后其他地区电力供应也逐步恢复，但是 9 日中午和 10 日的再次停电，给人们带来巨大恐慌。此次停电是委内瑞拉自 2012 年以来时间最长、影响地区最广的一次。

攻击事件发生后，委内瑞拉总统马杜罗第一时间发布声明表示，包括美国、委内瑞拉反对派在内的"国家敌人"使用"高技术武器"再次对该国能源系统发动了更大规模进攻。

之后三天，委内瑞拉国家电力干线反复遭到电磁攻击，国家电力集团公司网络陷入一片混乱。

当地时间 3 月 11 日晚，马杜罗表示电力系统遭遇了三阶段攻击：第一阶段是发动网络攻击，主要针对西蒙·玻利瓦尔水电站的计算机系统中枢，以及连接到加拉加斯（首都）控制中枢；第二阶段是发动电磁攻击，通过移动设备中断和逆转恢复过程；第三阶段是通过燃烧和爆炸对奥拓普拉德变电站进行破坏，进一步瘫痪了加拉加斯的所有电力。

随后，马杜罗再次透露，攻击来自休斯顿和芝加哥，是在五角大楼的命令下由美军南方司令部直接执行的。马杜罗没有公布上述指控的证据，称已下令设立了一个总统特别调查委员会对网络攻击事件展开调查，并请求俄罗斯、中国、伊朗和古巴协助调查。

美伊明争暗斗：网络空间已成为国际博弈新战场

自"震网"病毒事件爆发后，美国和伊朗在网络空间的明争暗斗一直持续不断。2020 年初，根据时任美国总统特朗普的命令，美军击毙了伊朗头号军事指挥官苏莱曼尼，伊朗最高领袖哈梅内伊随后誓言将暗杀事件进行严厉报复。事件后，伊朗黑客开展了一系列报复行动，对美国目标开展网络攻击和滋扰活动。

伊朗黑客组织于 2020 年 1 月 4 日攻击了美国"联邦寄存图书馆计划"（FDLP）网站，并贴出了一张时任美国总统特朗普被重拳殴击的图片，同时煽动对美国开展报复性行动。

1 月 7 日，伊朗黑客再次攻击并篡改得克萨斯州农业部和南阿拉巴马老兵联合会页面，张贴苏莱曼尼图片，并显示"被伊朗黑客攻击（Hacked by Iranian Hacker）"和"被盾牌伊朗攻击（Hacked by Shield Iran）"的字样。

网络安全公司 Cloudflare 表示，在苏莱曼尼被击毙后，伊朗黑客入侵联邦州和地方政府网站的活动激增了 50%，并继续在加速；在 48 小时内，源自伊朗 IP 地址对全球目标的攻击几乎增加了两倍，最高每天达到 5 亿次；实际的攻击数量可能更高，这种攻击次数飙升非同寻常，与伊朗军事指挥官的死亡直接相关。

与此同时，2020 年适逢美国大选，伊朗理所当然地被树立为此次大选过程中美国网络干涉活动新的重点打击目标。美国联邦调查局 8 月发布安全警报称，与伊朗政府相关的黑客组织正利用新披露 F5 设备漏洞 CVE-2020-5902 攻击美国私营和政府机构，其没有特定目标，任何采用 F5 BIG-IP 设备的公司都可能是目标。该组织在安全界的代号是 Fox Kitten，其主要任务是为其他伊朗黑客组织提供筛选过的攻击目标，比如 APT33、APT34、Chafer 等。

2020 年 9 月 15 日，美国国土安全部下属网络安全和基础设施安全局（CISA）发布了一份恶意软件分析报告，详细介绍了 19 个恶意文件的细节。根据报告，来自匿名 APT 组织的伊朗黑客正在利对美国各地的 IT、政府、医疗、金融和保险机构进行攻击。

伊朗核设施断电：网络战场再次迎来针对核设施的打击

纳坦兹核设施位于伊朗中部伊斯法罕省的沙漠中，主要部分建于地下，是伊朗铀浓缩计划的核心。纳坦兹核设施是受到国际原子能机构监督的几处伊朗核设施之一。

2021 年 4 月 10 日，伊朗总统鲁哈尼在伊朗核技术日线上纪念活动上，下令启动纳坦兹核设施内的近 200 台 IR-6 型离心机，开始生产浓缩铀（IR-6 型离心机生产浓缩铀的效率是第一代 IR-1 型的 10 倍）。

而就在开始生产浓缩铀后，伊朗纳坦兹核设施的配电系统就在第二天（4 月 11 日）发生故障。据称没有造成人员伤亡。

以色列媒体称，据美国和以色列情报机构的情报消息来源表示，以色列摩萨德是对伊朗伊朗纳坦兹核设施进行网络攻击的幕后黑手，该行动导致核设施断电。

纳坦兹核设施受到的破坏是巨大的，这种破坏是由各种类型的离心机造成的。据估计，该网络行动破坏了伊朗浓缩铀的能力。情报人士称，伊朗已经失去了重要的能力，行动的时机并非偶然。

据两名情报人员称，伊朗至少要花 9 个月的时间才能恢复该厂的铀生产。另据报道，一场大爆炸导致地下设施停电，彻底破坏了内部和安全的电气系统。

显而易见，此次事件又是一次针对核设施而发动的网络攻击。**继震网病毒事件之后，此次网络攻击的受害者又是伊朗，而攻击者同样是以色列，然后破坏性攻击的还是同一个地方：纳坦兹核设施。**

可以看出，对关键设施在关键节点采取破坏性行动，造成的打击威力是非常巨大的，这同时也给我们敲响警钟，防止在关键节点出现类似的事故。

我选取的上述 10 起事件，勾勒出了网络战的整体趋势。我们可以看到，尽管网络战的历史并不长，但其发展速度、规模和对社会、对世界的影响都在发生指数级的变化。现在，网络战正在展现出一系列新态势、新问题。

▣ 网络军备竞赛向全球蔓延

网络无处不在，谁拥有网络的控制权，谁就无所不能。控制了社交网络，就能控制洗脑术；控制了大数据，就能控制智能决策；控制了通信，就能控制神经系统。

20 世纪，网络威胁的行为主体是黑客和黑客团体等非国家行为体，到了21 世纪，网络威胁的行为主体正在转向国家专业力量。以美国网络司令部升格为第 10 个联合作战司令部为标志，网络空间正式与海洋、陆地、天空和太空并列成为美军的第五战场。令人担忧的网络空间军事化趋势进一步加剧，军备竞赛已经蔓延至全球。

美国：海陆空三军和太空作战部队正全面建成攻防一体的网络作战能力
2020 年 9 月，美国空军正式成立第 867 网络空间作战大队。该部队将简化空军网络攻防及在数字领域的情报收集工作，并通过识别对手的活动、阻止攻击以及采取行动击败对手来保卫国家。美国空军第 834 网络空间作战中队已经开展"网络保护团队（CPT）2.0"编队方案，将团队分成较小的单元。

在新方案下，团队分为两个较小的单元，即主机和网络，以更有效地应对漏洞，使 CPT 可以将更多的精力放在寻找威胁者身上。此外，美国空军于2021 年春季将第 688 网络空间联队下的第 690 网络空间作战大队（专注于网络作战）、第 26 网络空间作战大队（专注于安全作战）和第 38 网络空间工程安装大队合并为一个网络与安全作战实体。此项工作旨在在网络运营者和网络防御者之间建立更大的统一性，从而缩短安全事件响应时间。

2020 年 12 月，美国海军陆战队设立以网络为重点的新职业，并建立战术网络部队，将高端网络专业知识和资源扩展到整支部队。在进攻方面，海军陆战队新的网络战术单位强化网络行动规划，培训规划人员学习相关技能，掌握可获取的网络资源及获取渠道，从而将网络能力嵌入作战计划；在防御方面，海军陆战队将部分"网络保护团队"与特定的海军陆战队远征部队相结合，通过这种长期固定机制更好地将其与作战流程整合，从而更加主动地应对网络威胁。此外，海军陆战队正在筹建新的"监管型"网络营和连，以加强对其网络的监督和指挥控制。

美国陆军也正在逐步完善在网络司令部之外开展网络作战的概念和能力。2019 年 1 月，美国陆军成立了情报、信息、网络、电子战和空间（I2CEWS）特战营。I2CEWS 通常被称为美国陆军多领域特遣部队的大脑，将远程瞄准、黑客攻击、干扰和空间整合于同一单位中，帮助美陆军开辟作战环境，监控社交媒体等信息流，执行信息战或网络战任务，为冲突爆发做好准备。同年，美国陆军网络司令部还组建了 915 网络战营，由 12 支远征网络和电磁队组成，致力于运用网络战、电子战和信息战能力支持旅级战斗部队或其他战术编队，协助网络和电磁活动部门，为指挥官计划网络和电磁频谱作战。

美国太空部队和太空司令部也在加紧发展网络战力量。2020 年，美国太空部队接收了原来空军的约 130 名网络官员和约 1000 名网络人员，这些人员将在 2021 财年转换为太空部队网络人员。太空司令部正在勾勒与网络作战相关的角色、职责、功能、指挥控制及权限链条，同时正在进行作战规划，下一步将确定指导太空司令部网络作战的作战概念，并概述人员、政策、进程和程序。

英国：成立国家网络部队和首个专用网络军团

2020 年 11 月，英国政府宣布成立"国家网络部队"（NCF）。英国首相鲍里斯·约翰逊（Boris Johnson）通过远程视频在下议院讲话时说："我们已经建立了一支由情报机构和服务人员组成的国家网络部队，该部队已经在网络空间从事反恐、有组织犯罪和敌对国家活动。"

NCF 首次将政府通信总部（GCHQ）、国防部、军情六处（MI6）和国防科学技术实验室（Dstl）的人员召集于统一指挥之下。其中，GCHQ 提供全球情报，国防部提供作战专长，MI6 负责招募运营特工并提供秘密行动技术的独特能力，Dstl 提供科学技术能力。目前 NCF 拥有数百名黑客人员，并计划在未来十年内将人员增加至 3000 人左右。

　　NCF 主要针对威胁英国国家安全的敌对国家、恐怖分子和犯罪分子开展活动，具体行动事例包括：确保英国军事目标不会成为敌对武器系统的攻击目标；干扰手机阻断恐怖分子通信；帮助防止互联网被用作严重犯罪的全球平台。

　　同年 6 月，英国正式成立了首个专用网络军团（第 13 信号团），负责进行情报机动和非常规战争，以支持整个武装部队。第 13 信号军团是英国第 6 师下属的第 1 英军信号旅中的英军团，重点是保护国防的网络领域，并将与皇家海军和皇家空军合作，为所有军事通信提供安全的网络。

德国：网军成为第六军种，2021 年完全做好应战准备

2021 年 5 月 20 日，德国巴登—符滕堡州前州长京特·厄廷格 (Günther Oettinger) 在德国《商报》（*Handelsblatt*）上撰文称："第三次世界大战不会是'水陆空'作战，而是会在没有坦克和炮击声的网络空间进行。" 他建议德国当局集中力量加强网络防御，因为德国目前在这一领域落后于竞争对手。

　　早在 2017 年 4 月，德国就宣布成立了网络与信息空间司令部，着手组建国防军负责网络安全的独立军种。这支部队将兼具网络攻击与防御能力，24 小时不间断运行，捍卫包括德国信息基础设施、需计算机支持的武器系统等目标，是"创新、创造和网络信息空间高端技术的中心"，预计到 2021 年将"完全做好应战准备"。

　　根据国防部发布的声明，新组建的"网军"将与联邦国防军平级，成为陆军、海军、空军、联合支援军、联合医疗军之外的第六军种。德国因此成为首个拥有"独立"网络战司令部的北大西洋公约组织成员。

　　"网军"司令部设在德国西南部城市波恩，部队现有编制为 260 名士兵，将逐渐整合联邦国防军原有的网络攻防力量，包括战略侦察、作战通信和地理信息等部门，到 2021 年扩充至 1.35 万名士兵与 1500 名文职雇员。其主要任务包括：确保联邦国防军信息系统在国内外的安全运作；加强在网络信息空间的侦察和影响力；在网络空间实施计算机网络军事行动以及在复杂电磁环境下进行电子战。

　　德国联邦国防军是较早开始建设建制网络空间作战力量的军队之一。其中，最典型的部门为战略侦察指挥部和国防军信息技术中心。战略侦察指挥部由联邦国防军大学的信息专家组成，专门负责在联邦宪法规定的任务框架

内执行网络空间作战任务。国防军信息技术中心则主要维护国防军通信安全，确保指挥通信系统正常运转，归属于联邦国防军信息技术局。此外，还有负责部队 IT 系统的联邦国防军信息技术指挥部、负责为军事行动提供地理信息支援保障的联邦国防军地理信息中心等。

这些专业机构与部门都将逐渐整合到新成立的网络与信息空间司令部中去。负责监察国防军的议会议员汉斯佩特·巴特尔斯（Hanspeter Bartels）说，德国在"网军"领域不是先行者，将向美国和以色列等具有网络攻防经验的国家取经。

俄罗斯：网络战是未来的"第六代战争"

2019 年 11 月，俄罗斯对有"俄罗斯主权互联网"之称的俄国家级内网 RuNet 进行了检验测试，切断了俄境内网络与国际互联网的联系。此前 5 月，俄罗斯总统普京签署主权网络法，要求俄通信监管机构提供一个"终止开关"，以便能够在发生网络攻击时切断俄境内网络与国际互联网的联系，并保证俄境内网络继续正常运行。

作为军事大国，俄罗斯在 20 世纪 90 年代就设立了信息安全委员会，专门负责信息安全，1995 年，俄联邦宪法将信息安全正式纳入国家安全管理范畴之中。

2002 年，俄颁布了《俄联邦信息安全学说》，该文件将网络战提升到新的高度，称作未来的"第六代战争"，全面阐述了国家信息网络安全面临的问题，以及网络空间作战武器装备现状、发展前景和防御方法等。

《俄联邦信息安全学说》颁布后，俄军在总参谋部下成立了信息与自动化管理局，各军兵种也相应成立了信息和自动化管理处，主管军队网络信息战建设。2003 年，上述单位设立了专门主管信息化建设的副总参谋长，进一步强化对此项工作的组织领导。2007 年，俄军专门设立了主管军队信息化建设的国防部副部长职位，负责领导全军信息化力量建设。

俄联邦一些强力部门都设立有网络威胁应对机构，譬如：内务部设有"K"局负责调查境内网络犯罪活动；安全局设有信息安全中心，负责对抗利用虚拟空间危害俄国家和经济安全的外国情报机构、极端组织和犯罪组织。

根据目前公开的资料显示，俄军担负网络空间作战的部队人数在 7000 人以上，大致分为专业和非专业两类。专业类大约组建于 1998 年，重点担负国家政治、经济领域的网络安全防御任务，同时担负网络信息领域的攻防任务。非专业类是俄军信息战部队中与网络空间作战相关的技术部队，主要包括用于网络攻击战的诸兵种合成无线电电子对抗部队以及负责宣传战、舆论战的信息战技术兵种。上述部队广泛配属于俄军各军兵种部队中。

日本：组建网络战部队，加快提升网络战能力

2021 年 3 月，共同社报道称，日本自卫队专门针对网络战设立的网络战部队预计将于 2022 年 3 月之前组建，编制为 540 人。

日本很早就开始重视网络战领域相关能力建设。2018 年 12 月，日本出台新版《防卫计划大纲》，与 2013 年版《防卫计划大纲》相比，新版《大纲》提出了"多次元统合防卫力量"概念，替代了之前的"统合防卫力量"，以往注重海、陆、空一体化作战，现在扩展到太空、网络和电磁领域。《大纲》提出，在未来进行跨域作战的能力是非常重要的，因为太空、网络和电磁等新领域对于日本有着生死攸关的重要性。

同期公布的《中期防卫力整备计划》指出，为强化新领域作战能力，将新编针对网络战的"网络防卫队"，主要承担四项任务：一是收集关于网络攻防的最新情报；二是对网络病毒的入侵进行动态分析和静态分析；三是研发网络病毒和网络防御软件；四是组织网络攻击、防御和演习。

除了在网络战领域发力，日本自卫队目前还大力强化电子战能力。2021 年 3 月，日本陆上自卫队在九州岛熊本健军基地成立了"第 301 电子战中队"，2021 年预计在留萌、朝霞、相浦、奄美、那霸等驻地部署电子战部队。

这些电子战部队将装备先进的"网络电子战系统"（NEWS），该系统具备收集、分析电子信号的能力，可用于削弱对方的战斗力。在 2021 年度预算案中，用于采购 NEWS 系统的经费为 87 亿日元（约合人民币 5.43 亿元）。

以色列：网络战能力比肩世界超级大国

谈到以色列最核心的网络作战力量，必然少不了大名鼎鼎的"8200 部队"。以色列的"8200 部队"相当于美国的国家安全局，是以色列国防军中规模最大的独立军事单位，被情报专家认为是世界上最令人敬畏的黑客部队之一。

在作战任务上，"8200 部队"的核心任务是情报收集、公共领域信息分析、特工行动、特殊信号情报，而最终的结果可能是一次逮捕、一次无人机暗杀或一次网络攻击行动。此外，"8200 部队"还是一个"网络武器军工厂"，著名的"震网"等网络武器均出自其手。

2019 年 5 月，以色列国防军（IDF）表示，"8200 部队"成功阻止了

加沙激进组织发起的网络攻击，直接删除了对方的工程文件。在抵御攻击的同时，"8200部队"反手一个大招，直接对哈马斯发动空袭，将哈马斯的"网络巢穴"夷为平地。

除了"8200部队"，以色列还有很多未被披露的网络部队，如马姆拉姆部队(Mamram)、"81部队"等，这意味着以色列的网军远比我们看到的更强大。

除了上述所列举的六个国家，印度、韩国、朝鲜等国都在组建自己的网络部队上下了大力气。以印度为例，它不仅将网络进攻写入作战条例，明确指出要建立能够瘫痪敌方指挥与控制系统以及武器系统的网络体系，在陆军总部、各军区以及重要军事部门分别设立网络安全机构，还一直坚持自主研发、军民合作的原则，投入了大量人力物力，力求在网络技术、密码技术、芯片技术以及操作系统方面自成体系。"闪光信使"高速宽带网络以及被称为"第三只眼"的海军保密数据信息传输网络的建成使用，进一步增强了印度军方应对未来网络战争的不对称优势。

◨ 网络战的六大特点

毫无疑问，网络空间已经成为陆、海、空以及太空以外的"第五作战空间"。网络武器扩散导致的网络灾难正在不断发生，网络空间安全与社会空间安全已经高度一体化。这并非耸人听闻，2017年5月12日爆发的"永恒之蓝"勒索病毒就是网络战的一次预演。

攻击者利用了据称是NSA泄露的网络武器，虽然攻击者使用该武器的技术手段低劣，但仍然造成了巨大的影响和破坏。当然，这次事件也侧面反映出美国遥遥领先的网络战能力，其网络武器的研发已经实现了系统化、平台化、定制化和批量化，而这将形成全球军事领域新的不平衡格局，并刺激世界各国竞相开展网络武器的军备竞赛。更需警惕的是，此次事件也打开了网络恐怖主义的"潘多拉盒子"，预示着网络恐怖袭击可能成为常态。

更具体来说，我认为网络战具有以下六个特点和趋势：

网络战是"不宣而战"的

如果说，陆战是以天或周为单位的，空战是以小时为单位的，那么网络战则是以秒和分钟为单位的。不同于传统战争有明显的开始和结束，网络攻击往往

"不宣而战"，悄然发生。因此，我们在和平时期就必须未雨绸缪，提前做好防御。

1981 年以色列空袭伊拉克核设施的主要方式是"空战 + 电子战 + 战术欺骗"；2007 年以色列空袭叙利亚核设施的主要方式是"电子战 + 网络战 + 空战"；到了 2010 年，针对伊朗核设施实施的"震网"攻击就已经是纯网络战了，兵不血刃，但造成的损失极其惨重。

美国利用其网络战能力的优势在全球开展了长期的潜伏和渗透。"维基解密"公布的文件显示，CIA 从 2008 年开始就深入苹果 iPhone 手机的供应链，通过其供应链渠道将特定恶意软件安装到 iPhone 手机中，甚至感染其固件，实现对 MacOS 和 iOS 设备的监听。

2019 年 7 月，以色列安全公司赛博瑞森发现，黑客组织悄悄潜入了十几家世界各地的移动运营商，攻击时间跨度长达 7 年。黑客获取了数百 GB 的资料，包括通话时间、日期和通话记录，还可以利用通话记录获取到用户的具体位置信息，包括各国间谍和政治家。

可以看出，网络战往往需要经过数以年计的长期渗透、潜伏和准备，然后在特定的时刻发动，实现瞬间一击制敌的效果。网络战必将成为战争的首选。

网络战是"整体战"

网络攻防是一场整体战，对每个个人、每台终端以及每个目标的安全保护都非常重要。在国家网络空间博弈防御体系的建设中，就需要统筹考虑军事网络和民间网络。

在传统战争中，军事目标和民用目标有较明确的区分。理论上讲，战争双方军队都应尽可能地避免攻击民用目标和普通百姓，即便是要攻击民用设施，也主要是攻击大坝、电厂等具有军事意义的重要民用设施。

但在网络空间博弈中，这一原则恰恰是被抛弃的。因为网络是一个相互连接的整体，任何单位或个人所使用的终端设备或者系统都是网络的一部分，任何个人设备被攻破，整个网络可能就会被攻陷。而且，网络攻击一般都是首先入侵个人或企业单位的电脑、手机等终端设备，再以终端设备为跳板，横向扩散渗透攻击更重要的目标。

美国一直把其国家关键信息基础设施作为网络战保护的最主要目标，因此从克林顿政府以来，美国出台了诸多保护关键信息基础设施的法律文件。2017 年，美国总统国家基础设施咨询委员会发布的《保护网络资产：应对紧急基础设施网络威胁》报告指出，必须采取行动防止针对基础设施的网络攻击，尤其是针对美国能源机构的攻击，美国军队 2018 年的几次演习也均以能源机构为目标。

2003 年开始，中国也陆续制定了一系列针对关键信息基础设施进行保护的政策和法规，2017 年颁布实施的《网络安全法》，更是将关键信息基础设施的保护提升到了法律层面。

网络战是"超限战"

在国家级网络空间博弈中，攻击手段将越来越剑走偏锋，没有底线和规则，无所不用其极。

"维基解密"曝光的文件资料显示，CIA 可对三星 F 系列智能电视植入恶意软件，伪装电视进入"假关机"状态，利用电视内置的麦克风进行窃听和录制音频，并将音频文件通过互联网发送至隐蔽的 CIA 服务器。

"方程式组织"也可以将病毒植入硬盘制造商出厂的硬盘控制器中。一旦这些硬盘被特定的目标单位所使用，电脑联网后病毒即可将窃取的硬盘机密信息发送至黑客的服务器。

可见，网络攻击方法不一定正规，也没有公约的限制，大家都在用超常规的、出乎意料的手段达到其目的。同样地，我们应对网络攻击也需要超常规思维人才。

网络战是"漏洞战"

没有漏洞，就不要谈网络战。

从"震网"病毒乌克兰电厂攻击到近期频繁发生的勒索病毒攻击，黑客均利用了各种已知、未知漏洞。如果没有漏洞，就无法建立网络战的进攻和防御体系，可见，一个重要漏洞的价值不亚于一枚导弹。像石油、稀土等战略资源一样，漏洞是制造网络武器的战略资源。

美欧对漏洞资源极其重视。美国主导的《瓦森那协定》将漏洞列入军用资源限制出口，CIA、NSA 等机构一直在斥巨资收购各种漏洞。此外，美国还通过各种比赛（如 Pwn2Own 黑客大赛）或以众包、众测方式的网络攻击大赛（如"黑掉五角大楼""黑掉陆军"等行动），借助民间力量来获取漏洞资源。

除了对漏洞资源的掌握，美国网络战的能力还体现在建立了一整套针对网络武器的研发，网络攻击的组织、实施、验证、评估等的工程技术体系上，这实现了网络武器的系统化、平台化、批量化和定制化的制造。

网络战是"猎杀战"

人是网络战的最大漏洞。我总结过关于人性的两大"失效定律"：一切违背人性的管理手段都会失效；一切没有技术手段作为保障的管理措施都会失效。

我在第一章就提到，内部威胁是最大的危害。透过美国国家安全局在"斯诺登事件"中的教训，我们可以看到，一个"内鬼"会给国家安全造成多大的伤害。

人本身的弱点是网络体系最大的脆弱性，比如弱密码、密码丢失、使用不安全的设备等，甚至还有人会被策反成间谍。我们的安全措施里，规章制度起着重要作用，制度一旦被违反，就会出现无法堵住的漏洞。

举个例子，在希拉里"邮件门"事件中，希拉里非要在自己家地下室里偷偷架一个服务器，这相当于在美国政府网络里开了一个口子，美国国安局、中情局即便是拥有再强大的网络安全保护能力，也是枉然。

网络战是"情报战"

信息不等于情报。我认为，能够改变决策者决策的信息才是真正意义的情报。尤其在当前这样一个海量信息的时代，如何从海量的信息里辨识有用的情报，是一个难题。从这些海量信息里获取情报，是网络战的重要目标。

自有战争起，就有情报。《孙子兵法·用间篇》谈道："故明君贤将，所以动而胜人，成功出于众者，先知也。"这里的先知就是情报工作。飞鸽传书、鸡毛信，传递的都是情报。

随着人类文明的发展、新技术的不断涌现，战争的领域和复杂化程度发生了巨大变化，情报的内容、形式和作用也越来越丰富。互联网技术开始在军事领域广泛应用，在未来战争中，掌握制网权就意味着掌握了制空权、制海权，也就是战争的决胜权。人类对网络空间这个第五疆域的争夺已经开始，情报工作也随之延展到这个疆域。

情报意识需要建立在对国际关系、国际政治、本国发展需求以及敌对国家内部情况深刻了解的基础之上。

2017 年 6 月，美国网络司令部新组建了一支情报与行动融合小组，将情报人员与技术人员融合，旨在快速形成一定水平的情报解读，国防信息系统局局长艾伦·林恩（Allen Lynn）表示，他们意识到网络行动需要大量情报支持，因此需要更多的情报人才。

这样我们就不难理解，为什么美国的历任"网军"司令都有着丰富的情报工作经验。这样的官员知道哪些情报是传统人力渠道无法获取，或无法保证质量的，知道"网军"的发力点和工作方向，这样才能让"网军"的情报工作更有效地服务于政府决策。

美国网络司令部升级后的首任司令保罗·中曾根（Paul Nakasone）是情报领域专业人士，从军开始就在情报战线工作。领导陆军网络战线时他组建起了多支年轻有为的网络战部队，曾领导过驻阿富汗美军情报部队，也在伊拉克战场呆过，情报连、情报营、情报旅都带过，从他的经历可以看到，美国已经将情报与网络战密切结合起来。除美国外，俄罗斯、英国等国都已通过机构调整，将情报与网络战更紧密地结合起来。

第二节 APT 攻击——网络战争最常用的攻击方法

我们第一次系统地跟踪 APT 攻击是在 2013 年。当时我们截获了一个特种木马样本，经过研究人员大数据筛查、同源样本计算、定位追踪等，两年之后，也就是 2015 年我们发布了《海莲花 APT 报告》。这也是中国的第一个 APT 报告，引起了很大震动。在隔日的外交部例行新闻发布会上，这成为外国媒体追问的话题。

▣ 针对性、持续性是 APT 的显著特点

APT（Advanced Persistent Threat）中文直译为高级持续性威胁，按照维基百科的说法，这个名词最初来源于 2006 年美国空军的格雷格·拉特雷（Greg Rattray）上校。

维基百科描述道："APT 是一系列秘密而持续的计算机攻击活动，通常由个人或团体针对特定的对象组织实施。"这个概念的描述简单却很模糊，相较而言，戴尔网络安全部门（Dell SecureWorks）给出了一些特点描述：特定目标的针对性、资源丰富、复杂的方法和技术手段、受到资助。

根据长期研究和跟踪，奇安信威胁情报中心也给出了自己对APT的定义：针对特定目标长期持续地进行攻击渗透以获取金钱、控制信息甚至潜伏破坏的组织或活动，背后的执行者往往是具有国家背景和丰富资源支持的专业团队。这里的定义刻意削弱了对高级手段的要求，强调了定向性与持续性，这与我们所观察到的实际活动和组织情况相符。

APT 攻击与普通网络攻击的本质区别在于其特有的针对性。普通攻击为择弱的、非针对性的攻击，它主要基于感染量的获利模式，比如构建僵尸网络（Botnet）用于 SPAM、DDoS、搜索引擎优化（SEO）、流氓推广、数字资产的盗窃、勒索、挖矿等。APT 攻击则表现为不顾目标强弱的针对性攻击，基于目标自身价值的获利模式，通过获取关键系统的访问和控制，窃取敏感机密信息，进行控制潜伏破坏。

APT 组织有自己的"军火库"：既有"常规武器"（专用木马），也有"生化武器"（漏洞利用）和"核武器"（"零日漏洞"利用）；从多种不同的搭载系统上看，既有能精确制导的"导弹系统"（鱼叉攻击），也有攻击力强但可能误伤"平民"的"轰炸机"（水坑攻击）。不同的武器搭载系统与不同的武器类型相结合，就能产生不同的网络攻击。

多数情况下，APT 攻击就是一场发生在互联网上的情报战争。攻防双方的焦点是情报和信息。当然，在某些特定情况下，APT 攻击也会瞄准金融机构、工业系统和地缘政治，某些 APT 攻击的影响甚至是世界性的。

中国是 APT 攻击的主要受害国之一。截至 2020 年年底，奇安信威胁情报中心已累计监测到针对中国境内目标发动攻击的境内外 APT 组织 44 个。

◙ 我们所经历的 APT

我们目睹的 APT 不在少数。我们发现的大多数 APT 组织的目标都是为了窃取敏感、机密的信息，因此，可以说这是传统国家间谍活动在网络空间的延伸。近些年来，我国遭遇了一些窃密类攻击团伙的袭击，我们一直在坚持与这些非法势力斗争，维护国家的网络主权。

海莲花

属性	详情
APT 组织	海莲花（Ocean Lotus）
攻击方式	鱼叉攻击、水坑攻击和供应链攻击
行业	政府、科研院所、海事机构、海域建设、航运企业
负责地区	东南亚某国
影响国家	中国、东亚、北美等各类国家
涉及漏洞	CVE-2012-0158
最早发现时间	2013 年
最近发现时间	2021 年

2015 年 5 月 29 日，国内安全机构首次披露了一起针对中国的国家级黑客组织的攻击细节。根据各方情报和我们的分析，这个黑客组织来源于某东南亚国家，有国家背景，我们把它命名为"海莲花"。

通过长期对该组织发起攻击事件的监测和分析，结合其在攻击中使用的战术、技术特点以及使用的恶意代码和攻击工具的同源性分析，我们发现"海莲花"组织是以专门攻击中国境内的核心政府、能源、科研等政企机构为目标的 APT 组织，其攻击目标包括我国的海事机构、海域建设部门、科研院所和航运企业等，并且以收集机密情报信息和窃取机密文档为主要攻击意图。

"海莲花"最早针对我国境内的攻击活动可以追溯到 2011 年，并且从 2013 年起该组织针对境内的攻击活动变得异常频繁。不仅如此，此后我们发现该组织还对东南亚其他国家发起过定向攻击渗透行动。

"海莲花"被公布后，仍然活动频繁。奇安信威胁情报中心发现，"海莲花"使用过七个独立的恶意代码家族，样本有 100 余个，感染者遍布中国 29 个省级行政区和境外的 36 个国家。为了隐蔽行踪，海莲花组织还先后在至少六个国家注册了服务器域名 35 个、相关服务器 IP 地址 19 个，分布在全球 13 个以上的不同国家。

海莲花组织在 2021 年依旧针对我国海洋、油气类行业和政府单位进行攻击，除此之外，其还开始针对我国互联网和软件公司进行攻击。

海莲花组织在 2020 年转变了攻击思路。该组织大幅降低了使用鱼叉邮件攻击的频率，转而采取网络渗透的方式（例如 VPN）进行入侵，并在入侵到内网后进行一系列的持久化与横向移动操作。2020 年，奇安信威胁情报中心捕获了国内首起利用 VPN 的供应链攻击事件，始作俑者就是"海莲花"组织。

经奇安信威胁情报中心监测发现，"海莲花"组织挖掘了数十个国产软件的"白利用"，并将其用于内网渗透过程中。在内网渗透的过程中，该组织会记录每台控制的主机信息，生成日志并进行回传，从而方便进行下一步的横向移动。

此外，与往年不同的是，"海莲花"组织开始积极使用 Nday 漏洞进行攻击，这些漏洞平日不会被人关注到，漏洞修复率低，因此在制造出漏洞 exp 后，其可以进行批量入侵获取权限。

除了捕获到"海莲花"积极利用 Nday 漏洞攻击活动外，奇安信威胁情报中心还捕获到该组织使用 0day 漏洞进行内网渗透攻击活动。从该活动我们发现，当"海莲花"在遇到高价值目标时，会针对该目标的内网情况进行重新研判，并挖掘内网常用软件 0day 漏洞进行更深层次的渗透。

盲眼鹰

属性	详情
APT 组织	盲眼鹰（Blind Eagle）
攻击方式	鱼叉邮件攻击为主
行业	政府机构和大型公司
负责地区	南亚某国
影响国家	哥伦比亚
涉及漏洞	暂无
最早发现时间	2018 年
最近发现时间	2019 年

2019 年 2 月 19 日，奇安信威胁情报中心首次披露了一起针对哥伦比亚的国家级黑客组织的攻击细节，报告名为《盲眼鹰（APT-C-36）：持续针对哥伦比亚政企机构的攻击活动揭露》。根据各方情报和我们的分析，这个黑客组织来源于某南美洲国家，有国家背景，我们把它命名为"盲眼鹰（APT-C-36）"。

2018 年 4 月，奇安信威胁情报中心捕获到第一个针对哥伦比亚政府的定向攻击样本，在此后近一年的时间内，我们又先后捕获了多起针对哥伦比亚政企机构的定向攻击。攻击者习惯将带有恶意宏的 MHTML 格式的 Office Word 诱饵文档通过 RAR 加密后配合鱼叉邮件对目标进行投递，然后将 RAR 解压密码附带在邮件正文中，具有很好的躲避邮件网关查杀的效果。其最终目的是植入 Imminent 后门以实现对目标计算机的控制，为接下来的横向移动提供基础。

奇安信威胁情报中心通过分析攻击者投递的多个加密的 Office Word 文档的最后修改时间、MHTML 文档字符集（语言环境）、攻击者使用的作者名称等信息，并结合地缘政治等 APT 攻击的相关要素，判断攻击者疑似来自 UTC 时区在西 4 区（UTC-4）正负 1 小时对应的地理位置区域（南美洲）。

由于该组织攻击的目标中有一个特色目标是哥伦比亚盲人研究所，而哥伦比亚在足球领域又被称为南美雄鹰，结合该组织的一些其他特点以及奇安信威胁情报中心对 APT 组织的命名规则，我们将该组织命名为"盲眼鹰（APT-C-36）"。

蔓灵花

属性	详情
APT 组织	蔓灵花（BITTER）
攻击方式	鱼叉邮件
行业	政府、电力和工业相关单位
负责地区	南亚某国
影响国家	中国、巴基斯坦
涉及漏洞	暂无
最早发现时间	2013 年
最近发现时间	2020 年

　　"蔓灵花"疑似来源于南亚某国，受影响单位主要是涉及政府、电力和工业相关单位，该组织至今依然处于活跃状态。

　　美国网络安全公司 Forcepoint 曾在 2016 年 11 月发布一篇报告，主要披露了巴基斯坦政府官员最近遭到来源不明的网络间谍活动。该报告描述了攻击者使用鱼叉邮件、利用系统漏洞等方式，在受害者计算机中植入了定制的 AndroRAT，意图窃取敏感信息和资料。

　　当时我们基于大数据资源对该事件做了进一步分析，发现中国地区也遭受到了相关攻击的影响。截至目前我们已捕获到了超过 33 个恶意样本，恶意样本涉及 Windows 和 Android 多个平台，恶意样本的回连域名（C&C）超过 26 个。

　　从奇安信这几年和"蔓灵花"交手的经验来看，我们发现了该组织攻击手法的两类特点：一类是以发送伪装成目标单位邮箱登录界面的钓鱼网站为主，通过钓鱼网站控制目标用户的邮箱账户，从而窃取敏感信息；另一类主要是发送带毒附件，释放专用下载器下载其特种木马。"蔓灵花"组织会利用自有的 C2 服务器，远程控制木马完成敏感信息窃取任务，并回传至自有的服务器中。

　　2020 年新冠肺炎疫情爆发后，"蔓灵花"组织多次利用疫情热点话题，向攻击目标发送钓鱼邮件。为了提升目标的中招几率，"蔓灵花"组织非常善于伪装，他们会把诱饵加上一个当前热点事件的"外壳"，从而吸引目标的注意力。

魔罗柲

属性	详情
APT 组织	魔罗柲（Confucius）
攻击方式	鱼叉邮件
行业	军工、政府机构、商贸等
负责地区	南亚某国
影响国家	中国、巴基斯坦、尼泊尔等
涉及漏洞	暂无
最早发现时间	2013 年
最近发现时间	2020 年

　　自 2013 年开始，奇安信持续追踪一个被我们独立命名为"魔罗柲"的 APT 组织，该组织长期针对中国、巴基斯坦、尼泊尔等国和地区进行了长达数年的网络间谍攻击活动，主要攻击领域为航空航天技术部门、船舶工业、核工业（含核电）、商务外贸、国防军工、政府机关（含外交）、科技公司等。

　　2020 年 9 月，奇安信威胁情报中心发布了 APT 报告《提菩行动：来自南亚 APT 组织"魔罗桫"的报复性定向攻击》，曝光了攻击团伙使用了多种攻击手法针对中国进行攻击，手段包括邮件结合钓鱼网站、邮件结合木马附件、单一投放木马、恶意安卓 APK 投放等。其中值得注意的是，攻击团伙除了使用自定义的特种木马外，疑似还使用了一些商业、开源木马。

在分析攻击载荷过程中，奇安信威胁情报中心发现该团伙不仅使用了高敏感性的、诱惑性的恶意文档名称，还疑似使用了类似"商贸信"的攻击手法。这一点与以往传统的 APT 组织不太一样，或许是该组织隐蔽自身攻击活动的方式，从而加大分析人员溯源的难度。

不难看出"魔罗桫"的主要战略目的：窃取特定国家的核心国防军工技术。而从战术层面来看，从 2018—2019 年通过钓鱼网站进行信息收集，再到 2020 年开始进行具体、有针对性的木马攻击，我们可以看出，其攻击强度正在上升，这也意味着攻击组织弹药准备充足，或将在未来针对中国发起更高强度的网络攻击。

第三节 漏洞的储备与利用是军事现代化的必备能力

当前，国际局势较为复杂，面临的挑战更加多元，网络战已经开始取代部分常规战争，不仅如此，在网络基础设施、数据资源和空间治理规则上的争夺也变得如火如荼。

各国的军事现代化建设都在快速推进，其中至关重要的就是武器装备的现代化。我们看到，网络信息技术已经广泛应用于陆海空天武器平台，甚至出现了"数字化士兵系统"；美国 NSA 和 CIA 遭泄露的机密显示，他们已经建设起完备的网络武器平台，漏洞已经具备了武器属性。

在这样的大环境下，一个国家要想站得稳，势必要在武器装备现代化这场比拼中占据先机，落到实际操作层面，就是要强化对漏洞的储备和利用能力。

▣ 漏洞已经具备武器属性：网络武器仅次于核武器

网络战武器可集情报收集、指挥控制、功能毁伤、信息欺骗等多种功能于一体，对不同类型网络目标具有一定普适性，对目标的侦察、控制、破坏行动具有较长的潜伏期，实现了"从看到打""从打到慢"的有机统一。

人类进入热兵器战争以来，炮弹、导弹、核弹等毁伤型武器的机理多是基于能量的冲击波效应。但网络武器的机理却是基于漏洞的网络冲击波效应，与毁伤型武器基于能量的空气或电磁冲击波效应截然不同。

近年来，由国家开发的基于网络漏洞的网络战武器造成的破坏和规模越来越大，并向实战化不断演进。2017 年美国网络战武器泄露引发的勒索软件持续攻击造成了全球性的威胁，"永恒之蓝"给上百个国家带来了巨大损失，影响空前。

目前西方网络强国正不断加强网络武器的开发建设，企图形成新的网络战优势。

俄罗斯军事预测中心主任、莫斯科国立大学世界政治系副教授阿纳托利·茨冈诺克（Anatoly Triroco）曾在接受俄《观点报》采访时指出："使用网络武器的概念早已提出，并已被积极应用于军事冲突。目前这一武器的重要性仅次于核武器。"

2017 年 3 月，"维基解密"发布的近 9000 份 CIA 机密文件显示，CIA 网络情报中心拥有超过 5000 名员工，他们利用硬件和软件系统的漏洞，总共设计了超过 1000 个黑客工具。利用这些工具 CIA 可秘密侵入手机、电脑、智能电视等众多智能设备，这反映出 CIA 在网络攻击、监控和武器研发等方面具备了相当先进的水平，对其他国家的网络安全构成了严重威胁。

这是 CIA 迄今为止最大规模的机密文件泄露事件，但"维基解密"表示，公布的这些文件只是第一部分，不到 CIA 文件的 1%。"维基解密"还披露，这些"黑客武器"面临着失控风险。最近 CIA 称"对其黑客武器库中的大部分工具失去控制"，这些工具"似乎正在美国前政府的黑客与承包商中传播"，存在"极大的扩散风险"。

▣ 漏洞的储备利用之战已经打响

网络安全已经上升到国家高度，网络漏洞将会和飞机、导弹一样成为国之重器。在这样的大背景下，掌握漏洞的能力本身，即漏洞的发现与响应，也形成了产业链，比如漏洞响应平台和安全众测。通过漏洞响应平台，我们要把安全人才、技术和资源与全社会共享，协同企业和政府主管部门共同保护网络安全。

美国从 2007 年开始投入巨资实施"曼哈顿"国家网络防御计划，此后又积极发展"X 计划""数字大炮""网络飞行器""爱因斯坦主动防御系统"等尖端网络战手段。必须承认的是，美国建设的网络战武器已经形成了极强的攻防作战能力。

美国从 20 世纪 90 年代起收集漏洞

据媒体报道，20 世纪 90 年代中期，美国国家安全局成立信息作战技术中心，以管理其储备的漏洞和漏洞利用工具。

2015 年 5 月，美国工业与安全局（BIS）公布了一份把限制黑客技术放入全球武器贸易条约《瓦森纳协定》的计划，将未公开的软件漏洞（即零日漏洞）视为潜在的武器进行限制和监管。

《瓦森纳协定》的全称是《关于常规武器和两用物品及技术出口控制的瓦森纳安排》，是世界主要的工业设备和武器制造国于 1996 年成立的一个旨在控制常规武器和高新技术贸易的国际性组织。目前，《瓦森纳协定》有 42 个成员国，包括美国、日本、俄罗斯、英国、德国、希腊、意大利等。

这份新计划在黑客技术与计算机安全的圈子里引发了一场风暴。从程序员到律师，信息安全专家们普遍表示，新规让黑客技术进入了一个合法的灰色区域，这可能会潜在地将黑客技术犯罪化，并让特定类型的代码在不经允许的情况下的出口行为变成非法。

《瓦森纳协定》规定了两份控制清单：一份是武器控制清单；另一份是涵盖多数高科技成果的所谓"军民两用"技术清单，其中就包含特定类别的计算机软件程序。《瓦森纳协定》通过成员国间的信息通报制度，提高常规武器和双用途物品及技术转让的透明度，以达到监督和控制的目的。

美国还发起了漏洞赏金计划，发动白帽黑客的力量寻找漏洞。2016 年 4 月，美国国防部举行了首次黑客大比武，悬赏邀请民间高手寻找五角大楼网站漏洞，结果找到超过上百处隐患。五角大楼还制订了一系列后续计划，打算把这类活动扩大到部队，还将鼓励军方承包商效仿。任何人如果在军方网络中发现漏洞，都可以报告而不用担心受到起诉。

2021 年 5 月，美国国防部将其漏洞赏金计划扩展到所有公开可用的信息系统，包括物联网设备、基于频率调制的通信、工业控制系统等，让白帽黑客有更多机会寻找漏洞。

"五眼联盟"共享漏洞等情报

"五眼联盟"是第二次世界大战后在英美无线电技术情报共享基础上发展起来的情报联盟，包括美国、英国、加拿大、澳大利亚和新西兰五个国家。成员国之间共享漏洞等情报，是网络空间行动的盟友。

2014 年公开披露的恶意软件 Regin 被认为是有史以来国家级最先进的

恶意软件系列，由美国国家安全局开发，并与其"五眼联盟"合作伙伴共享。安全研究人员认为，Regin 是迄今为止最先进的恶意软件框架，它具有数十个功能模块，其中绝大多数模块都是围绕监控操作设计，用以保证感染主机后也不被发现。

媒体报道称，2013 年比利时电信公司 Belgacom 遭受的黑客攻击与 Regin 有关，并称英国政府通讯总部（GCHQ）和美国国家安全局应对此事负责。

2019 年 6 月，据外媒报道，"五眼联盟"使用恶意软件 Regin 监视俄罗斯互联网搜索公司 Yandex。知情人士表示，为西方情报机构工作的黑客于 2018 年底侵入俄罗斯互联网搜索公司 Yandex，部署了一种罕见的恶意软件，试图监视用户账户。Yandex 在俄罗斯拥有超过 1 亿个活跃用户，也打入了白俄罗斯、哈萨克斯坦与土耳其的市场。黑客试图通过破解 Yandex 认证用户账户的方式，帮助间谍机构冒充 Yandex 用户并访问他们的私人信息。黑客攻击的目的是间谍活动，而不是破坏或窃取知识产权。他们至少在几周内秘密地保持了对 Yandex 的访问，而没有被发现。

自 2013 年以来，"五眼联盟"的峰会每年都会举办一次。2019 年 7 月，"五眼联盟"在峰会结束后的一份声明中表示，科技公司应该在其加密产品和服务中纳入新机制，允许政府有适当的合法权限，能够以可读和可用的格式获取数据。

俄罗斯黑客精于发现和利用漏洞

据媒体报道，俄罗斯黑客精于发现和利用软件中的零日漏洞，他们使用最高级的黑客技术开发了自动攻击平台和漏洞利用工具。在攻击的不同阶段，他们会使用各种工具，包括漏洞工具的发送、恶意软件的辅助、数据挖掘和数据转移等。

无论是出于白帽子黑客，还是渗透测试或黑帽子活动，俄罗斯有着世界上最先进的提供黑客服务的市场，趋势科技的首席网络安全官汤姆·凯勒曼（Tom Kellermann）甚至把其称为"真正的东方硅谷"。

2015 年 7 月，外国信息安全研究人员发现，一个名为"兵风暴（Pawn Storm）"的行动正利用一个 Java 零日漏洞发动攻击，它的行动目标是北约成员国和美国国防机构。该漏洞允许攻击者在默认 Java 设置下执行任意代码。

发起"兵风暴"活动背后的组织被认为与俄罗斯政府有关，这个组织从 2007 年开始运作，主要目标包括国防工业、军队、政府组织和媒体。安全研究人员发现，这个组织在 2015 年第一季度有大量活动，他们建立了大量 Exploit URL 和新的 C&C 服务器，用来攻击北约成员国和欧洲、亚洲、中东的政府。

2020 年 5 月，据外媒报道，美国国家安全局发出罕见公开警告称，俄罗斯军事情报机构的分支机构"沙虫（Sandworm）"黑客组织正将目标对准美国进出口银行的一个已知漏洞。前年 2 月，美国国务院和英国国家网络安全中心联合谴责了"沙虫"对格鲁吉亚的网络攻击。2019 年秋天，这一攻击导致格鲁吉亚数千家网站和电视台瘫痪。

朝鲜黑客在黑色市场购买漏洞

负责朝鲜对外情报工作的为侦查总局，其与总政治局、总参谋部并称朝鲜军方三大实权机构。提到侦查总局，不能不提其下属的"电子侦查局网络战指导局"（"121 处"）。"121 处"成立于 1990 年代末期，2005 年开始大规模运作。该机构成员都是朝鲜本国在数学、计算机等领域的最尖端人才，直接负责入侵敌方军事机构电脑网络，盗取资料，必要时传播电脑病毒，是朝鲜对外网络战的最强大脑。

据媒体报道，近几年，大量对朝鲜发动大规模网络攻击行动的指控暗示，朝鲜已经具备了较为成熟的网络能力，但是关于朝鲜"网军"的真实作战水平，依然存在不同观点。问题的核心集中于"朝鲜是否已经从一般性网络渗透破坏，发展到具有通过网络攻击破坏物理设施的能力"，诸如实施类似美国和以色列"震网"病毒攻击的行动。

2018 年 2 月，来自网络安全公司 FireEye 的研究团队发表了一篇博客，详细描述了一个疑似与朝鲜存在关联的黑客组织如何利用 Adobe Flash 零日漏洞（CVE-2018-4878）发起网络间谍活动。FireEye 将这起活动背后的运营组织作为 APT37（又称 Reaper 或"死神"）进行追踪。

FireEye 表示，根据 APT37 近期活动的分析表明，该组织的业务范围正在扩大、复杂程度正在加强，其中包括更多零日漏洞和类似硬盘擦除器之类的恶意软件的利用。

FireEye 认为，APT37 所进行的活动与朝鲜方面存在关联，因为从其所使用的恶意软件来看，其追求的利益与朝鲜方面所追求的利益存在共同的目标。另外，APT37 所进行的活动与被公开报道的黑客组织 Scarcruft 和 Group123 所进行的活动也存在高度的一致性。

除了 APT37，黑客组织 ScarCruft 也被认为背后有朝鲜政府的赞助。

2018 年，ScarCruft 组织在超过 20 个备受瞩目的攻击行动中采用了 Adobe Flash 零日漏洞攻击。卡巴斯基实验室的研究人员认为，ScarCruft 组织使用加密货币在黑暗的市场上购买了漏洞利用，而不是自己开发。当时，研究人员评估该组织没有能力开发零日攻击。根据卡巴斯基的说法，ScarCruft 在过去一年中加大了活动力度，并已发展成为一个资源丰富且技术娴熟的黑客组织。

部分韩国学者认为，在严重的威胁面前，人们倾向于将面临的危险夸大，针对朝鲜网络威胁的分析亦是如此。而且，由于关于朝鲜网络力量真实客观资料的稀缺，研究者和媒体圈子里容易形成"回声室"效应——首先发出的声音会被逐渐放大，尽管最初的信息可能并不完整，或者不甚准确。

恩格斯指出，"人类以什么方式生产，就会以什么方式作战"。金戈铁马驰骋疆场时，人们难以感知海洋的深邃；坚船利炮劈波斩浪时，人们难以预见蓝天的高远……

随着信息时代的到来，人类制造和开发了一个全新的，将政治、经济、军事、文化、外交等活动一网打尽的网络空间，极大地改变了人类的生产和生活。实体空间发生的一切，在虚拟世界都有千丝万缕的联系和映射，因此这个网络空间中蕴藏着巨大的国家利益，也开辟了全面覆盖人们现实生活的新战场。

在当前人类的生活环境中，网络空间既是一个国家生产生活秩序的重要保障，也是支撑整个战争体系运转的核心要素。这就导致现代战争无时无刻不伴随着网络战的身影——经济领域的网络战暗涛汹涌，军事领域的网络战锋芒显现，政治领域的网络战愈演愈烈，利用国际互联网攻击敌国、颠覆政权，已经成为战争手段的必然选择。

第六章

新技术：
第三代网络安全技术

爱因斯坦说："如果不改变思维模式，就无法解决我们用当前的思维模式所创建的问题。"如果我们还用老思路、老办法去做安全，显然解决不了现在的安全问题。

从创立之初，奇安信就开始研究适用于新信息技术发展的新一代网络安全技术理念。随着大数据、云计算、物联网等新兴技术的不断发展，数据安全威胁的感知和捕捉变得越来越困难，需要我们用新技术建立全新的网络安全体系。

我们认为，这个新技术是"查行为"的第三代网络安全技术。它通过大数据智能分析，有效地将原来分割的安全产品更好地融合起来，基于大数据分析、人工智能和协同技术，代表着国际网络安全界的最新发展动向。

第一节 互联网的"基因病变现象"：漏洞的四个假设

本书前几章中，我反复讲，缺陷是天生的，漏洞是不可避免的，网络安全归根结底就是漏洞的事。

缺陷是互联网的基因，与生俱来。漏洞就像病变了的基因，给我们带来危害和痛苦，就像人们不能确切地知道自己的哪个基因会病变，会怎么病变，以及是否已经病变了。所以我从 2017 年开始就在多个场合反复提到了关于漏洞的"四个假设"。

▣ 假设系统一定有未被发现的漏洞

系统每增加一个功能，都需要相应的程序，需要程序员写更多的代码。即使这些程序员非常注意安全方面的细节，但在编写代码过程中，也难免容易出现纰漏，留下漏洞。

越流行、越强大的软件被挖出的漏洞越多。由于部署和应用广泛，流行的软件往往成为攻击者的重点目标，微软、甲骨文、谷歌等企业的软件也因此成为业界排名领先的漏洞大户。统计数据显示，从 1999 年到 2020 年，Windows 平台提交漏洞总计 7272 个。新冠疫情按下了全球数字化的加速键，让更多的漏洞暴露出来，Windows 平台提交漏洞数量暴增，2020 年达到了1220 个，是 1999 年的 7.1 倍。

所以，系统一定有漏洞，只是有没有被发现而已。还是我反复说的那句话："缺陷是天生的，漏洞是必然的。"因此，及时发现漏洞利用行为、及时检测被攻击非常重要。

▣ 假设一定有已发现但仍未修补的漏洞

未修补的漏洞是黑客发起网络攻击的重要突破口。从宏碁遭到 REvil 勒索软件攻击，到震惊业界的"永恒之蓝"病毒事件，都是因为旧漏洞未及时修补，让勒索病毒轻松攻破并肆意传播。

说起这一点，没有什么比"永恒之蓝"勒索病毒的例子更有说服力的了。这个肆虐全球的病毒利用 NSA 黑客组织泄露的漏洞武器"永恒之蓝"以及Windows 系统中的一个漏洞进行传播。虽然微软在病毒爆发前就发布了针对

Windows 7 及以上版本操作系统的安全漏洞补丁，但很多用户都没有及时安装更新，这些用户就成了病毒"重灾区"。

对于 Windows XP、Windows 2003 等老操作系统，微软已不再提供安全更新，而国内大量的教育机构、政务办公系统、业务应用终端仍旧在使用，这也是造成本次蠕虫爆发的重要原因，隔离网也未能幸免。

▣ 假设系统已经被渗透

过去，物理隔离的方式一度被认为是安全的。由于隔离了恶意代码的部分入侵途径，因此隔离网在恶意代码防护方面具有天然的优势。

但随着攻击手段的发展，在短短的几年时间内，恶意威胁的复杂性和多样性有显著变化和提升，从过去的直接、随机、粗暴的恶意攻击手段转变为有目标、精确、持久隐藏的恶意攻击。攻击入侵的路径也不局限于互联网，还可以通过移动介质、内部网络横向传播，并和社会工程学等手段相结合。

之前提到的"震网"病毒就是一个很典型的案例。伊朗的核设施是一个物理隔离、高度防护的网络，但是在 APT 攻击下，核设施参数被修改的事件还是发生了。攻击者用 USB 移动介质作为跳板，植入了木马文件，成功绕过安全产品的检测，再利用 Windows 和西门子系统的漏洞，成功入侵了离心机的控制系统，修改了离心机参数，干扰正常运行，但控制系统却显示一切正常。

还有很多被长期渗透控制的例子，因为保密的原因，大多不便于披露。"黑链"就是网站渗透的一种形式，也是一种搜索引擎优化的"技巧"。我们都知道，当搜索引擎排序时，评级越高的网站，排序越靠前；被五星评级的网站引用的文章也会被排在前面。于是，有很多小网站雇佣黑客团队，用违规方式提高网站搜索排名，以非公正性的手段影响和干预搜索引擎结果排名，以牟取非法利益。

相比直接暴露在互联网上的终端，隔离网内的终端面临的恶意代码入侵途径相对少一些，但一些突出的安全问题依然存在。

首先是本地恶意代码防御能力比较弱。大多数的终端杀毒软件受本地存储资源的限制，特征库的数量与恶意样本总量相比几乎只有 1%，而传统的恶意样本的检测方式基本依赖于这种本地特征库。目前业内比较先进的云查杀技术，建立在云端庞大的黑、白名单数据库的基础上，具有病毒检出率高、系统资源占用率低等特点，能够大大提升终端的查杀能力。但是在隔离网环境下，终端无法直接与云端通信，云端的大数据资源不能有效发挥作用。因此，我们需要尽快解决新型查杀技术在隔离网环境的适配问题。

　　其次是病毒库更新的问题。 由于恶意代码演变的速度很快，传统的防病毒软件必须保证病毒特征库的及时更新，才能保证防护效果。而在隔离网环境下，由于病毒库的更新需要人工导入，更新的频率一般都不高。所以，我们一方面需要更先进的隔离网病毒库更新工具，另一方面也需要采用不依赖特征库的智能杀毒技术。

　　假设经过层层防护的系统已经被渗透了，那我们就应该快速地定位问题，减少损失。但是，很多机构受人员和资金的限制，安全人员的技术、经验和工具都比较薄弱，缺乏对安全事件的分析能力、事件发生后的应急响应能力，在关键时刻没有采取措施，导致损失的发生和扩大。

▣ 假设内部人员不可靠

　　第一章中我就提到内部威胁是最大的危害。供应链、外包商、员工等都可能成为"内鬼"，窃取机密信息，造成不可估量的危害。从无数个真实发生的案例中，我们总结了关于人的两大"失效定律"。

　　第一，一切忽略人性的管理手段都会失效。

　　还是以"永恒之蓝"勒索病毒为例。在这次事件中我国很多高校校园网、能源企业、政府机构被大范围感染，即使是处于隔离网的设备也大量中招。

　　我们对国内上百家政企机构进行抽样调研发现，病毒渗透内网的首要原因是员工私自搭建了网络，导致只要有一台设备被攻击，就会造成内网系统中的其他设备也被感染。

　　在我们处理的另一起事件中，执行任务的人员因为保密需要被要求 24 小时不得离开酒店房间，但是他们实际工作的时间只有 8 个小时，有一个耐不住寂寞的人偷偷将内网机器连接到了外网，所有执行任务人员的电脑全部中招。

　　后来，我们在排查中发现了多起私自用网线把内网机和互联网插口连到一起，或用手机建 Wi-Fi 热点，然后将内网设备连接到 Wi-Fi 热点上的行为，这给内网带来了极大的安全风险。比如，某大型能源企业的地质勘探部门发现，某些同行小公司手中居然拥有他们内部使用的地质地理数据库，而且信息非常全面。调查确认，这些数据库信息很有可能是从该企业勘探部门下属的一家子公司泄露出去的。

　　经过全面调查后我们发现，为了方便外出勘探时使用，这家子公司的很多员工随身携带的 U 盘中都存储了大量核心数据资源。我们还发现有少数员工使用公司的地质地理数据库暗中接私活，其中雇主就包括很多同行小公司，甚至有个别员工私下直接盗卖公司核心数据库中的数据资源。后来，这家企业不得不找我们买了大量带有身份认证功能的加密 U 盘。这种 U 盘只有插在经过集中授权的电脑上才能正常使用，同时，这种 U 盘上存储的数据也经过了高强度加密。

这些事件说明，即使有严格的规定，我们也无法保证每个人都会严格遵守，尤其是忽略人性的管理手段，在信息安全保密的实际工作中，一定会失效。

第二，一切没有技术手段保障的管理措施都会失效。

虽然很多保密规定要求内网机器不得连接外网，不得私自使用移动存储设备，但在实际工作中，连接外网、私自存储的事情经常发生。

如果应用有效的技术手段，让内网机器连接不了外网，或者无法识别私用的移动存储设备，就可以有效保障这些保密规定的实施。比如，奇安信要求每个员工的电脑密码必须是十五位高级密码，并且每三个月就需要更换一次。

但是十五位的复杂密码，每三个月还得换，输入麻烦，也难记，哪怕我们是做安全的公司，还是会有很多员工嫌麻烦，不愿意遵守。刚才说过第一条定律了，忽略人性的管理手段一定会失效。所以，我们必须靠技术手段来保障这个要求被完全执行。

为了保障安全，我们的信息安全部每天都会用弱密码库来不断碰撞员工的电脑，一旦发现不符合要求的简单密码或者超过三个月没有更改密码，就会让这个员工的电脑无法开机。所以，没有强有力的技术手段保障，管理措施就会如同虚设。

在这两大失效定律的前提下，我们认为，要从内部消除数据安全的威胁，首先要做的就是在安全体系设计中考虑人的因素，要能够及时发现内部人员的异常行为，并及时检测和阻断来自内部的攻击。

第二节　网络安全技术变革: 从"查黑"到"查行为"

在社会信息化和网络化三十多年的发展过程中，网络安全技术伴随着网络攻击的变化不断变革。总结来说，在这三十多年里出现了网络攻击的三次浪潮，也随之诞生了三代网络安全核心技术。现在网络攻击进入第三次浪潮，也就是"查行为"的第三代网络安全创新技术。

▣ 第一代技术："查黑"

世界上第一个被广泛传播的计算机病毒出现在 1987 年，叫做 C-BRAIN。这个病毒的作者是一对巴基斯坦兄弟，他们开了一家电脑公司。为了防止软件被任意盗拷，他们编写了第一款防盗拷程序——C-BRAIN，意思是"大脑"。

只要有人盗拷他们的软件，C-BRAIN 就会发作，将盗拷者的剩余硬盘空间"吃掉"。尽管这个程序的诞生并不是出于恶意，但由于它对电脑的破坏性以及会像病毒一样不断地传染，它被业界公认为真正具备完整特征的计算机病毒始祖。

随着互联网的发展，一些新的病毒纷纷出笼。例如：1988 年我国出现的第一例感染型病毒"小球病毒"；1995 年第一例感染中文 WORD 的宏病毒"台湾 1 号"以及 1997 年宏病毒泛滥成灾；1998 年出现、1999 年大规模爆发的第一例造成计算机硬件故障的 CIH 病毒；1999 年第一例通过邮件传播的"梅丽莎"病毒，以及 2000 年"爱虫"病毒爆发。

经过十几年的发展，病毒样本数量从 1986 年的八种发展到 1995 年的1000 种，再到 2000 年突破 1 万种，最多时每天以几百种的速度增加。由于当时病毒的传播速度很慢，且多数病毒并不是感染之后立刻发作——像 1998年出现的 CIH 病毒，1.2 版是每年 4 月 26 日发作，1.3 版是每年 6 月 26 日发作，1.4 版是每月 26 日发作——所以，当时应对这些病毒的方式是根据他们的特征码做一个程序，在电脑里匹配出病毒，然后再清理掉。

当时的杀毒软件有两个核心：查杀引擎和每天运营升级的病毒特征库。查杀引擎逐一扫描电脑硬盘上的文件，实时与特征库比对。文件中某一段代码与病毒特征匹配上了，就杀掉，否则就放过。这就是俗称的"黑名单"机制，我称其为"查黑"的第一代网络安全技术。这类技术主要有三个特征：第一，只能管已知的病毒；第二，查杀是滞后的；第三，当时的病毒传播方式主要是以介质感染、文件感染、邮件传播为主，比较缓慢。

随后，病毒制造者和杀毒厂商展开攻防对抗，出现了加壳技术和变种病毒，通俗地说，就是给病毒穿上马甲或者换身衣裳。应对这种新病毒，杀毒厂商推出了"启发式"杀毒引擎，可以理解为 1.5 代网络安全技术。"启发式"能够通过一些行为规则或静态特征来识别一些未知的病毒，对未知病毒有一定的检测能力，但误报率一般超过 10%，需要用户配合去除误报，不适宜小白用户，所以并没有得到广泛使用。

▣ 第二代技术："查白"

2001 年以后，随着互联网的快速发展，蠕虫病毒开始大规模出现，比如 2001 年的"红色代码"、2003 年的"冲击波"、2004 年的"震荡波"、2005 年的"狙击波"、2006 年的"熊猫烧香"等。

最需要重点提出的是 2001 年出现的"尼姆达"病毒，它被普遍认为是第一个快速传播的网络病毒，是首个利用系统漏洞对互联网发起攻击的病毒。"尼姆达"病毒首先于 2001 年 9 月 18 日上午 9:08 在美国被发现，半个小时之内就传遍了世界，当天下午就蔓延到了中国。它不但可以感染 Windows 95、Windows 98、Windows Me 和 Windows 2000 的 PC 机，还可以感染运行 Windows 2000 的服务器，是第一个可以在四种不同的操作系统上传播的蠕虫病毒。

蠕虫病毒和以往普通病毒的区别在于，它可以不通过感染文件的方式而独立存在，有的只存在于内存中，而且它能够自动扫描系统漏洞、端口实现自我复制和传播。蠕虫能借助互联网、企业内网、电子邮件、网站挂马等方式进行传播，因此破坏性比普通病毒大得多。普通病毒的传染能力主要是针对计算机内的系统，而蠕虫的传染目标是互联网内的所有计算机，短时间内就能蔓延至整个网络。

2006 年，流氓软件的爆发进一步把木马病毒的数量推高。因此，这一时期木马病毒呈指数级爆发，每日新样本数量从 1 万个上涨到峰值时期的近 1000 万个。传统安全公司的样本分析运营部门再也无力及时分析每日上千万个样本，导致病毒库无法及时更新。另外，网络病毒的传播速度变得极快，短短几分钟就可能感染上百万台设备，传统杀毒软件因需滞后几天甚至几周才能杀掉病毒而变得毫无作用。黑名单机制宣告失效，网络安全产业迎来了第二代技术创新。

在这样的背景下，第二代网络安全技术——"查白"也就应运而生了。只要文件不在白名单中，它就很可能是新的木马病毒，也称为"非白即黑"。云查杀引擎会限制它的敏感操作，而且尽快进行安全性鉴定，一般在 30 秒以内就能捕获网上新出现的木马病毒。

从"非黑即白"变成了"非白即黑"，效果是很显著的，它攻克了当时黑名单瞬息万变、不可捕捉的难题。

▣ 第三代技术："查行为"

2015 年前后，APT 攻击成为主流，出现了大量"白利用"攻击手段，

即利用已知或未知的系统漏洞，把恶意程序注入系统白文件中，并操纵系统文件进行攻击，让安全软件误以为这是一个系统文件的正常操作。这就好比我们守着安检门，但黑客跟随有免检证的人走了 VIP 通道。安全技术再次进入颠覆期。因为无论是"查黑"还是"查白"技术，前提是能看样本，如果木马病毒走侧门，安全设备看不见，那么当然也就检测不出安全威胁了。

比如，2017 年 5 月 12 日爆发的"永恒之蓝"勒索病毒事件，黑客就使用了"白文件利用"攻击手段，通过系统的远程代码执行漏洞——永恒之蓝（MS17-010），将恶意代码注入系统进程中，又利用 cmd.exe、attrib.exe、icacls.exe、wbadmin.exe、reg.exe 等 7 个操作系统本身的功能程序，实现隐藏、自启动、删除系统备份、获取文件操作权限、遍历全盘文件、加密特定类型文件等恶意目的，最后弹出窗口向用户勒索赎金。如果不结合行为特征，光靠白名单、黑名单，病毒是无法查杀的，这也是"白利用"泛滥的原因。

所以，我们又创新地提出了第三代网络安全技术，用数据驱动安全，从关注样本黑与白上升到关注网络行为。白名单只能作为参考依据，而不再是无原则地信任清单。第三代技术突破了终端和边界的限制，通过尽可能全地收集大数据，对每个样本 ID、IP、流量进行计算，判断行为是否合法，把可疑行为找出来告警，行为分析至关重要。

在本章的第一节中，我提出了网络安全的"四个假设"。这四个假设充分表明，过去我们把安全二元化地分为黑和白，把黑的拦截住、把白的放进来的方式已经失效了。只要有黑与白的标准，就意味着能依据这个标准，躲过黑的检测或者把自己伪装成白。因此，我们需要探索不再按黑与白来解决安全问题的办法，行为分析变得至关重要。

所以，第三代网络安全技术的核心是"查行为"。"查行为"主要分为三个方面的内容：第一，通过威胁情报，确定攻击行为；第二，通过机器学习，建立行为基线；第三，对超出基线的可疑行为，进行响应。

第三节　第三代网络安全技术的大数据观

第三代网络安全技术以尽可能全面的大数据采集为基础，以机器学习、人工智能的行为分析为核心，其关键是威胁检测与应急响应。

◉ 以空间换时间

网络渗透和攻击都会留下痕迹，在无法判断哪些行为是攻击的情况下，我们需要尽量多地对行为和数据进行记录。数据掌握的越多，维度越广泛，检测的信息就越全，发现攻击的速度就会越快，这就是"以空间换时间"。

没有充分的数据采集，就谈不上任何的数据能力。数据采集的能力又可以分为四个方面：

一是安全数据的历史积累，如过去若干年的恶意样本库、恶意网址库、查杀记录等。这对于很多传统的安全企业和新入行的安全企业来说，是一个极大的挑战。

二是最新安全数据的采集能力。这种能力主要取决于安全企业的终端用户数以及安全服务业务的覆盖面。

三是相关领域的多维度数据采集能力。因为安全事件并不是孤立的网络事件，它与网络服务器、DNS 解析、网站页面内容等很多其他方面的网络信息密切相关，所以是否能够在最大程度上采集相关领域的数据，决定了安全服务分析的范围以及有多大的可扩展空间。

四是数据采集的维度与粒度。只有足够丰富的维度和足够细密的粒度才能保证数据对真实攻击的呈现是充分的、完整的。

◉ 以算力提战力

怎么确定一个人的行为是正常和异常呢？我们认为，如果通过大数据获取一个人在相当长一段时间内的数据，就可以给这个人设立行为基线。当他做坏事的时候，甚至当他刚有变坏的想法时，他就超出了自己的行为基线。

同时，我们给曾经出现在黑名单上的电脑、IP 地址、用户也建立一个基线，叫黑基线；给从来没有出现在黑名单的行为再建一个基线，叫白基线。通过建立这三条基线，我们就能实现最快速的威胁检测、最准确的告警和最及时的措施。

数据之间往往存在着内在的关联性，将数据进行有价值的关联分析，是发现未知威胁和高级攻击的关键所在。例如，当防火墙监测到一个流量异常时，其对应的攻击可能是终端上感染了一个木马。如果终端与防火墙的数据能够进行实时关联分析，我们就有可能形成联动效果和快速的威胁发现能力——这也是下一代防火墙的重要能力之一。

对于网络中实时产生的海量数据，完全使用人工分析显然是不可能的。这时，机器学习就特别重要，机器学习与人工智能技术是大数据分析的必备能力。

以往，我们会使用机器学习技术来进行恶意程序的样本分析。现在，机器学习在其他安全大数据领域已经取得了很大突破。比如，流量识别在传统安全技术领域一直是一个让人头疼的问题，特别是协议还原技术，既考验分析系统对层出不穷的各种网络协议的解析能力，又会对服务器造成巨大的计算压力，成本很高。但通过机器学习技术，我们可以在不解包数据流、不进行任何协议还原，甚至完全不知道流量包采用的是什么通信协议的情况下，直接通过分析数据包本身特征，对流量进行快速识别和分类，其准确性、识别效率和可扩展性都远远优于传统的方法。

▣ 以已知求未知

什么是威胁情报？今天黑客组织最新的攻击目标是什么？他们发现了哪些漏洞？发明了哪些新的攻击方式？我们利用机器学习、人工智能的行为分析，从每天新增的样本、第三方报告等海量数据资源中，形成超过百份的威胁和漏洞情报，通过在线或离线方式推送到客户侧的产品、服务、平台。

对安全状态的掌控，我认为可以大致分为内部和外部威胁两个方面。对于内部威胁，奇安信依托大数据，综合对安全的认识和积累，加上客户对业务的需求和数据共享，制定出某行业、某类型甚至某客户的安全现状监测体系，让内部安全现状可衡量。

相对于内部威胁，外部威胁更难跟踪发现。但现在，技术和数据源的可获得性大大提高，利用大数据技术，我们可以较好地掌控外部威胁的情况。例如，阿里巴巴集团为了解决举办活动时被"黑产"薅羊毛的问题，专门收集网上"黑产"发布信息常用的论坛和交易 QQ 群，并逐一落实跟踪，使用各种数据抓取工具抓取相关数据。通过关键字匹配找到与自己相关的信息，第一时间跟踪"黑产"对阿里巴巴特殊活动的"兴趣"。如发布活动前，"黑产"控制的手机号开始大量提前注册账号，意向非常明显，需要提前预防。

此外，从安全监测的角度来看，以前安全监测的视野比较窄，基本都聚焦于被保护对象，如关键信息基础设施、党政机关网站等，对于被保护对象以外的范畴关注较少。通过大数据技术，我们其实可以把感知到的安全威胁、攻击通过攻击溯源等方法，找出值得关注的攻击源或者关键路径上的关键节点，并对这些节点也进行监测，同时建立异常行为发现模型。一旦这些节点有异常行为，就意味着可能有比较严重的攻击要发生，从而预测、预判和预防。

一般来说，能够监测到的各种告警、事件往往是被孤立看待的，而客观上，这些事件其实存在潜在的关联。如果能够把这些散布在不同时期、不同位置的线索通过大数据建模关联起来，就有可能预判重大安全事件。

第四节 第三代网络安全技术的几个代表应用

目前，奇安信已经建成了比较完备的第三代"查行为"的核心技术体系，推出了"天狗"引擎、天眼、零信任安全等一系列技术产品和解决方案。

▣ "天狗"引擎

2020 年 1 月，奇安信发布了业界首创的第三代安全引擎——奇安信"天狗"，这标志着网络安全技术已经从第一代查黑、第二代查白，发展到以"天狗"为代表的、第三代查行为的安全引擎。

"天狗"引擎实现了三大革命性的创新。首先，"天狗"引擎是换代的技术创新。该引擎基于内存指令层的漏洞攻击检测技术，融合了机器学习等 AI 技术，脱离了对具体漏洞特征、文件特征、行为特征的依赖，即使在断网情况下，也不影响效果。这点特别适合于政企客户，加上目前政企客户内部特定应用较多，更强调通过持续运营的方式与政企 IT 系统的不断发展相匹配。

其次，"天狗"引擎的技术创新是底层技术的创新。现有的"天狗"引擎基于的原理并不依赖于特定操作系统，而是采用指令级别的监测。这种方法同样适用于其他操作系统，而目前市面上的加固工具都是依赖操作系统本身的能力，哪怕是 Windows 10 的安全机制，也存在很高的漏洞攻击风险，何况在 Windows 7 上创可贴式的加固，都没有脱离操作系统本身的安全能力。

第三，"天狗"引擎的机制可以有效防后门。"天狗"引擎的安全机制不仅可以防护应用层的攻击，还可以有效发现针对各类软硬件供应商自身存在的后门，单纯加固类产品是无法做到这点的。

目前，集成了"天狗"安全引擎的终端和服务器安全防护系统，已经在多家大中型企业及机构稳定运行超过半年，并经过专业团队的攻防测试，处理了大量异常事件，取得了出色的效果。

▣ "天眼"：新一代安全感知系统

奇安信天眼新一代安全感知系统（简称"天眼"）是"查行为"技术的典型产品。它就像一个摄像头，能看清那些原来看不到的未知威胁，帮助政府机构和企业精准发现网络中的入侵行为。

在围墙式的防御体系里，攻击者一旦采用 0day、免杀等手段绕过边界防御后，就如入无人之境，没人知道威胁到底在哪里，做了哪些坏事。面对这样的情况，政府机构和企业都特别希望能有一双洞悉一切的"天眼"，让威胁无所遁形。

奇安信"天眼"解决的就是这个问题。它基于网络流量和终端日志，运用威胁情报、实时检测引擎、文件虚拟执行、机器学习等技术，从多个维度来发现高级威胁事件，并且以攻击链的视角重现整个攻击过程，从而提供监测预警、威胁检测、溯源分析和响应处置的一体化解决方案。

早在 2015 年，我们就利用"天眼"成功捕获到 APT 组织"海莲花"，从此"天眼"成为国内最受欢迎的高级威胁检测的产品。目前，"天眼"已经在上千家政企客户内部署，遍及全国 30 多个省份和直辖市以及海外市场，在公检法、金融、政府部委、运营商、石油石化、电力、教育、医疗等行业都具有丰富的案例实践。

截至 2020 年年底，"天眼"为政企机构发现和处置超百起 APT 攻击事件，包括"海莲花""美人鱼""摩诃草""蔓灵花"等。在政企客户的重要实战攻防演练以及十九大、"两会"等网络安全专项保障行动中，"天眼"帮助安全专家累计监测攻击行为 30 余万次，发现漏洞利用行为上千起，成为了名副其实的攻防利器。

2021 年 3 月，国内权威咨询机构赛迪顾问首次发布《中国威胁检测与响应产品市场研究报告（2020）》。在国内威胁检测与响应产品市场的主要厂商中，奇安信"天眼"凭借其在网络安全领域的综合实力及渠道能力，以 15.3% 市场份额位列第一。

2021 年 7 月，在企业业务云化、互联网化的趋势下，我们发布了"云天眼"，完美"平移"了本地化"天眼"安全感知系统的各项攻防能力，能够支持阿里云、腾讯云、亚马逊 AWS、VMware 等主流云计算架构和虚拟化平台，与云上现有的防御体系一起构建起互补完整的安防体系，重点解决云上全网安全在东西向流量上监控盲区的问题，助力保障企业的云上安全。

▣ 零信任架构安全解决方案

2010 年，美国佛瑞斯特研究所（Forrester）的分析师约翰·金德维格（John Kindervag）首次提出了"零信任"的概念。"零信任"的核心理念是，默认任何人、事、物都不可信，需要对任何试图接入网络的人、事、物进行验证，从而降低安全隐患。这和我们第三代"查行为"的理念是高度相通的。

自"零信任"理念提出以来，奇安信率先将其引入国内，并推出零信任架构安全解决方案。该方案具备"以身份为基石、业务安全访问、持续信任评估和动态访问控制"四大关键能力，对默认不可信的所有访问请求进行加密、认证和强制授权，汇聚关联各种数据源进行持续信任评估，并根据信任的程度动态对权限进行调整，从而在访问主体和访问客体之间建立一种动态的信任关系。

目前，奇安信零信任架构安全解决方案已在部委、央企、金融等行业进行广泛应用。以零信任安全架构方案在大数据中心应用为例，奇安信零信任安全解决方案在某头部客户的大数据中心内已大规模持续稳定运行超过八个月，通过零信任安全接入区，覆盖应用达到 60 多个，用户终端超过一万个，每天的应用访问次数超过 200 万次，数据流量超过 600GB，极大地收缩暴露面，有效缓解外部攻击和内部威胁，保证了大数据中心的安全。

奇安信零信任安全解决方案先后荣获我国智能科学技术最高奖"吴文俊人工智能科学技术奖"、2021 年中国国际大数据产业博览会领先科技成果奖"黑科技奖"、第五届中国网络安全与信息产业"金智奖"优秀解决方案等诸多奖项，得到了市场、业界的高度认可。

漏洞的四个假设充分证明，安全产业已经进入颠覆创新的时间窗口。我们认为，第三代"查行为"的网络安全核心技术是应对当前网络安全形势较为理想的解决方案。

当然，随着网络安全态势不断演进，网络安全技术必然需要新的创新和突破，奇安信也将不断提高自身能力，紧跟技术前沿，做网络安全行业的引领者。

第七章

新动力：
数据驱动安全

"无危则安，无损则全。"出自《易传》中的这句话应该是我国最早对安全的阐释。在国家标准里，安全的定义是这样表述的：安全是指免除了不可接受的损害风险的状态。

　　安全，是人类的本能欲望，是人生命中最基础、最本质的追求。"居安思危""安不忘危""防微杜渐"……在人们的观念中，安全往往和危险相对，要想长久实现安全，就需要对危机保持警惕。但遗憾的是，在网络世界里，安全就像盐一样——不被重视，存在时，你没有感觉，但当它消失时，你就会寝食难安。

　　数字时代，网络安全所面临的局势和状况更加复杂，维护网络安全需要新的动力。2015 年，我们提出"数据驱动安全"，宣告传统的围墙式安全防护思路过时了，数字时代的网络安全问题需要通过大数据技术解决，即收集一切可能的数据，用威胁情报、人工智能、人工运营结合方法，对网络安全事件及时告警，快速响应。

第一节　不断被刷新的网络安全定义

这一章，我们要讲网络安全。老规矩，我们先要完成破题的工作，回答什么是网络安全。我们先要从学理上把这些概念性、原则性的内容理清楚，才能更加深刻地探讨安全问题。

▣ 网络安全的定义需要不断刷新

从技术上理解网络安全，是指网络系统的硬件、软件及其系统中的数据受到保护，不因偶然的或者恶意的原因而遭受破坏、更改、泄露，系统连续、可靠、正常地运行，网络服务不中断。从广义上来说，凡是涉及网络信息的保密性、完整性、可用性、真实性和可控性的相关技术和理论，都是网络安全的研究领域。

但网络的定义和内涵是随着技术的发展而不断丰富的。以前提起网络，大家默认是以太网、TCP/IP 等网络层的内容。但现在随着无线网、SDN 与虚拟网络、物联网、工业互联网等新内容的出现，未来的网络已经成为虚拟世界与物理世界的融合体。

因此，网络安全的定义也必须同步刷新，否则会极大约束和影响我们的判断力和想象力，导致前瞻性不够，创新不足，难以抓住事物发展的主要矛盾。

我认为，现在对网络安全比较合适的定义是，通过采取各种技术和管理措施，提高全社会的网络安全意识和水平，监测、防御、处置来源于网络空间的各类安全风险和威胁，保护基础网络、重要信息系统、工业控制系统等各类信息基础设施免受攻击、侵入、干扰和破坏，保护网络空间的数据安全和个人隐私信息安全，依法惩治网络违法犯罪活动，规范网络空间秩序，维护网络空间主权和国家安全、社会公共利益，保护公民、法人和其他组织的合法权益，促进经济社会信息化健康发展。

其中，大数据、云计算、物联网、车联网、工业网络、人工智能等新技术手段，既起到创新发展催化剂的作用，也对网络安全问题的变异、显著化起到极大的推波助澜作用。

▣ 网络安全的判断标准

人对自己的境况是否安全，能通过对环境的感知和理解来确定，但是对网络信息却很难以直觉感知的方式完成判断。因此，我们需要对网络和信息的安全建立一个基本的标准，以此来判断网络和信息的安全性。

具体而言，我认为至少要确保网络和信息的"七性"，即真实性、机密性、完整性、不可否认性、可用性、可核查性和可控性。当具备这"七性"时，我们才能说网络和信息是安全的。

根据中央网信办印发的《国家网络安全事件应急预案》，网络安全事件是指"由于人为原因、软硬件缺陷或故障、自然灾害等，对网络和信息系统或者其中的数据造成危害，对社会造成负面影响的事件"。

具体来讲，会破坏网络和信息"七性"的安全事件主要包括：有害程序事件、网络攻击事件、信息破坏事件、信息内容安全事件、设备设施故障、灾害性事件和其他事件。

通常看来，当有自然灾害及物理环境威胁、信息系统自身脆弱性、系统设置或用户操作不当，以及恶意程序与网络攻击泛滥等安全威胁存在时，便会被引发网络安全事件，网络和信息的安全难以保证。

▣ 网络安全相关的理论发展

网络安全是一门涉及诸多领域的交叉学科，如计算机科学、通信、密码学、应用数学等。近年来，我国也出现了一些新兴理论，如可信计算、拟态防御和安全通论等。以下是对这些理论的简要介绍。

密码学： 密码学是研究编制密码和破译密码的科学技术。近年来，密码学技术的发展与互联网应用的发展紧密相连。比如现在备受追捧的区块链技术就大量依赖了密码学技术的研究成果。再比如，数据放在云上，既要计算，还要放心，于是同态加密技术备受关注。还有现实中出现的软件、硬件以及不安全的多元化攻击环境，又催生了诸如盒密码、灰盒密码、代码混淆、抗泄露密码等一系列的新型密码理论。

可信计算： 可信计算是一种信息系统安全新技术，包括可信硬件、可信软件、可信网络和可信计算应用等。中国工程院院士沈昌祥认为，可信计算是指在计算的同时进行安全防护，计算全程可测可控，不被干扰，使计算结果总是与预期一样，只有这样才能改变只讲求计算效率，而不讲安全防护的片面计算模式，是一种运算和防护并存的主动免疫的新计算模式。

拟态防御： 拟态防御是一种主动防御行为，主要应用于网络空间安全领域，因此常作为网络空间拟态防御的简称。2008 年，中国工程院院士邬江兴从条纹章鱼能模仿十几种海洋生物的形态和行为中受到启发，提出了研发拟态计算机的构想。2016 年，国内 9 家权威评测机构组成联合测试验证团队，对拟态防御原理验证系统进行了为期 6 个月的验证测试。测评专家委员会发布的《拟态防御原理验证系统测评意见》认为，拟态防御机制能够独立且有效地应对或抵御基于漏洞、后门等已知风险或不确定威胁。

安全通论：世界范围内，网络空间安全的各个分支领域都还处于彼此独立的状态，缺乏全面系统的网络空间安全统一理论。安全通论试图建立一套网络空间安全的基础理论，以统一网络空间安全各分支学科为最高目标，帮助指导网络空间安全领域的相关人员，在统一的基础理论指导下，协同一致地建设网络空间安全体系架构。

第二节　网络安全的新常态

随着信息化的不断普及和深入，网络安全已经和国家安全、经济稳定、人民的衣食住行融为一体，难分彼此。在本书中，我一直在反复强调一个观念：网络安全，本质上是一种和漏洞攻击者的对抗。当前网络安全的状态和发展趋势，是值得我们深入研究的重要课题。

我们一直说，网络安全进入了一个新的时代。我一直在总结网络安全的常态和趋势，认真思考后，我认为网络安全新常态主要表现在以下三个方面。

▣ 网络安全需求进入爆炸式增长期

2015 年以前，我们看到的网络安全事件，都是和个人用户相关，和获取不法利益相关，多数以小额财产损失为主，后果不严重，可以承受。比如，2007 年的"熊猫烧香"病毒、2008 年的"蝗虫军团"木马和 2014 年的"心脏滴血"漏洞，都是当时非常轰动的安全事件，但影响的都是电脑和网站，造成的后果基本是电脑蓝屏、文件损坏、恶意弹窗和隐私窃取，最严重的是在线支付钱包被盗。

但以 2015 年发布的首份针对"海莲花"的 APT 报告为转变标志，网络攻击的目标升级到了企业、政府，开始影响物理世界。网络攻击者从单纯的侵财行为，变为"有组织的、国家级的"综合利益行为，造成的后果越来越严重。比如，银行被攻击，损失动辄几亿美元；工厂被攻击，被迫停工停产；能源、医疗等公共服务被攻击，直接影响社会稳定；而国家级重要系统被攻击，就已上升到国家安全层面了。

数字时代，网络安全已经成为牵一发而动全身的要素，其重要性更加凸显。国际网络空间的竞争博弈日趋激烈，网络安全产业是否壮大已经成为衡量国家网络安全综合实力的重要标准，势必会带动网络安全投入的大幅增加。

▣ 网络安全场景进入多元化发展期

以前，很多机构只有总部或者一些大的部门才会采用信息化手段。但随着云计算、人工智能、5G 等技术的应用，网络开始直接连接生产一线的设备和员工，网络世界和物理世界的边界越来越模糊，彻底打破了过去"能隔离就隔离，能不联网就不联网"的局面。

尤其是新冠疫情推动了远程办公的提前爆发，在新的应用场景下，网络边界被瓦解，信息化系统从相对封闭、相对隔离，变成了可远程、可随时随地办公的开放形态。

可以肯定，伴随着数字化转型的推进，网络世界和物理世界的边界会消失，新应用场景的网络环境更为复杂，每个细分场景都会催生个性化安全防护需求，网络安全将从以前的辅助工程变成基础工程。未来，网络安全问题将向应用场景集中，和业务深度关联，不同场景的网络安全需求差异很大，安全能力需要针对不同业务场景的特征进行匹配。

▣ 网络安全建设进入升级换代转折期

网络应用程度越深，安全问题就越令人担忧。当前世界各国都把数字经济作为创新发展的新动能，数据已经成为重要的生产要素。这意味着，数据的开放度将更高，流动率也更高，用户可以随时随地使用任意设备向云端读取数据，导致在网络和终端之间传输的数据量大幅增加。

同时，接入网络的终端越来越多，这些终端设备一经开启，每分每秒都在不断产生数据。研究显示，一台自动驾驶汽车每秒就产生 1GB 数据，相当于一个网民一天在互联网上产生的所有数据量。未来，随着 5G 应用越来越广泛，每个边缘计算中心都会成为大数据中心，数据实时吞吐量很大，极易被篡改和窃取。

暴增的新场景、新应用需要网络安全的新技术和新体系，网络安全建设进入升级换代转折期。我在第六章详细阐述了网络安全技术的变革升级，除了新技术，我们还需要构建协同联动的纵深防御体系，将几十、几百，甚至成千上万各种各样的网络安全设备横向打通，实现这点的核心就是数据驱动安全。

第三节　数据驱动的安全创新

数据驱动安全已经成为大数据时代安全行业的一个共识。通过对各类网络行为数据的记录、存储和分析，结合安全技术和防护经验，我们可以从更高的视野和角度、更广的维度上去发现异常，捕获威胁，实现威胁与入侵的快速监测、快速发现和快速响应，更好地应对未来不断变化、日益增长的安全威胁。

▣ 大数据驱动安全可"预期"

不安全感很多时候来自对现状的无法掌控和未来的不可预知，尤其是网络安全。近年来知名企业被黑的事件层出不穷，没有绝对的安全，没有攻不破的系统，这些观点已经成为共识，很多企业对自身信息系统和数据的健康缺乏安全感。

安全现状的掌控可以简单划分为内部和外部两个方面。从内部来说，安全工作做了很多，安全措施上了很多，系统运行数据也采集了很多，但哪个核心指标能代表当前安全现状？短板到底在哪里？是否需要加强？

衡量一个国家的经济现状，可以用国民生产总值（GDP）、采购经理指标（PMI）等指标进行持续不断的监测，既能发现问题，又能看到趋势，依此判断经济是否健康，是过热还是低迷。

针对企业内部的网络安全状况，我们沿用"电脑体检"的思路，开发了一个"网络体检"，综合奇安信对安全的认识和积累，加上业务的需求和数据共享，依托大数据，制定出某行业、某类型甚至某单个组织的安全现状监测指标体系，包括漏洞、补丁、被攻击、被渗透等细项，综合打分，这样内部安全现状就可衡量了。

从外部来说，以前我们缺乏手段来跟踪外部威胁，现在的技术和数据源的可获得性大大提高，我们可以利用大数据技术更好地发现外部威胁，同时监测可能发生的网络攻击事件，甚至预制重大安全事件。从这个意义上来说，利用大数据技术来保护网络安全显然是未来的必然选项，甚至是唯一选项。

▣ 大数据是解决安全漏洞的"药方"

说大数据是未来解决安全漏洞的"药方"，主要是从两个方面来考虑的：一是数据源。云计算、物联网、车联网、工业网络等，以及基础的网络，都是网络安全的大数据源。相关数据被采集后，都可作为大数据分析的源泉。二是数据分析与挖掘能力。大数据存储、计算、建模（规则、机器学习、深度学习、人工智能）、可视化是大数据能够真正被利用来解决网络安全问题的保障和支撑。

下面我将选取几个方面，详细论述大数据驱动的安全创新。

网络安全态势感知（Situation Awareness，SA）

2016 年 4 月 19 日，习近平总书记在全国网络安全与信息化工作座谈会上指出："要全天候全方位感知网络安全态势，增强网络安全防御能力和威慑能力。"这是我国确立"网络强国"战略之后，首次在国内提出应用态势感知、大数据这样的非对称技术、撒手锏技术，并以此来解决我们面临的网络安全威胁的问题。

"态势感知"并不是一个新名词，它最早用在军事领域。20 世纪 80 年代，美国空军开始态势感知的研究，用来分析空战环境信息，快速判断当前及未来形势并做出正确反应。

到了 20 世纪 90 年代，这个概念开始进入信息安全领域。我们所说的"网络安全态势感知"是一种基于环境的，动态、整体地洞悉安全风险的能力，是以安全大数据为基础，从全局视角提升对安全威胁的发现识别、理解分析、响应处置能力的一种方式，最终是为了决策与行动，是安全能力的落地。

所以，态势感知是网络安全运营的感知中心、数据中心、决策中心和响应中心。

网络安全态势感知系统的构成

态势感知不是宏观层面的大屏展示或"地图炮"，而是结合微观与中观层面的安全数据与安全能力的融合平台，是一个体系。

一个完整的态势感知系统需要包含以下几大核心部分：

一是数据中心的分布式、跨越、多维的数据采集能力。可实现对周边安全态势要素的获取，也就是对海量数据、日志数据、告警数据的采集、解析和识别能力。像传统安全一样，以前破案靠神探，现在网络发达了，破案靠遍布马路等公共场所的摄像头时刻采集的图像，靠酒店、火车、飞机的实名登记，这些都可以归结为数据的采集能力。

网络也一样，把来自不同源头、不同类型的数据融合在一起，产生关联，通过进一步分析去发现问题。这也要求承担数据中心作用的大数据平台能把海量数据高效地存储与计算，为在此基础上做安全检测、事件捕猎、调查分析，并发现、定位、溯源安全事件创造条件。

二是感知中心的多维与智联安全分析能力。可实现捕获威胁与攻击，甚至溯源攻击背后的情况。我们目前最熟悉的数据分析应用是搜索引擎，要查找什么就把关键词输入到搜索框里，然后会出现成百上千条相关的搜索结果，前三条的质量决定用户的满意度。但搜索引擎是简单的数据分析，因为它只是一个维度的关键词关联。而网络安全数据分析则更为复杂，它是多维的，与上下文有关，与时序有关。

比如，黑客利用一种漏洞对我们进行攻击，如果我们恰好没有掌握这个漏洞的情报，就不能检测出这个攻击行为。但如果把时间轴推到攻击之前，黑客一定会通过扫描和多种攻击方法试探系统漏洞。我们把这种上下文串联起来，就可能检测出网络攻击。

所以，我们不仅要看见安全问题的发生，更要知道攻击目的、攻击方式、会产生什么后果、是什么组织进行的，做到知己知彼。深度的多维度数据关联分析、基于语义分析的检测引擎、可进行人机交互式的调查研判平台、可视化分析、威胁情报技术、特定问题的机器学习都能成为有力的武器。

三是决策中心整合感知结果与威胁情报、攻防专家资源的整合能力。感知结果是知己，威胁情报是知彼。外部数据是威胁情报的重要来源，是指从互联网（以及工业网络、物联网、车联网等）层面看到的数据。企业看到内部的一些单点事件，在外部其他单位可能曾经发生过，并有各种关联。

即使一些技术高超的攻击者，包括 APT 攻击组织，在进行攻击的时候，也多数使用过去别人曾经用过的手法，它在互联网的过往历史上都会有一些痕迹，再通过不同的数据维度、时间维度把这些线索串联起来，就能形成威胁情报体系。在生产、研究这些威胁情报的时候，我们会用到很多诸如样本数据、DNS 数据的基础数据，它们都是上百亿的数据量。威胁情报与感知结果融合就能对多数网络攻击行为作出判断；还有一部分感知结果，需要攻防专家研判后给出结果。这些结果就是决策指令，需要实时输出给响应中心。

四是响应中心的落地执行能力。 应急响应是网络安全防护的最终目标，其他都是工具手段。它包括通知、通报、启动预案、隔离问题资产与网络、切断攻击路径和传播路径、启动溯源分析等，还有更重要的内容就是立即调集第三方专业安全服务公司进场进行更全面的清查和防御。没有系统性的应急响应能力，就没有网络安全；没有全方位全天候的态势感知能力，就没有系统的应急响应能力。

建立态势感知系统首先要明确目标、范围和目的，对需要监测与防护的最关键业务网络资产和运营机构进行梳理，然后从微观层面获取完整的安全要素数据，其中的一个原则是，数据越全，威胁发生的过程、攻击链条就越清楚。之后再结合来自外部安全大数据的情报能力，从中观层面来分析数据，发现威胁与异常，做到结合安全服务来落地安全能力。

网络安全态势感知的应用

网络安全态势感知的应用很广泛，小到企业、行业，大到城市安全、国家监管层面，都可以通过建立网络安全态势感知提升安全能力，这也是我们在新时代必须具备的能力。

从狭义的角度来说，对于具体的某个企业或者行业，网络安全态势感知能够帮助它们全面了解自身的安全状况，提升各类外部安全威胁来临时的响应能力，成为帮助它们构建能力型安全运营系统的基础。

放大到城市的态势感知系统，能帮助监管机构加强对关键信息基础设施的安全监控与防护，从而监管与维护各个重要行业的日常安全运行，随时掌握辖区内重点保护单位的安全威胁态势，随时通报和处置各类安全事件。一旦威胁趋势呈扩大迹象，监管机构就能立即启动不同等级的应急响应策略，与各个行业单位形成协同联动，在网络边界、终端、云端进行协同防御，将辖区内的安全风险控制在尽可能小的范围内。

从国家监管层面来说，监管机构能够利用大数据方法，将各个城市、行业的安全态势感知系统进行协同，汇总信息，共享情报，从而以更宏观的视角来指挥调度，协调资源，掌控全局。

2020 年新冠疫情期间，奇安信态势感知大显身手，依托天工大数据智能建模平台，在极短的时间内，构建了 20 多个数据分析模型，处理了几十亿条数据，绘制出精准"疫情态势图"，为各地在研判疫情态势、排查密切接触人员、控制传播途径等方面提供精准的决策支撑，为阻断疫情传播助力。

在国家网络空间安全监管领域，我们为公安部、网信办建立了针对关键信息基础设施的态势感知系统，通过特有的安全大数据分析技术以及具有领先优势的威胁情报技术，建立国家—省—市多级的网络空间安全的"监管大脑"，并利用大数据分析及人工智能技术，在反恐、案件侦破等特殊领域做出卓越贡献，尤其在十九大、"两会"等重大会议期间，此系统被有关部门用于网络安全保卫工作的应急指挥技术系统。

实战化态势感知成为未来趋势

态势感知系统是网络安全防护体系的"中枢"，能够全天候全方位感知网络安全态势，增强网络安全防御能力和威慑能力。随着数字化转型的推进，网络威胁日益复杂，实战化态势感知将成为未来趋势。这和国家保护关键基础设施的理念要求是一致的，分为监管层、行业层和运营层。奇安信的实战化态势感知系统能为这三个层级提供针对性的态势感知、监测和响应能力。

现在很多政企机构的态势感知仍然处于起步阶段，主要以基础运行为主，与实战性态势感知系统有很大差距。首先，不具备实战性，告警不全，不能追踪溯源，不能快速定位问题；其次，覆盖面不够，多数只覆盖信息化系统，没有覆盖生产业务系统，只覆盖总部和部分重要的二级部门的网络，没有覆盖三级、四级末端的网络；最后，对接入设备监管质量不高，比如终端上对更广泛的物联网设备没有形成有效监管，对网络设备没有监管到端口和功能的配置，对服务器监管更加粗犷，对云、数据库、计算平台和应用系统也没有有力监管。

实战化态势感知有效结合了数据、技术、人员和流程，和以往的态势感知建设相比主要有三点区别：一是充分运用大数据、自动化编排、可视化、人工智能和威胁情报等技术，以提升实战化安全运营的能力和效率；二是需要人来参与整个系统的运转；三是从政企机构网络安全的整体态势入手，持续优化网络安全建设。

我们认为，在数字化转型挑战下，实战化态势感知的建设应坚持以下五点思路：

第一，以数据为基础。目前几乎所有在实践安全运营的政企机构，都会将数据作为运营过程中最重要，也是最基础的信息进行管理。这主要是因为数据可以被集中，可天然打破多个安全设备之间的隔阂；同时数据可以记录和保存原始的过程信息，对于回溯具有重要意义。而实战化态势感知的建设依然需要以数据为基础，尽可能使用大数据技术来提升数据的处理能力，这样才能应对数字化转型中的巨大性能要求，为各类安全业务提供基础支撑。

第二，以技术为核心。在攻防对抗日益激烈的现在，实战化态势感知的建设应该注重核心技术的应用，通过技术的应用来改变传统、低效的人工运营局面，尽可能地降低运营人员重复劳动的投入，同时用新技术对威胁检测、事件分析进行方法上的拓展，辅助运营人员发现更多问题。这类技术包括分布式关联分析、重大安全事件的威胁预警、基线行为分析、机器学习、安全编排与自动化响应等。

第三，以人为本。实战化态势感知体系并不是一套系统或一个软件，而是一整套由人、流程、工具组成的体系，其中人在整个体系运转中是最重要的部分，而对应的流程和工具建设都应围绕人的能力和精力来开展。人员的工作效率和工作能力提升将是整个体系的最重要衡量指标。

第四，以安全体系的自适应为原则。实战化态势感知体系必须能够针对当前安全体系的问题做到发现与修正，实现对整体安全体系的闭环运营。这样才能让态势感知在企业内部获得生命力，在不断演进的攻防对抗中不断成长。

第五，以开放共享为牵引。实战化态势感知不能再以孤立的系统形态存在于企业网络中，它应该是一个开放和共享的体系，与外部的各类知识与情报进行对接或交流，与行业伙伴或监管单位之间形成信息共享与协作。这样才可能在"敌在暗我在明"的情况下，扭转攻守双方信息不对等的局面。

▣ 网络安全领域的威胁情报

作为新的网络安全威胁发现与分析的技术手段与数据资源，威胁情报被越来越多地运用到网络安全领域，在安全检测、研判分析、防御、响应、预测方面发挥积极的作用。从 APT 发现到勒索蠕虫处置，威胁情报都发挥了奇效。

威胁情报在安全中的价值

威胁情报已经广泛应用到安全产品中，包括防火墙、入侵防御系统、终端防护、Web 应用防护系统、安全运营中心（SOC/SIEM）、漏洞管理系统等。

它们开始使用可机读的威胁情报信息，来增强系统的检测与防护能力。

情报自身的质量以及使用对象决定了威胁情报的价值。从总体来看，现阶段安全行业还是缺乏足够的安全分析、事件响应人员。我们注意到失陷检测入侵威胁指标（IoC）类的威胁情报事实上已经成为驱动安全事件响应的核心，这类情报用以发现内部被 APT 团伙、木马后门、僵尸网络控制的失陷主机，类型上往往是域名、统一资源定位符（URL）等。

目前，对用户价值最大的可能是 IoC 类的机读情报和设备自动化交互，它们可以帮助用户快速检测、发现内部的失陷主机，并提供详细的攻击目的、危害、处置建议等信息，让安全运营人员可以快速地进行处置，有效地化解风险。

经过一段时间的市场发展，综合类情报关联分析平台日益受到关注，这说明安全分析和响应日益受到重视，专业人员也在逐步增加，这是一个非常好的趋势。

奇安信威胁情报中心建立之初的重心就包括 IoC 类型的情报，奇安信的大多数产品，包括高级威胁检测设备、新一代智慧防火墙、终端安全软件等，都具备利用 IoC 检测或阻截黑客远控服务器的能力，能够在不同的用户处检测发现 APT 攻击、后门木马、蠕虫病毒等威胁。2020 年 6 月，奇安信推出了"TIINSIDE"计划，把多年来积累的技术、能力、专家，尤其是威胁情报实战经验固化形成平台，以平台化和标准化的方式，服务于客户和生态合作伙伴，有效降低了威胁情报应用的门槛。

威胁情报分析平台

在利用威胁情报进行安全事件分析研判的过程中，安全分析师需要有相应的工具进行误报识别、攻击类型判别，并能够对攻击意图、团伙背景等情况做进一步的分析。威胁情报分析平台就是以此为目的提供的专用工具。

以奇安信威胁情报分析平台（ti.qianxin.com）为例，针对一个域名平台可以提供以下信息：

· 不同安全情报源对域名的判别信息；

· 域名关联的样本及恶意链接信息；

· 域名本身的访问量和最早存在时间、最近访问时间等；

· 已知和域名相关的攻击家族或者攻击团伙，以及对应的详情；

· 曾经提到这个域名的安全 blog 或分析报告；

· 域名曾经指向哪些 IP；

·域名的注册者信息；

……

利用这些信息我们可以掌握全球范围内主要情报源中查询域名的信息，判断域名是黑是白、被什么样的攻击者使用、使用的时间段和影响，并可以通过关联分析挖掘更多的内容。

比如，当我们通过平台查询在一次攻击中发现的 IP 时，发现这些 IP 在近期曾被"黑产"用来做过 SPAM 攻击，这样就可以初步排除定向攻击的可能性；如果希望知道一次攻击中的几个 IP 是否属于同一团伙，除了可以参照情报平台的攻击历史信息外，我们还可以获得 IP 的地理位置、主机类型（网关、IDC 主机、终端等）、操作系统等信息，这些都是快速判断的有力依据。

威胁情报除了有利于安全事件的研判并提出进一步防护方案外，还有着更为广泛的应用，包括恶意样本分析、红蓝对抗、漏洞管理加强、外部网络资产的发现、业务欺诈的分析与响应、暗网监控等。

在情报具备了与被动防护、积极防御产品技术体系融合的能力后，进一步的情报安全分析才成为可能。

APT 攻击的捕获和溯源

从我们捕获的 APT 攻击可以看到，在进行威胁的发现定位以及研判处置的过程中，威胁情报都发挥了极其重要的作用。

奇安信威胁情报中心陆续捕获了多个 APT 组织。自 2015 年在国内首次发现并披露境外黑客组织"海莲花"对中国的 APT 攻击至 2020 年底，我们已经累计发现和跟踪了 44 个 APT 组织。

例如，我们从威胁情报入手，逐步揭开了专门针对金融行业进行 APT 攻击的团伙"黄金眼"，他们在国内针对金融行业进行了长达 8 年的高级威胁攻击。这个组织至少从 2004 年就开始活动，专门攻击证券行业，渗透了大量证券、基金、保险相关的组织机构网络，其中包括行业内几个主要的证券服务公司。攻击团伙对所渗透的网络资产进行长期、秘密的控制，读取数据牟利。攻击者分工明确，手段复杂，结合了免杀木马的构建，通过供应链环节进行投递，在被攻击单位内部横向移动渗透，在获取内部信息后进行市场获利操作。这样精心构造、潜藏多年的攻击链条，随着威胁情报技术的应用，终于被发现定位。被攻击机构的威胁被全面检查、清除，攻击者也被绳之以法。

再例如"海莲花"。这个组织在 2015 年就被我们发现并公布，直到现在还在活动。它也是我们通过强大的威胁情报能力捕获到的。

我们到底是怎么发现"海莲花"并且持续跟踪的呢？我总结了一个五步法。

第一步，获取特种木马。我们在一个敏感单位里捕捉到了一个特种木马，它在半夜连接一个境外IP。按照传统安全公司的操作，发现了这个木马就及时杀掉，阻断它对外连接的通道，然后排查一下哪些电脑受了感染，清除干净，这样就算完成防护了。但是我们抓到这个特种木马以后，做的事情要多得多。我们拥有全世界最大的样本库，它是我们能掌握到的对中国的几乎所有攻击的全集，包括特种木马。因为所有对中国进行特种木马攻击的犯罪分子，包括国外的APT团伙，一定要做一个用行话讲叫"免杀"的行为。这个行为说白了就是将木马程序放在中国普及率最高的杀毒软件上测试，看看会不会被报警。如果过不了，就意味着它的攻击会失败。由于测试的时候，它还是个小众样本，我们可能识别不出来，但是库里一定会记录下这个样本，所以我们百分之百有这些特种木马的样本，这样就形成了一个非常宝贵的情报库。

第二步，关联同源家族。把最初拿到的这个样本放到我们的样本库里，利用机器学习生成的特征匹配，我们就能发现许多同源（也就是说同一家族）的样本，以及采集这个样本的具体时间。这时候，再查这个家族做过的案子，我们就会发现，很多重要单位都被感染了。通过分析样本的语言特征和做"免杀"测试机器的IP，我们很快找出了它的源头。。

第三步，提取网络行为。除了基于样本做关联分析，我们还会通过攻击过程的网络活动来拓展分析视野。奇安信运行自己的DNS递归解析服务器，可以看到国内10%以上的DNS解析请求，并提取关键信息做记录。根据积累的多年数据，我们可以知道历史上某个域名曾经绑定过哪个IP，哪个IP曾经解析成哪个域名。

为什么说收集和分析被动DNS的能力很重要呢？因为它就是一个"时间机器"。当我们在分析"海莲花"样本连接的域名时，可能已经不知道攻击发生的时候这个域名解析到哪个IP，但有了这个时间机器则一目了然。知道的意义在于，"海莲花"团伙会在一个IP上绑定多个他们用到的域名，这些域名可能还会解析其他团伙使用过的IP，一层层地反复关联，我们就能把团伙使用的网络基础设施来个大起底。

第四步，回查更多家族。就是再回过头来，在样本库里找连接过那些IP和域名的样本，我们可以从中找到更多的独立家族。就这样通过关联样本和网络活动，我们可以还原整个攻击活动的历史，以及所有涉及的恶意代码、发生的时间、受影响的机构等。

到这里还没完，**第五步，重复第二、三、四步**。我们用数据库再查被"海莲花"攻击的电脑，就会发现更多的特种木马。因为攻击这些敏感单位的不可能只有一个组织。我们通过新发现的特种木马就能发现更多境外主控 IP，再通过新的主控 IP 发现更多的木马。

这就形成了一个循环链，它的独特之处在于，如果没有我们长年积累的大量威胁相关基础数据，是没有办法做到完全溯源、排查和处置的。

《马太福音》中有这样一句圣言："你们是世上的盐。"

这个比喻，平凡却发人深省。盐，食之有味，又能保持食物的清洁，防止食物腐坏。基督想以此教诲他的门徒，应该肩负什么样的使命，发挥什么样的作用；他们来到这个世界，就是要净化、美化他们所在的世界，让这个世界免于腐败，并为世人创造更新鲜、更健康的生活气息。

显然，我们要做世上的盐，要积极地服务于社会，为世人造福。这是我们第一个也是最后一个社会责任。网络安全亦如是，更如是。

对于每一位网络安全从业者而言，我们现在的责任就是投入时刻发生的网络攻防战中，专心致志地给予，全身心投入到为人民造福中去。我想没有什么比这个更伟大了。

第八章

新理念：
安全从 0 开始

当前，影响全球的安全事件此起彼伏，数字化时代让安全价值回归，应对网络威胁的战术也必须同步发展。我们认为，要回到安全的本源和原点思考，安全应该从 0 开始。

安全从 0 开始，意味着"零信任"。在第六章中，我曾提到"零信任"的策略就是默认不相信任何人、任何设备，哪怕曾经有过授权。因为历历在目的往事中，被攻击、被渗透的设备几乎无一例外都是我们授权的可信设备。这背后的安全理念和我在第六章中提到的网络安全的"四个假设"是一样的。这四个假设并不是对未来的设想，它们已经在我们的现实生活中真实地上演。对网络安全而言，信任应该和时间、应用紧密相关，而不是无限的。

安全从 0 开始，意味着必须从 0 开始规划网络安全体系的整体架构，包括之前我们坚守的所谓网络边界、授权认证、隔离措施；意味着从 0 开始部署网络安全设备和产品，让它们具备向云端传送日志的能力，供安全大数据中心全面分析、审计；意味着从 0 开始搭建网络安全运营人才队伍。

安全从 0 开始，还意味着必须从 0 开始做到安全与项目的规划、建设、运营"三同步"，将安全管理和防护措施前移到项目的初始阶段。尤其是对漏洞的治理，以往我们认为这是运营的活儿，甚至认为治理漏洞就是打补丁，可如果有补丁打不上，或者没有补丁，就只能放之任之，这是最大的漏洞。所以，治理漏洞也要从 0 开始"三同步"。

未来，在和漏洞攻击者的对抗中，必须构建一个综合的、高效的网络安全体系。我们从能力的维度构建了一个"三位能力"系统，这是安全从 0 开始的最佳实践。

第一节 从"五段论"看网络安全市场前景

在网络安全领域，有一个著名的滑动标尺模型，我喜欢叫它"五段论"。这个理论把网络安全的行动措施和资源投入进行了分类，可以让机构很方便地辨识自己所处的阶段，以及应该采取的措施和投入。对网络安全从业者来说，它可以帮助我们审视自己产品和服务的布局。

网络安全滑动标尺模型是 SANS 公司研究员罗伯特·M. 李（Robert M. Lee）在 2015 年 8 月发表的一份白皮书《网络安全滑动模型》（*The Sliding Scale of Cyber Security*）中建立的一个网络安全的滑动标尺模型。它共包含五大类别，分别为架构安全（Architecture）、被动防御（Passive Defense）、积极防御（Active Defense）、威胁情报（Intelligence）和进攻反制（Offense）。

图 8-1 非常好地展现了这五大类别的特征：每个阶段直接具有连续性关系，并且处于动态，不容易界定。

图 8-1 也很好地体现了习近平总书记在 2016 年 4 月 19 日网络与信息安全工作座谈会上谈到正确的网络安全观时指出的五个网络安全的特点：网络安全是整体的而不是割裂的，是动态的而不是静态的，是开放的而不是封闭的，是相对的而不是绝对的，是共同的而不是孤立的。

图 8-1 网络安全的滑动标尺模型

◙ 架构安全

架构安全指的是在系统规划、建设和维护的过程中我们应该充分考虑安全要素，确保这些安全要素被设计到系统中，从而构建一个安全要素齐全的基础架构。就像建造一栋房子，需要打好地基、筑好框架、建好楼板，房子才会安全、坚固。

在安全的各个方面中，最重要的一个方面就是确保系统能够建立正确的架构安全体系，其中包含与组织业务目标的一致性、投入费用的充足性以及人员配置的合理性。

如果我们在搭建系统的时候，没有正确划分安全区域，建好补丁管理系统，就会出现大量低级错误，如偶发恶意软件感染、网络安全配置等问题，产生大量低级告警。这些问题就像巨大的"噪声"，真正的网络攻击者的行为埋没在这巨大的"噪声"里，给自己在网络防护的时候识别真实威胁带来巨大的障碍。

架构安全并不能仅仅定位于抵御攻击者，而是必须使系统既能够支撑组织的业务需求，又能够应对紧急事件发生时的运行情况。系统安全措施应该让系统有能力应对各种紧急事件，如意外的恶意软件感染、系统配置不当导致的网络流量峰值以及多系统因放置在同一网络而导致的彼此干扰等。在设计系统时充分考虑这些情况并设计相应措施，这将有助于维持系统的机密性、可用性和完整性，从而支持实现组织机构的业务需求。

因此，组织机构应该首先确定其 IT 系统所支撑的业务目标，这些业务目标在不同组织和行业中会存在差异，系统的安全防护必须能够支持这些业务目标，并在对系统进行规划、工程管理和设计时，就开始引入架构安全措施。

系统的安全开发、采购和实施是架构安全类别措施的另一个关键组成部分。要确保供应链中每个环节的安全性，并结合相应的系统维护措施（如打安全补丁等），使系统防护变得更容易。

架构安全只是基础，并不足以实现网络安全。但有了这个基础，我们就可以在此之上以较低的成本构建安全措施，所以我说架构安全是"以不变应万变"。

◙ 被动防御

被动防御是建立在架构安全基础上的，目的是在假设攻击者存在的前提下，保护系统的安全。我在本书中一直重申，缺陷是天生的，漏洞是不可避

免的，网络攻击是必然的。有机会、有意愿和有能力的攻击者或威胁最终一定会找到方法绕过完善的架构安全体系，所以，被动防御是必需的。

美国国防部对"被动防御"的定义是"在无意于采取主动行动的前提下，为降低敌对行动造成的损害可能性以及损害影响所采取的措施"。虽然这个定义本身看起来很容易理解，但当把它应用到网络空间的正常操作环境中时，仅仅根据字面意思理解是不够的。

在军事上，被动防御是指在不需要军方介入的情况下提供一定程度的防御。在建筑物周围加固屏障、增加诱饵、进行军事伪装以及添加附加物的措施都属于被动防御。

我们知道，在物理世界中资源会有损耗，就像炸弹扔完一颗就少一颗，我们总说的一个词叫"弹尽粮绝"，谁撑到对方打完最后一颗子弹，谁就获胜了。但在网络世界中，一旦某一个恶意软件得手，只要它没有被发现，或者没有针对它的对抗措施，它就可以在许多其他攻击活动中重复使用。那么攻击者消耗的资源是什么呢？是时间、所用人员等资源。因此，消耗攻击者的这些资源（包括其用于制定计划和达到目标所需的时间）就变得非常重要。"被动防御"正是在实现这一目标上发挥重大的作用。

我们可以推导出一个概念：在已有的结构上，可以通过添加附加物达到保护已有结构的目的。物理世界中的被动防御不需要防御人员的不断介入。同样的，在网络世界中，在没有人员介入的情况下，附加在系统架构之上，可以提供持续的威胁防御或威胁洞察力的系统，就是"被动防御"。添加到架构安全上的系统可以起到保护资产、阻止或限制已知安全漏洞被利用等作用，这些系统包括防火墙、反恶意软件系统、入侵防御系统、反病毒、入侵检测系统和类似的传统安全系统。

▣ 积极防御

面对"意志坚定"、资源充足的攻击者，被动防御机制终将失效。因此，在对抗此类攻击者时，我们需要采取主动的防御措施。打一个比方，主动防御就是在洲际弹道导弹（ICBM）击中目标前，我们使用综合防空手段对这枚导弹进行跟踪和摧毁。

实施主动防御的前提是需要训练有素的安全人员来对抗训练有素的攻击者。其中很重要的一点是，我们要给予这些训练有素的安全人员充足的授权，让他们能在已经构建了被动防御系统的架构安全体系上展开防御工作。

"主动防御"强调的是机动能力，包含整合军事情报和识别攻击的能力、在己方区域或对抗区域内对攻击行动或攻击方能力进行响应攻击的能力，以及交战后总结经验的能力。

从网络安全角度来看，我们可以将基于主动防御模式的"积极防御"理解为分析人员对处于所防御网络内的威胁进行监控、响应、获取经验和应用行动的过程。

在积极防御这个阶段，重点关注的是人，而不是工具，因为积极防御要求的是机动能力和适应性，防御体系的软硬件系统扮演的角色，是积极防御者的工具。这里说的人，指的是能够利用环境寻找攻击者并做出响应的各类安全人员，包括事件响应人员、恶意软件逆向工程师、威胁分析师、网络安全监控分析师和其他相关安全人员。

要特别强调的是，在网络安全领域中的积极防御，只适用于防守区域内，而且只是针对攻击者的能力展开对抗，而不是直接针对攻击者。这句话说起来有点拗口，我们还是可以用洲际弹道导弹的例子来理解，在综合防空作战中，洲际弹道导弹主动防御机制只损毁导弹，并不会攻击导弹发射阵地所在地的人员或设施。

▣ 威胁情报

要实现有效的积极防御，很关键的一点是要具备针对攻击者的情报使用能力。威胁情报是一种特定类型的情报，旨在为防御者提供有关攻击者的知识，帮助防御者了解攻击者在防御者环境中的行动、攻击者的能力和 TTP（战术、技术和规程）信息，让我们从攻击者身上获得相关经验教训，从而更好地识别威胁和做出响应。

在滑动标尺模型里，情报的生产是一种情报行动，属于情报阶段，而情报的使用则是积极防御类别中的一个角色，属于积极防御阶段。在情报这一阶段，分析人员通过各种方法，从各种来源中产生关于攻击者的数据、信息和情报。情报生产和情报使用所需的分析人员、过程和工具方面都存在着显著差异。情报生产通常需要大量的资源投入、广泛的数据收集机会，以及聚焦目标了解所有的信息；情报使用则要求分析人员熟悉威胁情报作用的环境，了解可能受到影响的业务操作和技术，并且能够将情报以可用的形式呈现。

情报是一个常用词，也是常常被误解的概念。美军将情报定义为"通过对有关外国公民、敌对或潜在敌对的势力或元素，或真实或潜在行动区域的可用信息的收集、处理、整合、评估、分析以及解释所得（信息）产品"。该术语也适用于生成产品的活动及参与这项活动的组织。简单地说，情报被同时定义为产品和过程。在网络安全领域，"情报"是"收集数据、将数据利用转换为信息，并将信息生产加工为评估结果，以填补已知知识缺口的过程"。

网络安全领域中的情报涉及一系列活动。例如，某些组织通过访问攻击者所处的网络从而收集和分析信息，这就是一种网络情报行动；被窃取的文件会执行自动回连行为，这种文件存储在攻击者的网络内部，会向防御者传送攻击者环境的确切位置信息。所收集的这些信息将成为对国家政策制定者、军队或其他人员非常有价值的情报。

再比如，从蜜罐技术角度分析攻击行为的研究人员，可以在不对攻击者采取行动的情况下，收集相关信息并进行分析，创建出有关攻击者的情报。

分析人员从已被攻击者攻陷的系统中收集数据，从而得出关于所面临威胁的情报。这个情报在网络安全社区中被定义为"威胁情报"。

威胁情报非常有用，但由于缺乏深入理解，许多组织都没有充分利用它，因此导致了许多错误认知。正确利用威胁情报至少要做到以下三点：

·必须知道什么能够对自己构成威胁（有机会、能力和意图伤害他们的攻击者）；

·必须能够使用情报来有效驱动行动措施；

·必须了解生产情报和使用情报之间的区别。

目前，大多数组织并不了解他们所面临的威胁，无法准确地确定哪些攻击者和攻击手段会对他们构成实际威胁。

如果没有做好组织的架构安全和被动防御，我们就确定不了机构的系统中是否存在某一已识别的漏洞，也无法确定哪些漏洞能被修复，因此对风险把握不准。只有熟悉系统所承载的业务流程、安全状态、网络与系统的架构安全体系的人，才能有效利用威胁情报。此外，他们还必须熟悉组织内部的运作机制，拥有来自组织管理层的支持，这样才能根据情报采取行动。

简单地说，组织必须了解自己、了解威胁，并授权人员使用情报信息采取行动，才能正确使用威胁情报。由于情报必须建立在标尺模型中提出的其他三个阶段的基础之上，所以情报的实际应用会更加复杂。但也正是上述这些基础，才使威胁情报具有极大的价值。

◉ 进攻反制

进攻反制阶段位于网络安全滑动标尺模型的最右位置，指的是在友好网络之外，以自卫为目的，对攻击者采取的合法反制措施和反击行动。

执行"进攻"行为的人需要理解其他阶段的内容及相关技能，并且经常需要其他类别的基础支撑。例如，对环境中威胁的识别通常发生在积极防御阶段；在被动防御和架构安全的基础上才能正确执行积极防御；识别攻击者信息、积累操作行动所需的知识，发生在情报阶段。

从独立行动的角度来看，"进攻"的代价很高。综合考虑进攻行动所需的基础投入后我们认为，"进攻"是组织机构所能采取的最昂贵的行为。

"进攻"覆盖广泛的多种行为，所以我们用的是"进攻"这个术语，而不用"网络攻击"。美国国防部关于这类术语的联合出版物没有定义进攻性网络行为，但以"在或通过网络空间施加武力来投射力量"的方式讨论了进攻性网络行为。

在国际法框架下，国家实施的网络空间进攻行为是否合法，是具有高度争议的。迄今为止，针对该争议记录和解释得最为全面的参考文献是被称为第一部网络战争规范法典的《塔林手册》（*Tallinn Manual*）。无论国内法和国际法如何演变，民间或国家组织实施的进攻性行为必须具有合法性质，这才能被视为网络安全行为而不是侵略行为。出于复仇或打击报复所实施的进攻性行为，既不符合国际法，也从来不会被视为自卫行为。

◉ **未来的网络安全市场**

在本节的一开始，我就说过，"五段论"对于网络安全从业者的重要意义。它可以帮助我们很好地审视自己的产品和服务的布局，对未来的网络安全市场有比较清晰的判断和把握。

当前，随着各国政府对网络空间安全的高度重视，我国也在持续加大在网络安全建设方面的投入，各政府单位及企事业部门的网络安全建设规模都在快速增长。未来，网络安全市场的重点会是什么？产品和服务如何布局才是合理的？**我认为，从"五段论"可以很明确地看到，我们需要重点考虑的是如何形成一个综合的、高效的安全体系，以支撑持续的安全监测、响应和运营。**

从实际应用效果来看，过去的安全运营方式难以实现全面的威胁发现、分析和监测运营。原因是其主要依赖于网络安全运维管理（SOC/SIEM）类产品平台所能提供的能力，数据维度相对不足，分析方法比较单一。

现代化的安全运营中心强调以全面的智能威胁分析为基础，扩展用于分析的数据维度，借助多种检测引擎、高级分析方法，同时结合威胁捕猎，实现集中的安全监测，再通过响应形成处置的闭环。

在我国，信息化系统的建设和业务发展在不断进步，业务信息系统的规模和复杂度不断增加，安全威胁的防护压力日益加大。从市场的角度看，我们最迫切需要的是具有较完整威胁分析监测能力、"可运营"的安全运营支撑型平台。这并不是一件容易的事，因为它不但对技术层面提出了更广泛的要求（如大数据平台与计算能力、威胁情报、行为分析等），还要求从业务理解到技术的转化，以及在人员与运营能力方面有深厚的积累和储备。

我认为，下一代安全运营体系要做到以下几点：

·弹性大数据安全分析平台

底层平台一定要强调开放性与弹性扩展，方便人们将各类数据源进行配置接入，能针对多元异构数据进行合理的采集、处理、存储，并配合适当的数据计算分析引擎，从而支撑上层的各类网络安全与业务安全的应用。

·应用更多的高级分析方法

数据驱动的安全分析体系中，越来越多的高级分析方法在近两年被落地使用，并且借助大数据安全分析的技术能力，为企业及机构的威胁发现、安全分析、安全运营提供更多的变革。

比如从传统的基于规则的威胁检测演进到基于全流量的深度威胁分析，并将流量探针更多地落入企业内部网络的关键检查点；从传统的 SOC/SIEM 中的关联分析方法，逐步演进到结合用户与实体行为的分析系统（UEBA）；从终端的多维度数据源头进行探查并提供分析基础；以及在分析能力中内建机器学习能力等。

·深度整合威胁情报能力

安全是一个攻防的动态过程，从积极防御阶段开始，我们对威胁情报的需求开始迫切。

深度整合的威胁情报能力能摆脱只采集用户内网安全数据的信息孤岛局面，实时掌握互联网空间最新的威胁动态，并进行深度的威胁情报分析和追踪溯源，以此来判断识别其对受保护网络的危害和渗透。

·终端检测与响应

由于用户数量众多、应用环境复杂、人员使用管理成本高，终端是最容易出现不安全使用行为的部分，一直以来都被认为是安全隐患高发的环节。因此，终端层面的威胁检测与响应也成为未来安全体系中的重要组成部分。

我们需要记录大量终端与网络事件，并将这些数据存储在终端本地或者集中数据库中，然后对这些数据进行特征比对、行为分析和机器学习，用以持续对这些数据进行分析，识别信息泄露等内部威胁，并快速对攻击进行响应。

·平台与人的结合

实践证明，单一的依靠平台、产品是行不通的。"五段论"中，从积极防御阶段开始，人发挥的作用越来越大。

任何一个平台或产品都无法完全避免漏报、误报，也不可能完全覆盖分析需求。换句话说，平台不可能完全脱离人单独运转，不论是日常的一线运维人员，还是重点事件的专家分析研判。我们需要做的是建立一个完整、有效的安全体系，这个体系能结合平台的分析工具能力以及云端的数据、情报能力，赋予人更强的能力。

第二节 "三位能力"系统是安全从 0 开始的最佳实践

"五段论"是我们审视安全产品和服务布局的依据，是打开未来网络安全市场之门的钥匙。在从基础架构到反制进攻的演进过程中，我们从能力的维度构建了一个低位、中位、高位"三位能力"系统。我们需要基于这个"三位能力"系统，不断进行网络安全技术的创新，构建低位、中位和高位的数据能力，这是安全从 0 开始的最佳实践。

我先打个比方。假设我们有一万个关键信息基础设施和四万个网络安全防护人员，平均到某个关键信息基础设施上的防守力量是四个人。如果敌方的军力也是四万人，他们并不需要同时攻击这一万个基础设施，打瘫一个就可以达到目的，那就是四个人与四万人的对抗，这显然是守不住的。所以我们总说，网络攻防对抗是不对等的。

怎么解决这种不对等呢？如果我们把这一万个基础设施、四万个人的能力数字化集中到一个中心里来，有任何一个点被攻击，我们都能实时感知并调度其他点的人力来应对，就是四万人对四万人，一盘散沙变成了一支能被灵活调配的集团军，不对等就变成了势均力敌。

四万人分散开来守卫一万个目标，这就是架构安全和被动防御阶段要做的事，也是我们根据"五段论"构建"三位能力"系统里的低位能力；这种把分散能力数字化，集中起来形成能力中心的做法，相当于传统作战时的参谋部和前线指挥部，是"三位能力"系统里的中位能力；"五段论"中的情报和进攻反制是"三位能力"系统里的高位能力。

◉ 低位能力——安全体系的"五官和四肢"

低位能力是传统的安全防御能力，即通过部署终端、边界等安全产品，实现数据的生产和采集。它就好比一个人的"五官和四肢"，负责听、看、闻、尝、取，以及在大脑指挥下采取动作行动。

和人体一样，低位能力采集到的数据是多维的，而不仅仅是网络空间的数据，也包含物理世界的数据。举个简单的例子，如果你办公室的电脑正在传输一些数据，但是我们同时发现你还没有打卡进入办公室，这就可以初步判断，不是你在操作电脑。这是很简单的物理和虚拟世界的数据对应，这两方面的数据都是低位数据，对于很多内部检测场景非常重要，是构建人工智能时代网络安全体系的基础。

再举个例子。做 APT 检测时，如果低位数据能力不足，没有终端和网络的全量数据，就会非常麻烦。因为 APT 是安全对抗中比较高级别的层次，数据粒度不够会直接影响溯源、分析、调查、研判和未来的取证，所以低位是非常重要的能力。

◉ 中位能力——安全体系的"心脏"

中位能力包含态势感知、安全运营、应急响应、威胁发现、安全治理等，是对海量数据的建模与分析能力，就像人的"心脏"，不断输送血液，为人体供应氧和各种营养物质。

中位能力包含态势感知、安全运营、应急响应、威胁发现、安全治理等，是对海量数据的建模与分析能力，就像人的"心脏"，它不断输送血液，为人体供应氧和各种营养物质。

习近平总书记于 2018 年 4 月在全国网络安全和信息化工作会议上强调："加强网络安全事件应急指挥能力建设，积极发展网络安全产业，做到关口前移，防患于未然。"

　　什么是"关口前移"呢？"关口前移"就是把网络安全防护的关口前移到一线。我在第六章中提到过的"零信任"安全架构就是一个典型的应用，它把信任的边界关口前移到了用户和终端，将"身份"作为新的安全边界，遵循先验证设备和用户的身份、后访问业务的原则，只有在充分的用户、设备验证和授权之后，业务资源才对用户"可见"。所有的业务资源访问必须进行加密和细粒度的动态授权访问控制。

　　"零信任"架构对身份管理和授权管理提出了精细化、动态化的要求，同时要求具备数据级防控安全等级的场景，主要是关键行业的特定域网，比如公安、政府、运营商、能源、医疗等行业，以及基础运营网络和国家重要信息系统的网络、国家安全等。

▣ 高位能力——安全体系的"大脑"

　　高位能力是云端威胁情报与分析能力，能对中位和低位提供支撑和决策。它就像人的"大脑"，负责复杂的思考和下达行为指令。

　　以威胁情报为例。传统的威胁情报往往只关注本单位的网络里发生了什么，关注如何把本单位的网络防范得像铁桶一样安全。但现在互联网上的攻击手段，很容易复制到具有相同弱点的单位，其他单位刚刚发生的网络安全事件很可能不久后在本单位也会发生。

　　高位能力利用低、中位反馈的数据和安全线索，产生精准的威胁情报，第一时间调整本单位的防护措施和策略，及时弥补攻击所利用的漏洞，提前化解威胁。同时，高位能力还可以结合云端的威胁情报分析成果，对 APT 攻击、新型木马、特种免杀木马进行规则化描述，从多维度特征还原攻击者全貌。

　　这三位能力是一个系统，相辅相成，低位能力不断提供数据给中、高位，产生威胁情报。反过来，中、高位的能力能解决低位能力的一些不足，并将安全能力和措施下发下去。

▣ 数据驱动安全的"三位能力"联动系统

　　2015 年，我们创新提出"数据驱动安全"，如今它已经成为安全行业的一个共识。多位院士和业内专家都认同，围墙式防护过时了，基于数据驱动的协同联动防御是安全防御的未来方向。

基于这个理念，我们认为，安全体系是高位能力、中位能力和低位能力的"三位能力"联动。高、中、低"三位能力"是描述三种能力在层次结构体系中的位置，并不是说这三种能力有高有低。这"三位能力"不可替代，互相补充，协同联动：低位能力相当于一线作战联队，中位能力相当于参谋部、前线指挥部，高位能力相当于情报部、战略支援部队和战略导弹部队。

这个系统主要有以下几个特点：

·运维数据全量记录

对各类安全产品及网络流量的运维数据进行全量记录，用以进行态势感知、异常发现以及攻击事件还原等安全分析。

·多维数据关联分析

对不同来源、不同维度的本地安全大数据，如终端杀毒、防火墙、服务器流量、设备资产等数据进行快速汇集、深度关联，以及自动化的高级智能分析。

·威胁情报辅助决策

将本地安全大数据与云端威胁情报中心推送的专属威胁情报相结合，实现对未知威胁与高级攻击的快速发现、精准定位和攻击溯源。

·协同联动快速响应

根据大数据分析系统的分析结果，对政府部门、企业内网系统实现持续的安全监测、快速响应、事件调查及安全态势感知，并能够联动网络检测响应（NDR）和终端检测响应（EDR），进行快速协同响应处置。

第三节 漏洞的"一体化"治理之道

安全的本质是和漏洞攻击者的对抗。我们之前对漏洞的重视还停留在漏洞扫描、漏洞补丁的阶段，这是非常初级的水平。我们需要从 0 开始改进，因为：首先许多系统漏洞补丁存在千分之几乃至更大概率的兼容性错误。一旦碰上兼容性错误，系统故障就会产生，严重时甚至宕机。对于重要的、一刻也不能中断的在线运行系统，我们不得不为了"安全运行"而被迫放弃打补丁。其次，对放弃打补丁习以为常后，对漏洞的重视就会"挂在口、记在心、疏于行动"，以至于漏洞不清、补丁不清。

在与漏洞攻击者进行博弈的过程中，我们需要评估漏洞的优先级，对不同优先级的漏洞进行不同等级的处理，掌握漏洞的治理之道。

▣ 漏洞是有优先级的

由于漏洞本身是风险的一种，因此，信息系统的管理员需要给漏洞分优先级，以便识别风险最大的漏洞并进行对应的处置。在漏洞的治理中，最忌讳眉毛胡子一把抓，导致高优先级的漏洞和低优先级的漏洞被一视同仁地处理，这一方面增加了信息系统的维护工作量，另一方面也往往耽误了真正高优先级的漏洞的处理。

漏洞的优先级需要借助几个不同的维度来评估：基于漏洞本身的评估、基于资产的评估和基于风险的评估。

基于漏洞本身的评估方法常见于厂商提供的安全公告，如发布每个月微软例行的漏洞安全公告等。以微软为例，其每月的漏洞报告都包括以下几个信息：漏洞类型（远程代码利用、本地提权、拒绝服务等）、被利用的难度（必然、很可能、比较可能、比较不可能、很难），并基于这些信息给出一个等级（严重、重要、普通）。这种做法标记出的属性可以作为优先级的一个输入，代表了漏洞本身潜在会造成的威胁有多大。

基于资产的评估是指根据漏洞在什么系统、什么服务器、什么终端上存在而决定漏洞的优先级。例如，对于非常重要的系统比如用户中心，即使是一个信息泄露的漏洞也需要尽快修补。同理，对于关键业务系统的终端的漏洞，每月微软的关键补丁应该尽快打上。

基于风险的评估是基于某个漏洞被利用的情况来决定优先级，比如，一个漏洞如果是安全研究人员发现报告给厂商的，并没有黑客组织在实际使用，其优先级可以适度放低。若已经是在野的利用，尤其是捕获到的针对自己企业所在行业的利用，就需要被重点关注、高优先级处理。

▣ 漏洞治理的四个环节

漏洞本身是一种风险，因此漏洞管理属于风险管理的范畴，也适用于普遍的风险管理流程。针对漏洞的治理工作一般分为四个环节：发现、评估、修复和缓解。

漏洞的发现
漏洞的发现是指针对企业内部的资产进行扫描，发现其中潜在的漏洞的

过程。这个过程当中需要将外部的漏洞数据库与内部的资产配置进行匹配，根据软件的版本号等信息进行"是否有漏洞"的判定。这个通常是漏洞扫描产品的工作。

针对匹配的结果，有的产品会进行攻防性的扫描确认，以便确认此漏洞是否可以利用。漏洞的发现是后续所有环节的基础，因此需要保证完整性和准确性。要想完整扫描出资产上存在的漏洞，需要完整的资产排查作为基础，并针对资产的细节进行进一步的归集，包括 CPU、固件版本、虚拟化软件、操作系统、软件、驱动程序等。由于每一种资产都有可能产生漏洞，因此对于这些资产数据的归集应该越细越好。除了资产数据之外，我们还需要准确的漏洞库输入。漏洞库通常由安全厂商提供，根据系统上的软件版本进行比对是最简单也是最准确的漏洞判定方法。此外，也有部分漏洞扫描程序将攻击的 POC 进行无害化处理，并以此来对实际系统进行攻击，以确认是否存在漏洞，这种方式能够从利用的角度给出漏洞是否存在的证据，对于已经使用了合适的缓解手段的系统，此方式可以降低误报率。

由于漏洞多是信息系统或软件的编码引入的，因此也存在一系列的针对信息系统或软件的代码和测试环节当中进行漏洞发现的尝试。源代码漏洞是可以检测的。近些年来我们一直推动甲方在验收系统时，除了做功能性测试外，增加代码缺陷测试。这个领域被称为应用安全测试（Application Security Testing，AST），又细分为静态应用安全测试（Static Application Security Testing，SAST）、动态应用安全测试（Dynamic Application Security Testing，DAST）和交互式应用安全测试（Interactive Application Security Testing，IAST）。由于应用安全测试是一个非常大的领域，漏洞的发现只是其特性集合当中的很小一部分，因此在这里不进行展开。

另一个需要关注的点是开源软件的漏洞管理（Open Source Vulnerability Management，OSVM）。由于现代的应用软件中已经包含大量开源软件组件，现代的软件开发工作更像是用一系列的开源软件进行"组合"，而不是从头开发，因此几乎所有的现代软件中都包含有开源的组件或模块。这种情况会导致一旦一些被广泛使用的基础开源软件出现漏洞，影响就会非常大，如 OpenSSL 的心脏滴血（HeartBleed）漏洞和近日持续不断出现的 Struts2 漏洞等。为了应对这种威胁，我们需要一种 OSVM 的机制。OSVM 可以识别出应用代码库或者应用程序二进制包当中所有的开源组件，并将此清单和已知的漏洞进行比较。入门级的 OSVM 只是根据源代码中的声明开源信息或者动态链接库的信息进行判定，高级的 OSVM 则会使用源代码分析或二进制文件扫描的方式来确保识别了被静态链接或修改后的开源软件。在一定程度上，OSVM 可以被理解为一种更具力度的资产管理手段，将资产从软件细分到了软件模块级别。

漏洞的评估

漏洞的评估是漏洞治理工作的核心。它是针对发现的漏洞进行优先级判定、影响面评估，并决定后续动作的过程。这个过程往往与组织的性质、业务的特点、资产的优先级等信息紧密相关。

常见的漏洞评估手段包括基于漏洞、资产和风险的优先级划分方法（前面已经描述），包括渗透测试或红蓝对抗测试。这两种测试方式都需要人的参与，因此属于安全服务的类型。

用渗透测试方法评估漏洞有捷径可走。很多黑客在公布他们发现的漏洞时，会附带一个利用这个漏洞进行攻击的程序，以此证明自己的发现。有一种被称为"脚本小子"的人，他们不是黑客，多数甚至没有写过一行攻击代码，但却梦想用黑客行为显示自己，于是他们辛勤地在网上收集所有这些黑客编写的小程序，熟悉它的使用方法，用别人开发的程序破坏他人系统。这种方法基于黑客组织和"脚本小子"们使用的技术来对系统进行扫描评估，因此更接近实战。其基本逻辑是除了少量 APT 之外，大部分的网络在黑客和"脚本小子"面前都是无差别的。只要有办法避免这种大规模自动化攻击，就可以很大程度上提升系统的安全水平。这种思路对于普通的政企单位是非常务实的选择，值得关注。

漏洞的修补

漏洞评估的结论一般决定了后续的动作——用什么样的手段对漏洞进行响应。通常第一个问题是针对此漏洞是否有补丁。对于有补丁的漏洞，尽快打补丁是应该最优先考虑的漏洞修复手段，只有没有补丁的漏洞（通常是 0day 或停服的系统）才应该考虑使用其他的方式进行漏洞的缓解。

对于 Windows、Adobe 等常见的系统，厂商通常都会针对安全问题提供补丁，因此大多数政企需要做的就是尽快应用补丁。对于开源系统，开源社区通常也会快速跟进漏洞报告。

较为麻烦的是自行开发的业务应用，由于业务系统的维护方并不一定一直存在，或业务系统维护方的安全意识不足，可能不知道或不愿意针对系统进行修改，这就需要甲方的安全团队对业务部门和业务系统的供应商进行响应管理，帮助他们制定漏洞响应规范和流程。

漏洞的缓解

常见的漏洞缓解方案包括虚拟补丁、热补丁、利用缓解（Exploit Mitigation）等。虚拟补丁通常针对网络级的漏洞攻击，如 Web、远程桌面或文件共享等，通常使用的机制是在协议层进行数据过滤，此功能往往集成在 IPS、防火墙、Web 应用防护系统（WAF）等网关类设备中，而在虚拟化环境中它则可能部署在虚拟 IPS 当中。

热补丁运行在系统上，使用动态加载的机制，对存在漏洞的代码进行动态修改或动态替换，或在漏洞触发边界上针对相应的数据进行过滤，避免漏洞代码被触发，这种机制通常用于对于浏览器和操作系统内核的修补工作。利用缓解是一种较为高级的技术，这种技术通过对系统上的一些核心机制的修改，针对特定的利用方法（Exploit）进行处理，避免利用成功。由于大量漏洞都是同一种类别的，虽然漏洞出现的地方不同，但漏洞的利用方法相同，因此利用缓解的机制往往可以通过一个机制缓解掉一类漏洞的威胁。

现在有一种较新的技术称为运行时应用自我保护（Runtime Application Self-protection，RASP），可以在应用系统的运行时（如 PHP 解释器、Java 解释器、.NET 容器等）增加相应的防护手段，对恶意的应用行为进行分析和拦截。这种方式针对类似 Struts2 的漏洞、PHP 代码当中的注入漏洞等具有高效的防护效果，从分类上可以划归为漏洞缓解技术。

需要强调的是，漏洞响应究竟使用修复方案还是缓解方案，需要根据系统的具体情况决定。通常官方发布修复补丁时，我们应该尽量尽快使用修复方案，但如果信息系统存在维护窗口问题，在无法立即使用修复方案的情况下，相应的缓解方案就变得非常重要。而这种缓解方案往往是需要事先在系统中埋点的（如 RASP、利用缓解、热补丁等都需要在系统当中埋点，虚拟补丁也需要在网络中串联额外的设备），因此我们要在系统构建的过程中加以考虑，而不能在应急过程中使用。应急时多大程度上具备这样的机制作为储备，也是反映机构漏洞治理水平的一个重要指标。

无论是修复还是缓解，在相应的手段上线之后，都需要进行验证。验证的方法需要针对不同的漏洞针对性地制定。如果是简单的补丁，只要重新比对即可。如果是修改应用系统或应用缓解手段，则应该使用相应的利用程序

（POC）进行重新的攻击验证，确保了机制的有效性。

▣ 漏洞治理的响应等级

有了漏洞的优先级划分和漏洞治理的框架体系，我们就可以针对不同优先级的漏洞进行不同等级的处理，这种等级的划分被称为响应等级。

响应等级定义了针对不同类型和优先级的漏洞的具体响应过程，每个响应等级对应了一个响应过程，覆盖了漏洞治理的各个环节。不同运营等级的侧重点不同，需要人员参与的水平不同，对资源的占用也不同。它的基本原则是针对低优先级的漏洞处理使用较少的资源，对于优先级较高的漏洞处理使用较多的资源。根据流程的优先级和资源占用情况，我们将响应等级分为日常运营、重点优先、应急响应三种不同级别。

最低响应等级——"日常运营"

最低的响应等级是"日常运营"，即漏洞并不需要被特别关注，只要根据厂商给出的补丁信息进行例行的补丁即可。

终端上的微软、Adobe、浏览器补丁通常属于这个类别。由于这些厂商对于漏洞的处理流程已经非常成熟和稳定，对于相应的漏洞修复也有较为充分的测试，因此不需要政企网络的管理员进行过多的操作，根据厂商的要求进行补丁即可。目前，奇安信针对此类补丁具有了非常完整的验证、测试和发布流程，且有大量的个人版用户提前对补丁推送进行"云测试"，这可作为厂商测试的重要补充，也是这种日常运营补丁流程的重要特性。

理论上补丁是需要尽快打上的，评估打补丁效率的指标一般是80%（或更高比例，但通常不是100%）的终端打上补丁需要的时间，通常称为修复时长。原则上修复时长越短越好，但是越短的修复时长需要越多的带宽储备，因此一般的企业都会在这个中间找到一个适合自己企业的平衡值，通常在一个月以内是比较健康的，超过一个月就不太健康了，因为每个月的补丁如果不能在当月打完，意味着会有补丁积压的情况出现。

补丁的处理流程需要尽可能的自动化，尽量做到无人值守。要达到这个目的的关键在于以下几个方面：补丁系统的稳定性（表现为终端的可达性、下载成功率、安装成功率等）、补丁兼容性的提前测试、现场补丁的灰度测试和放量，以及流量的合理调度（以避免影响业务）。由于终端的情况复杂，补丁分发过程中可能出现多种异常情况，这种异常情况需要及时处理。对于补丁打失败的情况，我们推荐使用基于云端和 AI 的机制来进行自动化判定。

服务器和业务系统的打补丁工作与桌面终端有诸多不同，因此不一定能够实现完全的自动化。首先是服务器打补丁需要重启服务甚至重启系统，因此需要在维护窗口期间打补丁。其次是服务器上通常运行着业务系统，而打补丁属于业务系统变更的一种，需要严格按照业务系统的变更管理流程进行评估、测试、上线和验证。虽然如此，通过安全团队与运维团队的良好互动，服务器的补丁工作仍然可以做到日常运营级别，这需要的是运维人员实现月度规律的维护窗口和系统变更流程，更多的是管理流程问题而非技术问题。如果具备条件，安全团队只需要制定相应的日常运营的指标要求（如修复时长），而不需要在这个过程中深度参与。

作为日常运营的工作，例外管理是非常重要的。无论是桌面系统还是服务器系统，总是存在一些例外情况，包括补丁与业务系统的冲突、重点业务无法停机等。针对例外情况，安全管理团队应该将漏洞补丁无法打上的风险周知业务部门，得到业务部门的确认，并了解业务部门的整改时限。在整改完成之前的窗口期内，我们应该尽量使用缓解手段或监控手段对存在漏洞的业务系统进行重点关注。

第二个响应等级——"重点优先"

第二个响应等级是"重点优先"，处于这个等级的漏洞需要管理员重点关注，不能完全依赖自动化，需要在有限的时间内尽快修复。

对于可以实现远程攻击，尤其是可以远程执行代码的漏洞和不需要终端用户交互的漏洞，我们一定要把它们放入这个等级。如果外部已经出现了公开的 POC 攻击代码，甚至更严重的情况是漏洞利用工具包或其他恶意代码已经在使用这个漏洞（有在野利用），我们则不能把它放在这个等级，而是应该考虑放入"应急响应"等级。2017 年 3 月发布的补丁（修复了"永恒之蓝"漏洞）在 4 月份 NSA 网络武器库泄露之前，都是属于这个级别的，而在 NSA 网络武器库泄露之后，这几个漏洞补丁应该属于更高的"应急响应"级别。

处于这个级别的漏洞的修复时长应该比日常运营要短，因为相关的攻击一旦发生将很难得到遏制，但由于没有公开的 POC，被攻击的可能性较低。通常建议这种漏洞的修复时长不超过 2 周。由于常态化的日常运营的补丁工作是按部就班的，而这类漏洞的威胁较大，因此需要安全管理人员重点关注，协调资源（如带宽等）以保障补丁的分发工作，提升相应的补丁在日常运营中的优先级。

针对服务器和业务系统，我们应该协调业务部门和运维部门认清工作的紧迫性，尽快完成相应的修复工作。在修复之前的窗口期，应该立即上线缓解措施。此时选择拥有较强安全响应能力的安全厂商非常重要，它们会比普通厂商发布更快速、更稳定的规避手段。站在安全厂商的角度，针对这种漏洞我们拼的是规则库运营的速度，比友商更加快速地推出缓解措施，尤其是以 IPS、防火墙、WAF 等提供虚拟补丁类型缓解措施的厂商。安全厂商应该尤其注重这种能力的建设。

最高级别响应——"应急响应"

第三个响应等级是"应急响应"，是针对漏洞处理的最高级别流程。当一个漏洞不再是潜在的风险，而成为实实在在的威胁的时候，我们就应该进入这种状态。

典型的触发这种流程的条件是：这个漏洞是无须交互的远程攻击，已经有在野的恶意样本或漏洞利用工具包开始使用这个漏洞，已经有针对这个漏洞的公开 POC，或者已经有政企由于这个漏洞被攻陷。由于公开的 POC 到实际可用的攻击手段之间往往只有数小时至一天的时间差，因此这种情况是实实在在地与漏洞赛跑。对于非远程攻击类的漏洞，由于利用门槛较高，可以不纳入这个级别，仍然作为"重点优先"级别处理。

在这种流程下，政企的网络安全管理员应该主动承担起责任，成为应急响应的指挥者。奇安信应急响应中心会立即动员相应的安全服务工程师对客户进行通知、协助应急，甚至代替客户承担指挥工作。在这种情况下，以下几项工作尤其重要：

1. 甲方安全管理人员得到高层领导的支持，与业务部门的协调工作，尤其是让业务部门理解工作的紧迫程度；

2. 安全公司需要针对监管部门进行紧急通知，并协助监管部门推动工作；

3. 安全公司需要紧急和持续地对事件进行通报，保证信息的透明性，以帮助客户决策；

4. 安全公司除了提供紧急的缓解措施（参考"重点优先"响应等级）之外，还需要提供相应的应急工具和方法，包括手工应急工具和自动化应急工具；

5. 安全公司动员末梢安全服务人员，快速分发工具，为客户提供服务。

回顾 2017 年的"永恒之蓝"攻击事件，实际上从 4 月 25 日 NSA 网络武器库泄露开始，相应的漏洞响应等级就应该被提升到"应急响应"级别。而 2017 年的几次 Struts2 漏洞，也应该属于"应急响应"级别。

◉ 漏洞治理的关键

未经指标化的管理和运营工作是无法落地的，漏洞管理和运营也是如此。对于漏洞治理，企业的安全管理人员需要重点关注的指标包括：

·**基础资产的覆盖度**：桌面终端、移动终端、服务器、IoT 终端、网络设备等设备资产的覆盖度，以及设备资产内部细节的深度；

·**漏洞评估的准确度**：针对漏洞的影响面、风险、威胁程度等方面的评估的准确性，尤其是影响资产的评估准确性；

·**漏洞的修复或缓解时间差**：针对漏洞的不同级别，制定不同的漏洞修复或缓解的目标时间差，评估漏洞处置达到这个期望的比例；

·**漏洞修复的时长**：虽然上线了缓解措施，但最终修复漏洞仍然是根治漏洞的重要工作。针对漏洞最终被修复的时长，安全团队应该对其进行评估，尤其是服务器和业务系统。应该基于不同的业务团队进行评估，将压力传递到最终的业务团队，而非由安全团队承担全部的压力。

◉ 漏洞治理中未来可能出现的问题和关注点

随着云、大数据、物联网和移动互联网的发展，现代的企业 IT 已经变得非常复杂，而且这些新技术的引入同时也带来了大量的漏洞。这些变化有可能成为漏洞运营工作中的问题，应该引起安全团队的注意。

员工个人自带设备问题，尤其是移动设备。由于移动设备的漏洞的修复过程并不如 Windows 这么成熟，且存在运营商、手机厂商等碎片化的问题，所以大量的移动设备是带漏洞运行的，这些设备的漏洞评估和处置工作会很难展开。安全团队需要考虑使用网络准入控制（NAC）、轻量级移动设备管理体系（MDM）结合 VPN、隔离网络等方式对员工自带设备进行控制，避免带有高危漏洞的移动设备影响政企网络。

物联网设备问题，尤其是设计为家用的物联网设备。由于大量的物联网设备都是封闭的定制化系统，对于漏洞的发现、评估、修复等都缺少标准化的手段，有的物联网设备甚至无法进行漏洞修复，所以安全团队针对商用物联网设备，应该考虑制定安全准入规范，确保物联网设备厂商有能力和有机制修复漏洞。安全团队同时应该考虑物联网接入控制网关等设备，建立对物联网设备漏洞的缓解能力，避免带有漏洞的物联网设备伤害政企网络。

云的普及导致管理程序层的漏洞难以修补，往往需要停机修补。 管理程序停机通常意味着大规模的客户停机，更难协调升级窗口时间，会导致修复时间拉长。大型的公有云厂商基本已经建立了针对管理程序层或客户系统层的热补丁机制，针对某些漏洞可以实现热补丁缓解，借助虚拟机漂移技术，可以实现灰度修补的机制。对于面向私有云的安全方案，我们也应该考虑提供此类能力。

公有云或行业云的使用导致漏洞的修补工作由云运营商而非自有的运维团队负责。 政企的安全团队应该与云提供商约定漏洞的修补服务等级协议（SLA）并对其进行约束，避免运营商变成漏洞修复的瓶颈。

至此，我们已经从技术层面分析了应对网络安全威胁的新战术——从 0 开始构建数据驱动安全的"三位能力"联动系统，以及如何更好地治理漏洞。

但随着数字时代的来临，单靠先进的技术并不能完全应对复杂未知的网络攻击。在本书前几章中，我已经从多个角度论证，漏洞是不可避免的，这个漏洞可能存在于芯片、操作系统、应用系统、网络设备等任何地方，可能掌握在任何一个未知的敌人手中。如果只用攻防技术来防护，被漏洞牵着鼻子走，这类安全问题是永远无法解决的。

在这样的形势下，我们需要全新的解题思路，建立完整的网络安全体系。在接下来的一章，我将详细阐述这个问题。

第九章

新方法：
用内生安全框架
升级安全底板

当前，新一轮科技革命和产业革命正在加速演进。数字技术是这一轮科技革命的核心技术，支撑传统产业向网络化、数字化、智能化方向发展，加速全社会数字化转型，让人类生活更加智慧便利。

网络安全是数字时代的底板工程，没有网络安全，数字技术的作用就会大打折扣。习近平总书记指出："木桶有短板就装不满水，但木桶底板有洞就装不了水，我们既要善于补短板，更要注意加固底板。"

筑牢网络安全底板工程，需要用全新的方法建立完整的网络安全体系。2019 年首届北京网络安全大会上，奇安信提出"内生安全"，将安全能力内置到在信息化环境中，建立无处不在的安全免疫力，这一理念得到了业界的广泛认同。

2020 年，我们从多个客户的成功实践中构建了一套支撑内生安全体系建设的框架，并在第二届北京网络安全大会上正式提出"内生安全从安全框架开始"。内生安全框架适用于几乎所有应用场景，能指导不同行业输出符合其特点的网络安全架构，构建动态综合的网络安全防御体系，全方位满足数字化时代的安全保障需求。

第一节 内生安全的内涵和特征

数字化时代的到来，彻底打破了网络世界和物理世界的边界，带来了新的安全风险。以前的静态边界防护思路，不再适应新时代的需求，数字化时代的保障需要内生安全。

▣ 内生安全的内涵

关于内生安全的内涵，学术界有很多看法。有观点认为，内生安全指依靠网络自身构造因素产生的安全功效；还有观点认为，内生安全是通过增强计算机系统、网络设备内部的安全防范能力，使攻击根本不可能发生。

中国工程院院士邬江兴针对网络空间安全的本源问题与现有技术手段的局限性，分析归纳了内生安全问题。基于拟态计算，提出了网络空间拟态防御理论，创建了用于突破网络空间防御发展瓶颈的内生性安全体制机制。

还有沈昌祥院士十年如一日推动的可信计算，以及孙优贤院士建立的全生命周期工业系统控制体系，这些都是内生安全。以往微软和因特尔组成的Wintel 联盟，也是内生安全。中国电子 CEC 打造的由飞腾（Phytium）CPU+麒麟（Kylin）操作系统组成的"PK体系"，又称本质安全，也是内生安全的一种。

奇安信提出的内生安全，是攻防过程中的内生安全，是不断从信息化系统内生长出的一种安全能力。我们认为，内生安全把单一的围墙式防护变成了与业务系统融合的多重、多维度防御，并且能随着业务的增长而持续提升，持续保证业务安全。

内生安全，是网络变革下信息化建设和网络安全之间的共赢选择。以往的网络安全防护都集中在网络层面，世界一流水平也只能防住99%。以前，漏掉 1% 是可承受的，但现在攻击的目标是毁掉某个关键信息基础设施，漏掉 1% 都可能造成严重后果。现在，内生安全建立了多层防护，网络漏掉的，再通过身份、应用、数据和行为进行动态审查和控制，把 1% 的安全威胁变成一百万分之一，最大程度降低网络攻击风险。

▣ 内生安全的三个特点

内生安全很像人体的免疫系统，具有自适应、自主、自成长的特点，能实现"自我免疫""内外兼修"和"自我进化"，在信息化环境下生长出真正的"免疫力"。

自适应：实现"自我免疫"

内生安全的自适应特点，很像一个强壮的免疫系统，意思是内生安全系统必须像人体的免疫系统一样具有自适应功能，即使是网络被攻破，也能保证业务安全。

我们希望自己永远不被病毒和细菌侵害，但这是做不到的。人之所以能保持健康，是因为当病毒和细菌入侵的时候，免疫系统会调动各种防御力量来消灭这个病菌。安全系统也要具备这样的能力，针对一般性攻击，能自动发现、自动修复、自我平衡；针对大型攻击，能自动预测、自动告警和应急响应；在应对极端网络灾难时，能确保关键业务不中断。

自适应的内生安全系统，有"一方有难、八方支援"的免疫功能。比如，有细菌进入人体后，免疫系统会指挥吞噬细胞和它作斗争，如果没把它消灭掉，多种类型的淋巴细胞会来支援。在自适应的内生安全里，当有网络攻击危害系统时，它会根据预先设定的方案，启动终端和服务器的防护措施，甚至采取隔离等极端措施；为防止攻击蔓延和降低损失，还会自动通知防火墙、交换机、路由器等边界、网络安全设备进行反击。与此同时，调整相应业务系统的授权，严格限制对敏感数据的操作。终端、网络和业务的联合抗击行动，这很像免疫功能。

自适应的内生安全系统，有"明察秋毫、防微杜渐"的告警免疫功能。当人体不能实时消灭病毒达到健康平衡时，免疫系统就会通过过敏、头晕、耳鸣、疼痛等身体不适症状进行告警，强制人通过多休息来减少能量消耗，为它对抗外来病毒提供帮助。在自适应的内生安全里，网络安全态势感知就是类似的告警系统。

自适应的内生安全系统，有"不惜一切代价，消灭入侵之敌"的免疫功能。"休克疗法"是社会管理和经济管理学中向免疫系统学习的典范，免疫系统在极端失衡时，会通过让人体高烧、昏迷等极端休克措施，来对抗入侵的病毒，直至把病毒杀死。在自适应的内生安全系统里，它认为人、设备、账号始终处于零信任的环境中，因此需要进行持续信任评估。当系统判断一个设备的安全风险很高时，它就会自动降低对这个设备的授权，直至取消授权；当系统发现在遭受大面积攻击时，会自动关闭不重要的业务系统，而集中资源来进行应急响应，直至恢复到安全的状态。

自主：实现"内外兼修"

内生安全的自主性特点，很像"我的安全我做主"，意思是内生安全系统具有"内外兼修"的能力，"外"能及时感知威胁、发现风险，"内"能与业务系统深度融合。

一个具备免疫功能的系统，完全靠外部的力量是建不起来的。无论外部检测技术有多高明，也查不到内部细胞遇到的困难。所以中医上的"望闻问切"，问是很关键的一个环节，还有西医的化验和透视手段，也是要探究内部的问题。同样地，我们需要把安全系统和业务系统进行深度融合。

安全是买不来的，如果只依靠购买外部的安全能力，而没有自主的安全能力，是不能解决安全问题的。因为在业务安全第一的时代，每一个客户的业务和支撑业务的网络都是不同的，它们的薄弱环节是不同的，应对网络攻击的方法和手段也是不同的。尤其多数 APT 攻击都是通过模拟正常业务行为来实现对业务的破坏，完全依靠外部的安全能力很难区分一个业务行为是否正常。

比如一个女孩儿，她的安全手册里肯定有很重要的一条是深夜不能独自去偏僻的地方；一位富翁的安全手册里应该会有一条是对自己的住所加强保卫；一个小朋友的安全手册里肯定会强调不能独自出门、过马路。同样的，每个组织的安全手册也一定是不同的，必须针对自己的业务特性，立足于自己的安全需求，建设自主的安全能力。

如果只有外部的安全大数据，也解决不了内部的安全问题。我们说，数据驱动安全，是指业务场景的数据是安全能力的驱动力。就像一个人疑似得了流感，必须去医院做检查，通过抽血等手段，掌握有针对性的、精细化的内生数据，才能确切知道问题出在哪儿，如果医生只参考咳嗽、头晕等流感症状这样的外生数据，这个病是没法治的。又如要了解核电站的安全情况，必须对核电站正常运行时期、非正常运行时期、不同内外部环境下、不同业务指令下的数据足够了解。

自成长：实现"自我进化"

内生安全的自成长特点，就像"魔高一尺，道高一丈"，意思是内生安全系统能够"自我进化"，伴随着业务变化不断成长、日益强壮。

还是以免疫系统为例，免疫系统是需要成长的，大人的免疫系统就比小孩强。锻炼身体、适应严酷的环境、不断对抗疾病都会提高免疫力。同样地，网络安全体系在不断抵抗攻击的过程中，也会提高防护能力。

对一个组织来说，尽管遭受网络攻击的手段难以预测，但我们还是可以尽量多地穷举，比如通过网络风暴演习、渗透测试等手段，不断去发现问题、解决问题，让网络安全人才在网络攻防的对抗中成长起来。

就像一个拳击手，需要不断地与不同的拳击手比赛，才有可能成长为一代拳王。还有，历史上任何强大的军队，都是在战争中成长起来的。现在，我们面临网络战的威胁，不经过锤炼是不可能成为强军的。

同样地，我们需要安全能力伴随着业务变化日益强壮。当信息化系统和安全系统升级换代的时候，当业务系统流程再造的时候，安全能力应该能动态提升。这里的核心是人的进步和成长，只有不断成长的人才队伍，才能满足系统自成长的内生安全需要。

▣ 内生安全的三个聚合

聚合是实现"内生安全"的必要手段。信息化系统和安全系统的聚合，产生自适应安全能力；业务数据和安全数据的聚合，产生自主安全能力；IT人才和安全人才的聚合，产生自成长安全能力。三大聚合完成后，系统才能不断从内生长出安全能力，这是数字时代构建网络安全体系的终极目标。

信息化系统与安全系统的聚合

信息化系统与安全系统的聚合需要信息化系统把网、云、数据、应用、端分层解耦，以便将安全能力插入其中；为了让安全系统能识别业务，还需要把接口、协议、数据标准化，即便异构也能兼容。

同时，安全系统也要解耦，把安全能力资源化、目录化，通过标准接口进行协同，实现这种聚合，安全能力就融入到了业务系统的各环节之中，这就好比业务系统内生出了一种安全能力。

这种聚合拉通了网络控制系统和业务控制系统。当网络检测到攻击时，业务控制系统会自动收紧安全访问控制权限；当业务检测出异常时，网络会自动采取措施来严防死守。

奇安信在某大型部委的大数据体系试点建设中，就实现了这种聚合，网、云、大数据、安全等多个厂商共同解决了数据分离、认证、应用、交换等各类业务场景问题。

业务数据和安全数据的聚合

只有把业务数据和网络数据聚合起来，将网络威胁与业务异常结合起来进行分析，才能更准确地发现攻击者。

数据既是业务的核心，也是解决安全问题的核心。以往安全关注的是网络运行数据，但要建立自主的内生安全，还必须关注相关的业务数据。这些业务数据包括业务元数据、业务访问行为数据等。

网络安全数据，如流量数据、终端数据、漏洞数据、系统日志等，更多是用以描述网络行为的。但在攻防对抗中，攻击者都会隐藏、伪装网络行为。

聚合业务数据和网络数据，需要建立起业务与安全统一的实体关系数据模型，把不同的数据聚合成一个完整的安全数据视图，通过检索、AI 及更广泛的知识来发现隐藏在多层关系背后的安全问题。这里解释一下"实体关系"，"实体"是指客观的对象，如身份账号、IP、域名、URL、证书等，"关系"是表示对象和对象之间的联系、事件、行为。

在实际的应用中，把零信任体系和用户实体行为分析结合起来的数据安全管控平台，就是很好的例子。在这个案例中网络攻防数据、身份数据、业务访问行为数据，甚至物理环境的数据都会成为数据聚合的关键，从而不仅能够感知网络层面的威胁，而且能感知数据滥用与泄漏窃取。

IT 人才和安全人才的聚合

在一个具体的安全业务场景中，我们既需要懂金融、工业等专业知识的 IT 人才，也需要具备打补丁、配置安全策略等专业能力的安全人才。只有聚合起 IT 人才和安全人才，才能真正让安全运转起来。

军事上有一个重要的原则，即为了达到总的战役目标，各军种、兵种和专业兵分队必须聚合起来，实施协调一致的行动。还有在大型实网攻防演习中，也需要汇聚组织方、攻击方和防守方三支队伍，才能完成对系统安全性和运维保障有效性的检验。其中防守的任务不仅仅由目标系统运营单位独立承担，而需由系统运营单位、攻防专家、安全厂商、软件开发商、网络运维队伍、云提供商等多方人才聚合组成防守队伍。

所以，企业与组织在建设自身安全体系时，不能只想到技术体系的 IT 人才建设，安全人才的投资建设也非常关键。在规划阶段，提前进行安全人才储备，将 IT 人才和安全人才聚合起来，是后续安全发展的根基。

第二节　实现内生安全的系统工程

建立一套完整的网络安全体系，是一个复杂的任务，需要用工程化、体系化的方法进行实施，这个方法就是系统工程。

我国著名科学家钱学森教授在 1978 年指出："系统工程是组织管理系统的规划、研究、设计、制造、试验和使用的科学方法，是一种对所有系统都具有普遍意义的科学方法。"系统工程对保障美国"阿波罗登月工程"和中国"两弹一星"工程的成功发挥了重要作用。

◾ 数字时代网络安全需要系统工程

2021 年 3 月，我国网络安全知名咨询机构安全牛发布了第八版《网络安全行业全景图》。该全景图将我国网络安全产业分为 14 项一级安全领域和 106 项二级细分领域。规模较大的网络安全企业往往同时研制和维护十几个，甚至几十个网络安全产品。这从一个侧面反映出网络安全业务碎片化、多样化的特征，而且这种特征日益突出。

在这样的形势下，我们需要反思：这种发展思路有没有问题？网络安全工作是不是只能靠"头痛医头、脚痛医脚"的方式来发展？是不是只能做"亡羊补牢"的工作？

答案是否定的。

我们都知道，网络安全产业是伴随着互联网产业的发展而发展的。我把之前 20 年的互联网称为"传统互联网"，把面向未来的数字经济称为"新型互联网"。

在传统互联网阶段，网络安全事件的受害者主要是网民，多数以小额财产损失为主，后果不严重，可以承受。因此人们对网络安全的防护，习惯采取"事后补救"措施。安全厂商也习惯于用"治病救人"的方法，就是出了事再采取安全措施，比如中毒后杀毒、网站被攻击后建设防护系统等。

"事后补救"和"治病救人"的措施，往往是"头痛医头、脚痛医脚"，是局部的、针对单点的，而不是彻底的和全面的。打个比方，一个人生了重病以后去抢救，如果只是针对病灶采取医学措施，症状缓解以后不强身健体、增强免疫力，以后还是会风一吹就病。传统的"事后补救"安全措施就是这样，在一个网站被攻击导致事故后，仅仅针对导致攻击的部分进行局部整改，而不会加大安全建设投入，采取防患于未然的全面措施。

数字时代的新型互联网阶段，政府和企业是用户主体，网络攻击带来的后果不可承受，网络安全防护必须采取"事前防控"的体系建设。比如，2020 年委内瑞拉国家电网多次被攻击，每次都造成全国停电；美国新奥尔良市连续三次被勒索，全城断网断电，进入紧急状态。数字时代，为了保证国家和社会的安全稳定运行，网络安全必须从"事后补救"走向"事前防控"，将关口前移，做到防患于未然。比如，我们都知道煤矿爆炸的后果是不可承受的，所以解决煤矿的安全问题，绝对不是等它爆炸之后再采取改进措施，而应该建设防止煤矿爆炸的整体安全体系。

建设"事前防控"的网络安全体系，需要用系统工程的方式进行实施。过去 20 年间，国内外在信息化建设方面，用系统工程思想，通过行之有效的 EA 方法论与框架，引导与推动了规模化、体系化、高效整合的信息化建设，很好地支撑了各行业的业务运营。一些西方发达国家采用体系化思想，设计出了适应其发展阶段的 NIST 等框架。

由于我国的网络安全基础比较薄弱，一直采用的是"局部整改"为主的安全建设模式，导致网络安全体系化缺失、碎片化严重、协同能力差，网络安全防御能力与数字化业务的保障要求严重不匹配。在这样的现状下，我们无法套用西方现成的框架进行安全体系建设。

对此，奇安信专门成立了一个工作组，和 20 多个一线部门紧密协同，用系统工程的思想，把网络安全能力，映射成为可工程建设的安全能力组件体系，并给出一套规划方法论，设计工具集和配套的模型、架构、项目纲要，构建一个能够适应形势变化的网络安全框架，来支撑内生安全体系建设。

◾ 内生安全框架护航数字时代发展

2020 年是我国"十三五"规划收官、"十四五"规划谋篇布局之年，是非常重要的时间窗口。2020 年 3 月，奇安信公开发布了内生安全框架。

内生安全框架以"内生安全"理念为核心，用系统工程的方法，将安全能力统一规划、分步实施，支撑各行业的建设模式从"局部整改外挂式"走向"深度融合体系化"，在数字化环境内部建立无处不在的网络安全"免疫力"，真正实现内生安全。

在系统科学里有一个特性叫"涌现"，指的是构成系统的多个组成部分按照一定的方式相互联系、相互作用，在整体上就能具备单个组成部分所没有的性质，产生"1+1 ＞ 2"的效果。比如，计算机系统可以实现工程计算、文字处理、软件开发等功能，这些功能是 CPU、电源、操作系统等单个组成部分所不具备的。

内生安全框架也具有"涌现"效应，能实现"1+1 ＞ 2"的效果。在信息化系统的功能越来越多、规模越来越大、与用户的交互越来越深的时候，单一的、堆叠的安全产品和服务，哪怕是最新、最先进的，都无法保证不被黑客穿透，但内生安全系统能够让安全产品和服务相互联系、相互作用，在整体上具备单个产品和服务所没有的功能，从而保障复杂系统的安全。

我们把网络安全能力映射成为可工程建设的安全能力组件体系，构建了多场景网络安全整体防御能力分析模型，设计了复杂异构环境下网络安全协同联动机制，形成了全生命周期网络安全部署体系。

我在和一位大型央企的领导交流时，他对我们提出的内生安全框架非常感慨。他告诉我，在他做大规模信息化建设的时候，与业务系统融合用的就是系统工程的方法，但他从来没有见过、也没想到过网络安全公司也能按照系统工程的方法，做出这么具体、这么好用的框架来。他说："网络安全与数字化，用体系对体系，这就对了！"

截至目前，内生安全框架已经应用到上百家央企、银行、证券、保险以及政府综合部门等重要客户的"十四五"规划中，并得到了很高的评价。他们说，有了这套框架，从顶层设计到落地建设运行变得容易多了。

2020 年 11 月，经过全球近 40 位知名专家、历时 3 个多月的评选推荐，内生安全框架在 300 多项领先科技成果中胜出，荣获"世界互联网领先科技成果"，成为未来数字时代的"风向标"。

▣ 内生安全框架的三个重点

网络安全的重要性已经达成共识，但如何做网络安全系统，在网络安全上投多少钱，没有统一标准和共识。我总结为"二有二没有"："有愿望，没思路"；"有思路，没方法"。

对于这个现状，内生安全框架能明确"思路"，以系统工程改变过去局部整改、辅助配套的建设模式，系统化建设完整的网络安全体系；提供"方法"，以具体的工程和任务引导网络安全体系的规划、建设与运营。随着具体工程和任务的落地，政企机构将拥有体系化网络安全能力，从而实现保障数字化业务的目标。

我们总结了内生安全框架落地的三个重点：盘家底、建系统、抓运营。

盘家底

"盘家底"是体系化地梳理网络资产和网络拓扑结构，包括硬件设备、软件版本、网络协议等，并设计出保障政府和企业数字化业务所需要的安全能力。

就像建造一栋房子，需要算清楚、准备好所有的建筑材料和工具，才能打好地基、筑好框架、建好楼板、装好防盗门窗、配齐消防设备、布好摄像头和警报器，这样房子才会安全、坚固，抵御各种风险。

在梳理的过程中，我们要充分考虑，这个系统的架构和功能将来是否可以调整？系统的安全能力能不能做到持续不断地增强？网络安全产品是否有维护升级的能力？未来是否根据需要增加新的安全产品模块？系统是否有安全监控和数据采集的功能？

在设计的过程中，我们要根据政府和企业自身信息化项目的实际情况，对安全能力进行挑选、组合和规划，给出明确标准，确保这些安全能力能够融入到信息化与业务系统中去。

建系统

"建系统"是通过融合实现深度结合、全面覆盖。在具体建设过程中，按照全景化的技术部署模型，把安全能力组件化，以系统、服务、软硬件资源的形态合理部署。

融合是建系统的关键，将安全能力深度融入物理、网络、系统、应用、数据与用户等各个层次，确保深度结合；还要将安全能力全面覆盖云、终端、服务器、通信链路、网络设备、安全设备、工控、人员等要素，避免局部盲区，实现全面覆盖。

这种将安全能力合理地分配到正确位置的建设过程，就是安全能力组件化的过程。这种安全能力组件是软件化、虚拟化、服务化的。科学、合理地将安全能力组件进行组合、归并，建立相互作用关系，确保了安全能力的可建设、可落地、可调度。

在具体建设过程中，需要一个全景化的技术部署模型，全面描绘政企机构的整体网络结构、信息化和网络安全的融合关系，以及安全能力的部署形态。

比如，按照区域，把政企机构的信息化系统分成总部、区域中心、分支机构以及网络节点等多种类型；按照业务类别和功能，又把政企机构的信息化系统分成了全局网络、骨干网络、区域边界、通信网络、信息系统、云平台、大数据平台、数字化终端等层级、组件，并标记出它们的部署位置和形态。

在这个基础上，我们就可以把所有的安全能力组件分别以系统、服务、软硬件资源的形态，合理部署到信息化系统的不同区域、节点、层级中。各种安全能力组件之间，通过网络和数据进行整体协同，使安全能力全面覆盖信息化所有范围，实现了对各个层次的管理，消除盲点，增强安全资源的丰富性、灵活性、完整性。

抓运营

"抓运营"是确保安全运行的可持续性，实现管理闭环。只有强调安全运营，才能跑得赢漏洞、跑得赢内鬼、跑得赢黑客。

缺乏安全运营的安全系统相当于"靠天吃饭"。以前，由于网络攻击是小概率事件，就好比每年都风调雨顺，"靠天吃饭"的网络安全也很少出事；但随着网络攻击成为大概率事件，好比"十年九灾"，继续"靠天吃饭"的网络安全就会出大问题。

没有安全运营，好比安装好的防盗门没有上锁，让黑客轻易地将重要数据资产偷走。根据咨询机构高德纳公司发布的报告，99% 的漏洞利用可能都是安全人员和 IT 人员已经知道至少 1 年的漏洞。由于没有安全运行，很多漏洞没有及时修复，最后导致黑客入侵成功，影响数字经济的健康发展。

安全运营亟需提到和 IT 运维同样的高度，变成常态化、日常化的工作。因为漏洞不可避免，网络攻击是防不住的，越流行、越强大的软件被挖出的漏洞越多。只有拥有足够多的安全运营人员，同时充分利用大数据技术和检测工具，才能更早地发现漏洞和攻击，更快地应急响应，最大程度降低被攻击的损失。

对于安全运营发挥的关键作用，我总结了四点：

第一，安全运营能发现网络的异常，进而通过异常找到攻击。

第二，安全运营能发现网络资产的漏洞，在不断发现和弥补漏洞的过程中，网络缺陷越来越少。

第三，安全运营能验证安全设备的有效性，通过对事故的追溯，让不合格的产品退出，让合格的产品越来越好。

第四，安全运营能发现网络安全体系中的缺失，通过制定新的建设规划，让体系越来越健全。

安全运营是"阵型＋武器＋战法"的科学组合。

首先，要把不同的安全能力组成方阵，形成合纵连横、灵活应变的阵型，兼顾进攻和防御，把安全能力布置在最合适的位置；其次，要综合使用不同效能的武器，而不是哪个顺手就只用哪个，单打独斗；最后，还要有一套精心研制的战法，包括策略、流程和标准规程，有方法套路才能克敌制胜。

以漏洞的修补和防护为例，我们在很多企业中发现，他们的硬件落后，设备损耗严重，安全漏洞很多，由于系统内存和处理能力有限，不敢随意更新，因为升级可能导致生产出问题。

如果有一套完善的安全运营管理体系，这些问题就能得到解决。一是通报，有漏洞信息了，要迅速进行内部通报，并紧密跟踪漏洞情报；二是再通报，确定了受影响的软硬件，更新内部通报，开展专项核查，结合资产信息，确定哪些地方确实有问题；

三是紧急通报，发现漏洞已有攻击方法（POC），马上进行紧急通报，同时设置白名单和防护策略；四是下线，发现在野利用了，考虑临时下线；五是打补丁，有补丁了，进行补丁验证、测试和分发。这样，我们就能把大量的安全工作标准化、条令化，全面落实到具体岗位的细致工作事项中，面对突发威胁能快速触发响应措施，迅速恢复业务运转。

▣ 用内生安全框架实现"三化六防"目标

2020 年 9 月，公安部发布了《贯彻落实网络安全等级保护制度和关键信息基础设施安全保护制度的意见》[1960 号文]。《意见》提出了"三化六防"新理念，要求网络安全保护应该做到"实战化、体系化、常态化"，实现"动态防御、主动防御、纵深防御、精准防护、整体防控、联防联控"。

"实战化、体系化、常态化"对网络安全建设提出了新的要求。实战化是检验网络安全能力的唯一标准；体系化要求网络安全建设从以前的从"局部整改外挂式"走向"深度融合体系化"，建立全面覆盖的网络安全能力体系；常态化则要求具备全天候的态势感知与安全运营能力。

面对网络安全防护的新要求，内生安全框架从顶层视角出发，能够输出实战化、体系化、常态化的安全能力，构建出动态防御、主动防御、纵深防御、精准防护、整体防控、联防联控的网络安全防御体系。

第一，针对攻击的多样化、多变性，构建切断、诱捕、猎杀、震慑的动态防御能力；

第二，针对攻击的复杂性、未知性，结合敌情我情，建设发现、分析、响应、溯源的系统和主动防御能力；

第三，针对内网的全连通、不设防，设计多层次防线，构建纵深防御能力，全面覆盖"网络战场"；

第四，针对系统的核心点、重要度，构建精准防护能力，打造分区分级、高可靠性的防御体系；

第五，针对防护的碎片化、盲点多，构建全覆盖、多场景、强协同的整体防控能力；

第六，针对威胁的非对称、国家级的特点，构建联防联控能力，实现企业、行业、国家从点到线再到面的统筹联动。

按照我们提出的内生安全框架，政企机构用三至五年时间就能建立起完善的网络安全协同联动防御体系，实现内生安全。我们还针对政府、央企、金融等大型机构和关键信息基础设施防护特点，设计并解构出了详细的落地手册。

第三节 内生安全框架的落地手册

内生安全要想成功落地，需要对安全体系进行统一设计，分步实施。因为大多数政府和企业的信息化系统都是新老结合的，往往需要花若干年的时间，才能完成对老系统的替换，这是一个"立新破旧"的过程。如果割裂地对老系统用老办法，新系统用新办法，未来当老系统被替代时，老的安全系统也不得不被替换掉，造成巨大的浪费。

这就要求我们在体系的基础上，把安全框架组件化，让这些组件既能是新体系的一部分，又能部署到老系统中，从而适应信息化系统这种渐进式的、"立新破旧"的过程，避免不断地把安全系统推倒重来，确保现在安全上的投资是面向未来的。

遵循这样的经验，我们用工程化的思想，把体系中的安全能力映射成为可执行、可建设的网络安全能力组件，构成了内生安全框架，这些组件与信息化进行体系化地聚合，是安全框架落地的关键。

　　为了穷尽安全能力组件的类型，我们研究了针对党、政、军、央企、金融等大型机构网络安全的新技术产品和服务体系，以实体工程和支撑能力两个维度，将网络安全体系规划内容划分为十大工程和五大任务，简称"十工五任"。

◩ 十工五任：内生安全框架的建设样板

　　"十工五任"具备了一个复杂庞大的信息化系统所需要的全部安全能力，相当于打造了一个信息化巨系统内生安全框架的建设样板。每一个工程和任务，都可以理解成样板房里的不同"房间"。政企机构可以结合自身信息化的特点，选取不同的"房间"进行组合，定义自己的关键工程和任务。

　　政府和企业在进行安全体系建设时，必须对自己的安全框架有整体性的设计，然后依据"十工五任"手册，面向未来进行安全组件建设，避免"建好之时就是改造重建之日"。

　　"十工五任"手册对每个组件的部署位置、部署顺序、部署要求都给予了详细的说明。就像房子装修有水电改造、刷漆、铺地板等固定流程，我们对每一个工程和任务都给出了具体的部署步骤和标准。

　　每个工程和任务阐述了该领域的建设背景、覆盖内容、建设要点以及与IT关键业务聚合点、工程主要参与方、覆盖点、建成系统与交付成果、对接系统，帮助政企机构在规划、设计中把握要点，明确各相关部门、组织的协同职责，打通与其他系统的交互，对规划落地起到指引作用。

　　以某个"新基建"项目为例，它包括了136个信息化组件，我们就依据"十工五任"手册的具体指引，总结出了29个安全区域场景，部署了79类安全组件。

　　"十工五任"的具体项目如下：

十大工程

　　工程一：面向实战化的全局态势感知体系。以往态势感知系统重视安全数据展现却忽略安全运营所需要的安全数据分析能力，支撑安全实战的有效性不足。本工程覆盖所有信息资产的全面实时安全监测，持续检验安全防御机制的有效性，动态分析安全威胁并及时处置。实现全面安全态势分析，逐级钻取调查、安全溯源和取证，保障业务运营。

　　工程二：新一代身份安全。大数据、物联网、云计算等技术的应用改变了传统的身份管理和使用模式，传统身份管理无法满足数字化身份管理需求。

本工程立足于信息化和网络安全双基础设施的定位，构建基于属性的身份管理与访问控制体系，全面纳管数字化身份，为网络安全与业务运营奠定基础，保障业务运营。

工程三：重构企业级网络纵深防御。 混合云、物联网、工业生产网、卫星通信等技术应用产生更多网络出口，管理复杂，安全风险剧增。本工程采用标准化、模块化的网络安全防护集群，适配网络节点接入模式，构建覆盖多层次的网络纵深防御体系，保障业务运营。

工程四：数字化终端及接入环境安全。 数字化时代终端安全管理的复杂性上升，终端类别繁多，管控难度加大，接入安全、数据安全风险剧增。本工程在终端和接入环境上构建一体化终端安全技术栈，构建全面覆盖多场景的数字化终端安全管理体系，保障业务运营。

工程五：面向云的数据中心安全防护。 云数据中心将逐渐取代传统数据中心，应用场景日趋复杂，多种业务混合交织，业务风险增大。本工程立足于面向混合云模式，将安全能力深入融合到云数据中心多层次的网络纵深和组件中，同时满足传统数据中心安全和云计算安全要求，保障业务运营。

工程六：面向大数据应用的数据安全防护。 数据集中导致风险集中，数据流转产生更多攻击面，数据应用场景繁多复杂，数据风险加大。本工程以数据安全治理为基础，将数据生命周期与数据应用场景结合，严控数据流转与使用，加强行为监控与审计，确保数据安全，保障业务运营。

工程七：面向资产/漏洞/配置/补丁的系统安全。 资产、配置、漏洞、补丁是安全工作的基础，但却是各大机构的安全体系的最短板。本工程建设以数据驱动的系统安全运营体系，聚合IT资产、配置、漏洞、补丁等数据，提高漏洞修复的确定性，实现及时、准确、可持续的系统安全保护，夯实业务系统安全基础，保障IT及业务有序运行。

工程八：工业生产网安全防护。 工业生产是生产类企业的根基与命脉，但长期以来企业工业生产网安全防护普遍缺失。本工程面向工控网络内部、工控与IT网络边界、数据采集与运维、集团总部数据中心构建多层次安全措施，强化纵深防御，并全面掌握工业生产网的安全态势，保护工控生产运行安全，保障业务运营。

工程九：内部威胁防控体系。 内部人员违规、越权、滥权等异常操作或无意识操作将导致严重的业务损失。本工程构建内部威胁安全管控体系，基于操作监控、访问控制、行为分析等手段，结合管控制度、意识培训等管理措施，提升内部威胁防护能力，保障业务运营。

工程十：密码专项。本工程秉承"内生安全"理念，规划、设计密码体系，实现密码与信息系统、数据和业务应用紧密结合，支撑业务系统密码服务需求，满足密码相关的法律要求。

五大任务

任务一：实战化安全运行能力建设。数字化时期的威胁瞬息万变，按次开展的安全检查与测评模式无法达到业务安全保障要求。本任务建立实战化的安全运行体系，全面涵盖安全团队、安全运行流程、安全操作规程、安全运行支撑平台和安全工具等，并持续评估、优化，持续提升安全运行成熟度，以达成对信息系统的持久性防护，保障业务运营。

任务二：应用安全能力支撑。应用系统建设过程中安全长期缺位，安全与信息化建设普遍割裂，系统带病上线，后期整改困难。本任务结合开发运行一体化（DevOps）模式，推进安全能力与信息系统持续集成，使安全属性内生于信息系统，保持敏捷的同时满足合规，使信息系统天然具有免疫力，保障业务运营。

任务三：安全人员能力支撑。人是安全的尺度，人的能力决定安全体系建设和运行的能力。本任务设计企业网络安全团队，设置岗位与能力要求，开展能力实训，建设网络安全实战训练靶场，提升人员的实战能力，形成安全团队建制化，保障业务运营。

任务四：物联网安全能力支撑。物联网设备类型碎片化、网络异构化、部署泛在化的特性引入了大量安全风险。本任务结合物联网"端边云"的架构，构建具有灵活性、自适应性和边云协同能力的物联网安全支撑体系，保障业务运营。

任务五：业务安全能力支撑。数字化业务剧增，由恶意操作、误操作行为引发的业务风险显著增长，造成政企机构利益、声誉的巨大损失。本任务聚合业务与行为数据，利用大数据分析技术，保护客户隐私、交易安全，加强欺诈防范，打击涉黄、涉政等行为，保障业务运营。

关于工程一的实战化态势感知，我在第七章中已详细阐述。下面我将以工程六和工程七为例，说明这两个工程对建立完整网络安全体系的意义和具体落地过程。

▣ 面向大数据应用的数据安全防护

数据是重要的战略性资产，是业务发展的核心动力。数据集中导致风险集中，数据流转产生更多攻击面。大数据的采集、传输、存储、使用面临诸多安全挑战。

比如，数据来源不可信，海量数据收集过程中数据真实性难以得到保证；特权账号管理混乱，普遍存在特权账号共享、过期、硬编码内嵌等不安全账号管理方式；内部人员违规、越权、恶意操作导致的数据泄露；数据的开放和共享过程中，数据流转到第三方，难以管控和防范数据被二次分发；不能从整体上掌握数据安全风险，无法感知数据流程过程安全状态，无法掌握数据资产全貌。

面对这些挑战，企业和机构应基于数据全生命周期及数据应用场景，构建面向大数据应用的数据安全防护体系。

一方面，企业和机构应该快速开展数据安全治理，建设数据安全治理系统，梳理数据资产，进行分类分级。通过智能学习、内容指纹等方式识别敏感数据，掌握敏感数据的分布、使用情况；通过机器学习等方式，确定数据安全属性与访问控制策略，纳入身份管理与访问控制平台进行统一管理，对数据进行精细化的安全管控。

另一方面，在数据交换和流转的过程中，基于"数据不动程序动""数据可用不可见"的安全理念，不分享原始数据，只分享数据的价值。基于这个理念，奇安信研究出了可落地的数据隐私计算沙箱。

这个沙箱的核心技术是构建了一个封闭的原始数据的计算平台。购买数据的一方可以把希望用原始数据干什么，以及运用程序的形式在沙箱里计算建模，训练好后再输出。在建模的过程中，买方只能看见卖方提供的原始数据的样例集，这个样例集可以是几万条，也可以是几百条，足够可以训练有价值的模型。模型生成之后，还可以用更大的原始数据进行验证，如果验证不理想还可以修正模型，直到满意为止。然后，像打印机一样，把结果输出成模块。买方就把这个模块集成到自己的数字化技术系统里，就可以发挥出大数据的价值。

沙箱的作用是保证它对原始数据的保护是绝对的，不会在交易过程产生数据泄露。通过这种创新技术，可以确保数据所有权和使用权分离，帮助政府机构和企业安全地对外开放数据，让数据真正成为数字经济的助推剂。

数据隐私计算沙箱有广泛的应用场景。举一个政务领域的例子，比如教育局需要从公安户籍数据中查询学生和家长的户籍地、居住地等信息，以确定学生应该分配的学区。传统方式是教育局向公安局提出申请，然后在公安内网中检索和匹配学生信息，再导出分析，这种方式流程复杂、人工经手环节多，所以隐私泄露风险很大。现在通过这个沙箱，教育局只能获取学生分配学区的结果，这样就能保证公安户籍数据不流出。

我们总结了九大建设要点：

·终端数据安全防护

加强终端数据安全管控，通过终端敏感数据发现、通道管控、文档加密和屏幕水印，防范敏感数据泄漏。

·运维管理场景下的数据安全防护

建设特权操作管理系统，基于"零信任"理念，实现基于访问主体、数据安全及环境等属性的细粒度动态访问控制，最小化对资源的访问权限，防止运维人员违规、越权、恶意操作。

·业务操作场景下的数据安全防护

加强应用系统、业务功能、APT接口、数据层面的访问控制，基于"零信任"理念，采用 ABAC 访问控制模型，实现基于访问主体、数据安全及环境等属性的细粒度动态访问控制，最小化对资源的访问权限，防止业务人员违规、越权、恶意操作。

·生产转测试场景下的数据安全防护

建设数据脱敏系统，基于数据字典、机器学习等方式对生产数据进行脱敏处理，防止敏感数据流转到开发测试环境。

·数据共享场景下的数据安全防护

建设数据安全交换平台，剥离协议，检查数据内容，防范数据在交换过程中的威胁传播及数据泄露。

·数据开放场景下的数据安全防护

建设数据安全开放平台，通过"数据不动，应用动"的方式，保证原始数据不出数据中心，同时又能对外提供数据服务。

·数据采集场景的数据安全防护

建设采集设备认证系统，通过证书或设备固有特征，识别设备可信身份，确保数据源可靠。

·数据安全管理与风险分析

建设数据安全管理与风险分析平台，全面掌握数据流转过程中的安全状态，形成全局数据风险视图，全面掌握数据安全风险，统一管理数据安全策略，防范违规、越权、滥用数据行为。

·办公数据安全备份恢复

建设办公数据安全备份恢复平台，将终端、服务器上的数据备份到该平台，通过密码应用虚拟中台提供的加密服务对备份数据进行加密，通过一键恢复的方式将备份数据下发到终端或服务器，防止硬盘损坏、勒索病毒等导致的数据不可用。

▣ 面向资配漏补的系统安全平台

完整的网络安全体系要真正发挥效果，还得靠安全运营。当前大部分机构都存在资产不清、漏洞分布未知、系统未按合规要求进行加固、漏洞修复缓慢等问题，未建立起完整的运营闭环流程。这种现状已经无法满足实战化的需求，迫切需要建立系统安全运营体系。

2021 年 5 月 13 日，我们发布了国内首张面向资配漏补的系统安全运营构想图，提出了数据驱动的实战化系统安全运营模式，呼吁产业共同构建系统安全生态。

我们在国家电力投资集团公司落地了一个实验局，建设一个面向资配漏补的系统安全平台，通过资产管理、配置管理、漏洞管理以及补洞管理四大基础安全流程，把它融入到大运维环节中，达到收缩攻击面、控制数字化运营基础风险的目的。

以漏洞管理为例，在获得了漏洞的威胁情报后，应立即进行研判和补全。确定受影响的版本后，开展专项核查，结合资产信息确定受影响资产。如果发现漏洞已经有公开的 POC 甚至在野利用时，根据实际业务情况，设置白名单、防护规则等相应措施，甚至暂时下线。如果有补丁，对补丁进行验证和灰度测试，完成后再进行补丁分发，一旦发现异常还能及时回档。

我们总结了九大建设要点：

·搭建测试环境

对各种设备、系统镜像模版和业务环境中的安全配置项、漏洞验证措施、修复措施进行测试验证，开展补丁测试、镜像测试、配置项测试、重要业务应用回归测试，提高漏洞修复与配置变更的确定性。

·构建资产安全管理体系

建设面向 IT 服务的资产管理系统，通过网络主动扫描、流量被动扫描、Agent、CMDB 导入等方式，获取终端、主机、中间件、数据库等资产信息。对资产信息进行统一标准化处理，形成企业资产管理数据库，实现资产的全面覆盖，发现未备案资产违规上线。

与 CMDB\HR\PMS 等系统集成，获取资产所属业务、责任人、重要程度等属性信息，结合人工运营补全缺失的资产属性。补全资产的属性信息，为漏洞信息适配、系统安全风险分析、整改责任落实提供基础。

·构建系统安全配置管理体系

测试环境验证配置方案的有效性，继而进一步发布、推广，明确系统安全配置项，实现系统最小化安装，避免不必要程序安装引入风险，且保证已部署系统得到正确配置。

建设配置策略管理系统，按需编写和调整配置核查策略，基于策略对资产安全配置性进行检查，得出安全配置符合性检查结果。采集资产生命周期配置信息，持续跟踪资产配置变化，为配置脆弱性修复提供全面、准确的数据基础。

·构建漏洞管理体系

测试环境验证漏洞的存在情况以及漏洞修复方案的可行性，并得出漏洞修复可行性结论。

通过漏洞扫描工具开展资产漏洞扫描；通过多方情报获取漏洞情报数据；评估漏洞影响程度与漏洞修复优先级。

通过资产版本号匹配、漏洞特征扫描、系统配置项比对，搜索出与漏洞信息相匹配的资产，建立漏洞与资产的关联关系，为漏洞修复方案提供全面、准确的基础。

·构建系统漏洞缓解体系

建设补丁管理系统，进行全周期管理，对当前环境中存在的配置不符合项与漏洞，设计修复方案，并在测试环境验证，具体包括获取补丁、分析兼容性及影响、补丁测试、补丁发布推送、监控及验证等过程。

·建设系统安全运营平台

聚合资产、配置、漏洞、补丁等数据，持续监控信息系统的资产状态，进行多维度数据碰撞分析和关联分析，分析配置符合性、漏洞状态等信息，判定风险缓解优先级等。通过资产信息与配置信息结合，分析出重要配置项的符合性结果、资产脆弱性以及重要补丁；通过资产与补丁信息结合，分析出补丁视角的风险暴露结果；通过将资产与漏洞数据结合，分析出漏洞视角的风险暴露结果。

·与工单系统集成

建立与资产的归属部门的漏洞修复或配置变更协同流程，并为运维人员提供修复方案和操作手册，用于指导修复操作。修复方案应为"广义补丁"并具备多个选项可供企业选择，包括网络隔离、访问控制、安全产品白名单机制、系统加固等。

·建立并管理例外处理清单

对未能修复的漏洞、无法整改的配置项加入例外理清单，纳入风险管理，并持续监测、关注，并指导在后续的业务系统安全能力建设工作中避免同类的问题出现。

·基于系统安全运营平台开展安全运营工作

工作内容包括风险管理、资产安全配置管理、符合性评估、安全策略管理、漏洞管理、修复管理等。

数字时代，我们需要全新的解题思路，实现对安全技术、安全运营等各方面要素的有效管理，从而发现和规避黑客利用安全体系里的漏洞发起的攻击，克服人的不可靠性，弥补人的能力不足。

内生安全框架提供的就是一种全新的建设方法。它基于内生安全理念，结合系统工程思想，构建处处结合、实战化运营的安全能力体系，全面保障数字时代的网络安全。

第十章

新方略：
没有网络安全就
没有国家安全

如果你认真阅读了前九章的内容，我相信你现在已然能够脱口而出关于网络世界与现实世界边界消融的问题，以及关于漏洞的一系列问题。

漏洞攻击在网络社会无处不在，它出现在政治、经济、军事、民生等社会生活的核心领域，公共安全、金融安全、国防安全、政治安全等核心安全都和网络安全融为了一体。

2017 年 6 月 1 日，我国开始正式实行《网络安全法》，标志着中国正式进入网络及信息安全的法制时代。随着政府高度重视网络空间安全，以及各企业单位持续加大在网络安全建设方面的投入，各政府单位及企事业部门的网络安全建设规模都在快速增长。随之而来的问题是，如何形成综合的安全监测、响应体系，以及如何在关键机构构建高效的安全运营体系。更为重要的是，政府该如何构建互联网安全监管机制。

在本章中，我将结合奇安信深耕网络安全的实践，系统梳理我国当前在网络安全建设中的重要举措，并从我们的角度给出国家网络安全建设方面的建议。

第一节　国家网络安全的外部威胁：网络恐怖主义

在本书的撰写过程中，我在每一章节中几乎都会涉及很多国外网络安全的案例，这些关于漏洞被利用、修复以及黑白之间斗争的故事构成了我国网络安全的外部生态。国家的网络安全建设需要认清当前发展面临的巨大挑战和威胁，这种威胁最直接、最大层面地来源于网络恐怖主义。

▣ 互联网成为恐怖主义的主战场

当前，恐怖主义虽然动机不变，但其模式正在改变，我们现在正面临新的陌生武器的威胁。各国多年砥炼出的反恐手段也可能无法有效应对这个武器。因为这个武器不是卡车装载炸药，不是装有沙林毒气的公文包，不是自杀式袭击，也不是行凶的砍刀。

这个武器是利用互联网发起的恐怖袭击。我们的敌人运用这个武器，在我们最脆弱的物理世界和虚拟世界汇聚的地方，寻找监管或技术上的"漏洞"，伺机向我们发起攻击。对于这一非常规但是具有毁灭性的武器，我们现有的安全情报体系、战术可能都无能为力。

2001 年"9·11"恐怖袭击后，整个美国陷入恐慌，本·拉登（Hamzabin Laden）被锁定为制造恐怖袭击事件的头号嫌疑犯。当年 10 月 7 日，时任美国总统布什宣布，对阿富汗塔利班当局军事目标和伊斯兰极端主义份子进行军事打击，一场以美国为首的反恐战争在全球范围内打响。

在持续 13 年的阿富汗反恐战争中，"基地"组织受到重创，但并未被彻底摧毁。伊拉克战争的爆发，为"基地"组织的转圈创造了契机。2013 年 4 月，"基地"组织伊拉克分支"伊拉克伊斯兰国（ISI）"头目宣布与叙利亚反对派武装组织"救国阵线"合并，建立"伊拉克和黎凡特伊斯兰国（ISIL）"，简称"伊斯兰国"。"伊斯兰国"比"基地组织"具备更强的军事作战能力、更完备的组织领导体系、更丰厚的资金来源和更先进的通信技术，给世界和平带来了巨大威胁。

"伊斯兰国"的崛起，让国际社会加大了对恐怖主义的打击力度。在"伊斯兰国"被击溃的形势下，新一波极端恐怖主义狂潮从中东向全球外溢。曾经从世界各地来到中东的"圣战分子"纷纷回流，各国的安全和稳定形势更加严峻。

例如，突尼斯一国就有 7000 多人在叙利亚、伊拉克、利比亚等地进行"圣战"，不少人陆续回国，这使当局面临严峻挑战。在阿富汗，从中东回流的"伊斯兰国"人员已经建立了新的基地。在非洲和东南亚，博科圣地、索马里青年党、伊斯兰祈祷团、阿布萨耶夫等恐怖组织由于中东回流人员的加入也再次活跃起来。

互联网为恐怖分子提供了新手段与新平台，恐怖主义活动从物理空间延伸到网络空间。恐怖组织不再集中于某地，而是碎片化、分散化地向全球渗透，他们的行为方式和面貌也正发生着改变。

这些渗透全球的恐怖组织结合快速发展的网络信息技术，逐步化身为比传统恐怖主义生命力、影响力、破坏力都更为惊人的网络恐怖主义。他们在互联网上发布恐怖音视频，宣扬圣战思想，利用网络招兵买马、募集资金、指挥行动。

2020 年 4 月，美国一对夫妇受到极端组织"伊斯兰国"宣扬的恐怖主义思想影响，登上了去也门的船，妄图加入极端组织。然而他们的危险举动早就被美国联邦调查局盯上，还没离岸成功就被捕，美国司法部也以"密谋向外国恐怖组织提供物质支持"的罪名对两人提起了诉讼。

互联网已经成为恐怖主义的主战场。在万物互联的时代，任何物体、机构、个人或者体系都有可能成为恐怖分子的攻击目标。如何在工业 4.0 时代防范网络恐怖主义，成为各国在应对非传统安全领域里所面临的新的迫切问题。

▣ 网络恐怖主义：把计算机与电信网络作为犯罪工具

网络恐怖主义（Cyber Terrorism）这个说法最早是 1997 年由美国加州安全情报研究院（Institute for Security and Intelligence）的巴里·C. 科林（Barry C. Collin）提出的。"9·11"恐怖袭击之后，美国国会通过了反恐法案，该法案将网络恐怖主义列为新的法律术语，网络恐怖主义犯罪被纳入司法程序。

那么我们该如何定义网络恐怖主义呢？中外学界和反恐主责部门对此侧重略有不同。美国国防部对网络恐怖主义给出的定义是："把计算机与电信设施作为犯罪工具，旨在造成社会恐慌与不安定，从而达到自己的目的。"

我国学界认为，网络恐怖主义是基于一定政治、宗教或社会原因，以制造恐慌为目的，对社会通信网络设施进行破坏或威胁的活动。我国《反恐怖主义法》中没有明确定义网络恐怖主义，但是对恐怖主义的定义是，"通过暴力、破坏、恐吓等手段，制造社会恐慌、危害公共安全、侵犯人身财产，或者胁迫国家机关、国际组织，以实现其政治、意识形态等目的的主张和行为。"网络恐怖主义作为恐怖主义向互联网延伸的新形态，属于恐怖主义范畴。我国公安部对网络恐怖主义的认定是，把网络作为工具，散布恐怖消息、组织恐怖活动、攻击电脑程序或者信息系统等。

综上所述，网络恐怖主义应该是恐怖主义的一种形式，是恐怖主义向网络空间扩张的产物，是指非政府组织（或个人）以扰乱社会秩序为目的，有预谋地利用网络实施犯罪或者以网络为犯罪对象的恐怖行为。

◨ 网络恐怖主义活动类型：利用监管漏洞和技术漏洞

网络恐怖主义活动总体上分为两大类：第一类是利用监管方面的缺陷开展活动，第二类是利用技术漏洞开展恐怖活动。

利用监管方面的缺陷开展活动

恐怖分子通过互联网和社交媒体等招募人员，传播暴恐思想，传授暴恐技术，筹集恐怖活动资金，策划恐怖袭击活动，这是当前比较主流的活动类型。比如，网络社交媒体就对近年来"伊斯兰国"的迅速崛起发挥着重要作用。

一方面，"伊斯兰国"利用网络开展心理战。主要表现为发布虐杀或屠杀俘虏的视频，对敌方部队造成极大的心理震慑，瓦解军心斗志，以及迫使其占领地区的平民"归顺"。他们在网上发布斩首西方人质的视频，对西方国家的反恐言论和反恐行动提出警告。他们还在网上传播极端思想，对同情者和支持者不断洗脑，招募战士，促使他们积极投身"圣战"。

另一方面，"伊斯兰国"善于利用发达的网络社交工具，打造现代化宣传新媒体，持续扩大影响力。他们在推特上注册了账号，并迅速收到良好效果。随后，其追随者和同情者们相继在脸书、优兔、汤博乐（Tumblr）等注册账号。"伊斯兰国"不仅通过社交媒体传递信息，还积极与支持者互动，加大信息传播速度和效果。在遭到部分社交媒体的封杀后，他们研发了一款 APP——

"黎明报喜"的阿拉伯语手机应用，注册用户可以通过这个软件获取并转发"伊斯兰国"的最新动态。

"伊斯兰国"还会通过诸如在线文本编辑平台 JustPaste 等工具来总结自己的战斗情况，通过在线音频分享平台云录制（Sound Cloud）公布音频报告，并通过照片分享软件 Instagram 和用于智能手机之间通讯的跨平台应用程序 WhatsApp 来发布图片和视频内容。他们拥有一支专业、高效的网络宣传队伍，其制作的视频画面精良，图片内容丰富且具有强烈的煽动性。

与此同时，在过去的十多年里，以"东伊运"为代表的"东突"恐怖势力也越来越多地运用互联网开展活动，他们借助自建网站、免费网络硬盘、境外恐怖组织网站、分享网站、社交平台以及电子书籍等途径进行音视频对外宣传，积极鼓励境内宗教极端和暴力恐怖分子组成暴力恐怖团伙，宣扬宗教极端思想、煽动民族仇恨、煽动进行圣战、传授制爆方法和技术。

此外，"伊斯兰国"还利用网络构建起完善的融资体系。他们利用提供匿名服务的新支付系统，将募集到的资金转给恐怖分子和他们的支持者，同时也利用社交媒体为自己募集资金。他们在绑架来自西方国家的人质后，会将相关视频上传到互联网上，制造强烈的社会舆论，从而勒索巨额赎金。"伊斯兰国"对人质的赎金从几万到上亿美金不等，比如曾对所绑架的两名日本人质提出了高达 2 亿美金的赎金要求。

利用技术漏洞开展恐怖活动

这类恐怖活动可具体表现为四种形式。

一是向互联网中散播特定程序的病毒、木马，或是向特定设备、网络中投放病毒程序，破坏服务器、计算机等，使计算机丧失信息处理及控制功能。

二是针对电子邮件、电子商务、社交网络等人们常用的网络应用发动黑客攻击，目的是给网站运营商、公司企业造成经济损失，影响网络应用提供商的企业信誉，动摇网民对互联网的信心，或通过入侵大型网站，释放大量虚假信息。

三是入侵政府机关或重要机构的网络，窃取机密信息或者篡改重要数据。他们利用这些信息，发动更具危害力的攻击，或者躲避政府的追踪监控，比如"斯诺登"事件后，"基地"组织武装分子改变了通信手段以避免监控，还制作了一段视频通知其他极端分子注意。

四是对关键信息基础设施发动攻击。虽然迄今为止尚未有恐怖主义组织或个人对关键信息基础设施和重要网络系统发动网络攻击，并造成重大经济损失和人员伤亡的实例，但在工业 4.0 时代，利用技术上的漏洞，攻击水电、通信、交通、金融、医疗、卫生、军事等关键信息基础设施并使其陷入瘫痪的网络恐怖主义威胁将变得十分现实。

美国从 20 世纪 90 年代起就开始重视对关键信息基础设施的保护，重点防止恐怖分子对关键信息基础设施发动攻击，同时最大限度地阻止恐怖主义分子获得先进的信息通信技术。美国 1996 年《参与和扩展的国家安全战略》指出，要尽力防止恐怖主义和大规模杀伤性武器等破坏性力量对美国的重要信息系统构成威胁。

任何系统都有漏洞，这是一个残酷的现实。恐怖分子可能攻入证券交易所破坏金融体系，攻入药厂改变药物的配方，攻入航空指挥系统让两架飞机相撞，攻入卫星、航母等关键军用设施……而且，在这一切发生前不会有预警，我们也无法阻止他们，因为我们不知道这个网络恐怖主义分子是谁、在哪里。

▣ 应对网络恐怖主义：技术、人才与合作机制

从 20 世纪 90 年代中期以来，互联网的发展速度之快令人惊叹。1996 年，全球互联网用户不到 4000 万，到 2021 年 2 月，全球互联网用户数翻了十倍，达到了 46.6 亿，这意味着当前全球 78 亿人口中有接近 2/3 的人"触网"。

人类正在和网络空间建立更加紧密的链接。我们对网络虚拟世界的依赖性越强，网络恐怖主义活动所能造成的危害就越大。目前，我们无法削减现实生活中对网络的依赖，也很难阻止恐怖分子获取网络恐怖活动的能力。因此，我们只能从机制、技术和人才方面着手，防范应对网络恐怖主义。

依靠更先进的网络安全技术

恐怖分子使用网络攻击的技术手段越高，发动恐怖袭击的成本就越低。防范和应对网络恐怖主义的根本在于能否掌握比恐怖分子更先进的技术。

美国和以色列都是网络强国，一直在网络安全技术的研发和应用中投入大量的人力和物力，在网络安全技术的开发和使用上居于领先地位。然而，他们的技术研发并不仅限于政府部门，而是与私营企业深度合作，鼓励企业不断创新，这在很大程度上削弱了恐怖组织发动网络恐怖袭击的能力。

我国可以在此方面充分利用军民融合这个大舞台，鼓励网络安全企业积

极参与科技创新，用更先进的网络安全技术应对网络恐怖主义，具体包括：①建立国家、省、市三级大数据监控网络，汇集物理世界和网络世界的所有数据，锁定恐怖分子策划、串联、聚集和实施犯罪的过程；②破解通信协议、暗网追踪、围剿用于地下交易的比特货币，以及用人工智能方法自动识别智能分析视频、图像和语音，这些对于获取情报至关重要；③漏洞挖掘、进攻反制、远程控制是察敌制胜的撒手锏；④网络演习依法取缔网络恐怖分子的生存空间，能起到斩草除根的效果；⑤利用网络音视频系统，将城市视频监控系统、报警指挥调度、地理信息系统等无缝连接，实现同步指挥调度，充分挖掘和发挥各种系统协同作用，实现城市反恐从"事后控制"向"事前防范、事中制止"转变。

与此同时，工业互联网成为恐怖分子窥视的焦点，因此必须将工业互联网的安全上升到最高级。一方面我们要建立全天候全方位工业互联网安全态势感知能力，一个网络攻击者不会单纯地攻击某一家企业，我们要关注整个行业的网络安全状况；另一方面，我们要建立跨越物理世界、商业世界、工控网络（OT）和信息网络（IT）的一体化安全防御体系，改变割裂对待OT、IT安全的状况，提高工业互联网预警、检测、响应、追踪溯源的纵深防御能力。

此外，建立工业互联网大数据安全运营与分析中心也十分必要，对企业内工业大数据和安全大数据持续收集，建立企业的安全数据仓库，利用大数据方法发现工业生产异常，并通过数据协同、智能协同和产业协同建立安全生态和立体防御体系。

依靠人才

应对网络恐怖主义只靠政府是很难成功的，网络恐怖主义可以渗透到国家国防、民生和经济建设的各个领域，而且方式多种多样，所以必须依靠人才。

一方面，务必提高民众整体的网络安全意识，对于特定行业和特定领域的人，还要增强对恐怖主义危害的认识；另一方面，务必加强网络安全专业人才的培养，用人的专业能力将管理和技术上的漏洞因可能被恐怖分子利用而造成的损失降到最低。

例如，2021年5月，美国最大的成品油管道运营商科罗尼尔（Colonial Pipeline）遭到Dark Side黑客组织勒索攻击，美国17个州和华盛顿特区采取紧急措施，约8851公里长的输油管道被迫关闭。事件发生后，奇安信红雨滴团队迅速对此次勒索攻击进行了事件研判,对作案团伙运用的技术手段进行分析,快速发布了针对勒索软件的解决方案,给国内网络安全行业按下警铃。

面对网络恐怖主义攻击,有了专业的网络安全人才,就相当于让我们的网络安全防御能力"活"了起来。我们可以利用人才构建各类成熟的情报业务模型和深度分析模型,帮助分析员从已知的种子线索拓展未知线索,辅助分析员迅速锁定高价值目标等。

依靠国际合作机制

虽然各国的互联网管理政策存在差异,但值得欣慰的是,国际社会在反对恐怖主义的问题上基本达成了共识,即加强交流合作,共同打击恐怖主义,这为我们防范和应对网络恐怖主义打下了良好的基础。

首先应加强全球反恐合作,支持联合国在国际反恐合作中发挥主导作用。2014年6月,第68届联合国大会进行了《联合国全球反恐战略》第四次评审并通过决议,根据中国提出的修改意见,这份决议中首次写入了打击网络恐怖主义的内容。决议要求各国关注恐怖分子利用互联网等信息技术从事煽动、招募、资助或者策划恐怖活动,各国应携手打击网络恐怖主义,决不能让互联网成为恐怖主义滋生蔓延的土壤。此举表明国际社会对网络恐怖主义危害和合作打击网络恐怖主义的共识日益广泛,也说明网络恐怖活动已经成为十分重大的世界范围的网络安全问题。只有通过在立法、司法、反恐情报的对等交流、切断恐怖犯罪资金支持渠道等多方面开展国际合作,进而为网络反恐提供支持,才能应对国际社会面临的新安全挑战。

其次要充分发挥现有多边反恐合作框架的作用。例如,在上海合作组织、二十国集团(G20)、金砖国家会议等多边机制中强化网络反恐合作,交换网络反恐情报、技术和经验。

最后,开展务实的双边网络反恐交流,增强国家间的互信,真正实现信息共享,互通有无。

第二节　网络安全措施落地的法律保障

外部环境是我国网络安全建设的重要参考,结合过去所遇到的网络安全问题以及形成的经验,我国一直在网络安全领域加强建设。近年来我国出台了一系列关于网络安全的法律法规，为网络安全措施落地提供了坚实的法律保障。

▣ 《网络安全法》为我国网络安全建设奠定了基石

2017 年 6 月正式施行的《网络安全法》不仅涵盖了政治、经济、军事、社会等各战略层面，也从支持与促进、运行安全、网络信息安全、监测与应急处置、法律罚则等方面给出了提纲挈领的概括性界定和规划化安排。

网络运营者的安全责任是"发动机"

"网络运营者"这一概念在《网络安全法》中首次确立，其内涵是指网络的所有者、管理者和网络服务提供者。网络运营者的安全责任是保障国家网络安全措施落地的"发动机"。

网络运营者的安全责任在《网络安全法》第三、四、五章中有详细的描述，与此前各类相关法律法规相比，变化较大的方面包括但不限于以下几点：

第一，信息安全等级保护制度升级为网络安全等级保护制度，其主体内容预期将出现一些变化，特别是威胁情报、态势感知等概念可能会更多地出现在高级别的安全保护等级规范中。

第二，在网络安全等级保护基础上，法律对网络运营者提出了一些新的要求。例如，网络日志必须留存 6 个月以上，确保运营业务或产品的连续性等问题。

第三，网络运营者要接受社会监督。发生网络安全事件除了需要立即启动应急预案、采取技术和其他必要措施，消除安全隐患防止危害扩大等之外，还必须及时向社会、公众发布有关警示信息。该条款体现出：法律要求网络运营者对社会、对广大网民担当企业责任。

第四，网络运营者要依法配合有关部门调查执法。重大安全事件需向主管部门报告，而且网络运营者有义务和责任为公安及国家安全机关依法维护国家安全和侦察犯罪的活动提供技术支持和协助等。

规范网络产品漏洞的处理和生命周期流程是"变速箱"

面对网络空间形形色色的威胁时，规范网络产品漏洞的处理和生命周期流程非常重要，这是保障国家网络安全措施落地的"变速箱"。

《网络安全法》第三章第二十二条明确规定："网络产品、服务应当符合相关国家标准的强制性要求。网络产品、服务的提供者不得设置恶意程序；发现其网络产品、服务存在安全缺陷、漏洞等风险时，应当及时告知用户并采取补救措施，并按照规定向有关主管部门报告。"

上述条款在 2015 年和 2016 年上半年的《网络安全法》前两版草案中还没有出现，但在下半年的三审稿中新增写入。这说明网络安全漏洞已经引起越来越多业内政府部门以及企业机构专家学者的关注和重视。

漏洞防护进入立法者视野，这从侧面反映出业内出现的第三方漏洞监测、通报收录平台，以及安全企业围绕漏洞修复而初步探索出的"自动扫描 + 人工挖掘"模式得到了业界认可。随着这种新兴服务模式逐渐被社会各界认可，如何引导和规范其健康发展，成了当下我们面临的一项紧要任务。

2021 年 7 月 13 日，工业和信息化部、国家互联网信息办公室、公安部联合印发《网络产品安全漏洞管理规定》（以下简称《规定》），并将于 2021 年 9 月 1 日起施行。

该《规定》释放了一个重要信号：我国将首次以产品视角来管理漏洞，通过对网络产品漏洞的收集、研判、追踪、溯源，立足于供应链全链条，对网络产品进行全周期的漏洞风险跟踪，实现对我国各行各业网络安全的有效防护。

该《规定》改变了以往攻击事件视角、网络系统视角等为主的漏洞收集及管理模式。这样的管理模式，只能解决单点问题，很难对该漏洞影响各行各业的风险情况进行全面研判和处置，本次《规定》以产品视角进行漏洞管理，就可以对上下游整个供应链进行全面地风险评估和有效处置。

奇安信在第一时间对该《规定》做了深度解读，认为它具有以下四个方面的重大意义。

第一，压实责任。《规定》明确了遵守对象，即中华人民共和国境内的网络产品（含硬件、软件）提供者和网络运营者，以及从事网络产品安全漏洞发现、收集、发布等活动的组织或者个人，应当遵守本规定。同时，对各主体、相关部门的职责给出了清晰划分。

第二，明确流程。《规定》明确了产品安全漏洞的发现、修补、管理流程，发现或者获知所提供网络产品存在安全漏洞后，应当立即采取措施并组织对安全漏洞进行验证，评估安全漏洞的危害程度和影响范围；对属于其上游产品或者组件存在的安全漏洞，应当立即通知相关产品提供者。同时《规定》

明确指出，应当在 2 日内向工业和信息化部网络安全威胁和漏洞信息共享平台报送相关漏洞信息。

第三，清晰指引。《规定》第十条指出，任何组织或者个人设立的网络产品安全漏洞收集平台，应当向工业和信息化部备案。同时在第六条中指出，鼓励相关组织和个人向网络产品提供者通报其产品存在的安全漏洞，还"鼓励网络产品提供者建立所提供网络产品安全漏洞奖励机制，对发现并通报所提供网络产品安全漏洞的组织或者个人给予奖励"。这两条规定规范了漏洞收集平台和"白帽子"的行为，有利于让"白帽子"在合法合规的条件下发挥更大的社会价值。

第四，划清红线。《规定》特别强调，"从事网络产品安全漏洞发现、收集的组织或者个人，不得刻意夸大网络产品安全漏洞的危害和风险，不得利用网络产品安全漏洞信息实施恶意炒作或者进行诈骗、敲诈勒索等违法犯罪活动，不得将未公开的网络产品安全漏洞信息向网络产品提供者之外的境外组织或者个人提供"。

参与该《规定》起草阶段意见征集的专家，针对两条容易产生误读的条款作出了特别深度解读：一是有些安全研究人员认为《规定》限制了他们通过发布漏洞信息来"倒逼"不积极修复漏洞的厂商和运营者的权力，实际上《规定》对漏洞信息的发布仍然体现积极的态度，从建设整个网络安全环境来看，应该改"倒逼"为"法规"，目的是更加规范，确保真实、客观、必要。同时，《规定》中也留下了特殊情况下允许"提前"公开的渠道："认为有必要提前发布的，应当与相关网络产品提供者共同评估协商，并向工业和信息化部、公安部报告，由工业和信息化部、公安部组织评估后进行发布"。

二是针对"不得发布网络运营者在用的网络、信息系统及其设备存在安全漏洞的细节情况"这一条款，有些人理解为只要网络运营者在用的产品，就不能公开其漏洞，其实这里禁止的是"具体细节揭秘式"地发布网络运营者相关漏洞的行为。例如不能发布某企业的某个服务器上有某个微软漏洞，包括具体的 IP、端口多少等，但微软产品本身的漏洞信息在修复后是可以发布的。

这项《规定》的初衷在于禁止拿漏洞作恶，规范网络产品漏洞的处理和生命周期流程。《规定》中有相当大的篇幅都是对厂商和运营者提出漏洞收集和处理的规范要求，不能隐瞒漏洞、拒绝漏洞、否认漏洞，必须要积极承认、积极通报、积极报告、积极修复和处理、积极通知生态环境。包括厂商要积极开通接受漏洞信息的渠道、留存信息，确保及时修复、及时评估通知上下游、及时向官方通报、及时升级通报技术问题等。

严格个人信息保护是"油门"

《网络安全法》有一个突出的亮点是，首次在国家层面开始高度重视对个人信息的保护，这是保障国家网络安全措施落地的"油门"。法案中给出了几个非常重要的原则：

第一，任何互联网企业在收集和使用公民信息时，必须遵循"合法、正当、必要"这三个原则。网络运营者不得收集与其提供的服务无关的公民个人信息，不得违反法律、行政法规的规定和双方的约定收集、使用公民个人信息，而且网络运营者在收集、使用公民个人信息时应当公开其收集、使用规则。

第二，它间接承认了个人对自身的信息享有被遗忘权和更正权。《网络安全法》第三十七条中指出，"公民发现网络运营者违反法律、行政法规的规定或者双方的约定收集、使用其个人信息的，有权要求网络运营者删除其个人信息；发现网络运营者收集、存储的其个人信息有错误的，有权要求网络运营者予以更正"。

第三，在严格规范网络运营者的数据保护责任方面，法律也明确要求一旦发生泄露、毁损、丢失的情况（如网站注册用户信息遭拖库），网站方必须及时采取有效措施降低危害，或采取技术等手段及时补救，并且"按照规定及时告知用户并向有关主管部门报告"。

同时，在针对侵害、非法获取及出售个人信息的惩处罚责上也做出了严格的规定。例如，对于构成犯罪的交检察机关起诉，对于尚不构成犯罪的，在没收违法所得的同时还可最高罚款至一百万元。

2021 年 4 月 29 日，《中华人民共和国个人信息保护法（草案二次审议稿）》公开征求意见。该审议稿针对敏感个人信息以及人脸识别、人工智能等新技术、新应用，制定了专门的个人信息保护规则和标准，同时也针对个人数据跨境流通的部分行为提出了明确要求，充分显示出国家对于个人信息保护的重视程度。

监管部门通报制度是"涡轮增压机"

《网络安全法》第五章中强调了建立网络安全监测预警和信息通报制度的重要性，这是保障国家网络安全措施落地的"涡轮增压机"。具体来说，主要内容有以下几点：

第一，国家建立网络安全监测预警和信息通报制度。国家网信部门应当统筹协调有关部门加强网络安全信息收集、分析和通报工作，按照规定统一发布网络安全监测预警信息。

第二，负责关键信息基础设施安全保护工作的部门应当建立健全本行业、本领域的网络安全监测预警和信息通报制度，并按照规定报送网络安全监测预警信息。

第三，国家网信部门协调有关部门建立健全网络安全风险评估和应急工作机制，制定网络安全事件应急预案，并定期组织演练。

第四，负责关键信息基础设施安全保护工作的部门应当制定本行业、本领域的网络安全事件应急预案，并定期组织演练。

第五，网络安全事件应急预案应当按照事件发生后的危害程度、影响范围等因素对网络安全事件进行分级，并规定相应的应急处置措施。

日志留存推动数据驱动安全落地是"大容量油箱"

大量互联网信息安全隐患和基于此的违法犯罪行为，都是因为访问日志留存规范不健全，违法犯罪分子乘虚而入造成的，最终对用户合法权益造成了危害。日志留存推动数据驱动安全落地是保障国家网络安全措施落地的"大容量油箱"。

《网络安全法》第二十一条第三项规定："采取监测、记录网络运行状态、网络安全事件的技术措施，并按照规定留存相关的网络日志不少于六个月。"

网络日志是公安机关依法追查网络违法犯罪的重要基础和有效保证。对不法分子访问而产生的网络日志进行完整留存、准确记录和及时查询，可为下一步循线追踪，查获不法分子打下坚实基础，留下可靠依据。正因如此，《网络安全法》严格规定了网络运营者（必须）记录并留存网络日志的法定义务。

《数据安全法》把数据安全上升到了国家安全层面

2021年6月10日，第十三届全国人民代表大会常务委员会第二十九次会议通过《中华人民共和国数据安全法》（以下简称《数据安全法》）。我国《数据安全法》正式发布，并将于2021年9月1日起施行。

《数据安全法》的出台把数据安全上升到了国家安全层面，基于总体国家安全观，将数据要素的发展与安全统筹起来，为我国的数字化转型，构建数字经济、数字政府、数字社会提供了法治保障。《数据安全法》的重要性主要体现在以下四个方面。

统筹发展、明确责任、指明方向

《数据安全法》作为数据领域的"上位法"，确定了数据流转过程中组织、个人的安全责任和义务，明确了监管要求。同时，作为纲领性法规，为各部门、各行业、各领域在后续制定相关配套制度、措施、规范和标准过程中指明了方向。

消除灰色地带，形成制约机制，遏制随意流转

《数据安全法》明确了政府、企业、社会相关管理者、运营者和经营者的数据安全保护责任，消除了数据活动的灰色地带，对各行各业都形成了制约机制，及时遏制住了与国计民生相关数据的随意共享和流转。

这将确保城市的管理和运营者、关键基础设施运营者、企业经营者等相关数据运营方，在数字化转型的过程中，把安全作为首要前提，在数据采集、共享、流转和应用等环节中，加大对数据安全的投入，完善安全保护体系，提升数据安全能力和水平。

全面覆盖，深度结合，精准防护

《数据安全法》规定的数据安全保护责任和业务涉及数据活动的全流程，数据伴随着业务和应用，在不同载体间流动和留存，贯穿信息化和业务系统的各层面、各环节，这对数据安全防护提出了更高的要求。

可以预见，这将是一个复杂的系统工程，前提是将安全能力和举措深入到应用和业务中，与系统、应用和业务的每个层级全面覆盖和深度结合，才能建成体系，实现数据行级别、列级别、单元级别的精准防护。

加快创新，加大投入，加速发展

数据安全作为数据要素的基础和保障，涉及国家经济社会发展的全领域、全过程，《数据安全法》的出台，将成为继《网络安全法》实施后，网络安全行业的又一个里程碑，势必驱动政府、机构和企业增加在数据安全领域的投资，用以完善安全防护体系，从而推动网络安全行业在数据安全领域的技术、产品加快创新和产业创新发展。

▣ 网络安全等级保护制度进入 2.0 时代

2019 年 12 月 1 日，我国开始实施《信息安全技术网络安全等级保护基本要求》，正式开启了等保 2.0 的时代。

等保 2.0 不是凭空出现的，是在网络空间与现实空间持续交织融合、网络威胁不断演变的安全形势下逐渐调整、优化、完善形成的。等保 2.0 既总结保留了等保 1.0 时代的实践经验，又最大程度吸收大数据分析、云计算、可视化等领域最新技术成果优势，从而更好地保护网络空间安全。

等保 2.0 实现了对传统信息系统、基础信息网络、云计算、大数据、物联网、移动互联网和工业控制信息系统等级保护对象的全覆盖。也就是说，使用新技术的信息系统需要同时满足"通用要求 + 安全扩展"的要求。新的版本不再分 5 个单独标准发布，而是整合到一个标准中，用序号标识各扩展要求部分。

等保 2.0 充分体现了"一个中心，三重防御"的思想。一个中心指"安全管理中心"，三重防御指"安全计算环境、安全区域边界、安全网络通信"，同时等保 2.0 强化可信计算安全技术要求的使用。

等保 2.0 的核心变化是从被动防御转变为主动防御，从静态防护变为动态防护，从单点防护变为整体防控，从粗放防护变为精准防护。完善的网络安全分析能力、未知威胁的检测能力将成为等保 2.0 的关键需求。对企业而言，部署安全设备但不知道是否真的安全、不知道发生什么安全问题、不知道如何处置安全的"安全三不知"将成为历史。

如果说《网络安全法》是维护国家网络安全和网络空间国家主权的重要制度保障，那么等保 2.0 是对除传统信息系统之外的新型网络系统安全防护能力提升的有效补充，是贯彻落实《中华人民共和国网络安全法》、实现国家网络安全战略目标的基础。

第三节 建立现代政企网络安全防护体系

在网络安全等级保护不断升级、网络安全制度不断完善的前提下，我们的目标应该是搭建一个现代政企网络安全防护体系。

过去，传统的政府部门、企业的安全防御体系特点是：单点防御，各自为战。它们分别从不同的厂商采购各种各样的安全产品或服务，尽管表面上"设施齐全"，但实际上不同的安全产品之间却独立运行，无法全面地把控自身网络安全问题，对于自身安全状况也处于一种完全不自知的状态。同时还普遍存在"重防御、轻响应"的问题，一旦发生安全事件往往无所适从，从而产生了很多不必要的损失。

通过前九章对漏洞的论述，我们已经知道，任何安全体系都不是无懈可击、完美无瑕的。我们要做的是基于漏洞的特征，把握漏洞的规律，搭建一个更科学、更具有规避风险能力的防护体系。

▣ 树立正确的现代网络安全观

据我观察，阻碍政府部门、企业建立现代网络安全防御体系的首要障碍，既不是成本问题，也不是技术问题，而是观念问题。这是一个很有趣的现象，很多政府部门、企业的网络运营与管理者抱有错误的、过时的网络安全观。这主要表现在以下几个方面。

安全管理以免责为目标

以等保标准的实践为例，很多政府部门、企业管理者认为，只要达到了国家制定的信息安全等级保护制度要求的标准，政府部门、企业就已经实现了安全达标，如果再发生安全事件，不论事件造成多么大的损失，政府部门、企业自身都没有任何责任。

这种免责观念导致很多政府部门、企业只是为了达到等保要求而被动地采购标准指定的网络安全设备或系统，不仅对新兴安全技术与方法不闻不问，也不能正确、有效地使用已经采购的网络安全设备或系统。最后，很多政府部门、企业采购的安全产品几乎都变成了无用的摆设，而这种情况实际上违背了等保制度设计的初衷。

害怕暴露问题，存在侥幸心理

很多政府部门、企业害怕安全人员对其网络系统进行安全检测，更害怕第三方报告其网络系统存在的安全漏洞。他们认为，被报告有问题就说明自己的工作没做好。这就好像一个人害怕体检一样，但不体检不等于身体就没有生病。这种错误的观念使很多政府部门、企业错过了最佳的"诊疗时机"，大量安全隐患长期存在，最后变成"要么不出事，要么出大事"。

关心自身损失，忽略社会责任

根据补天平台的统计，在已经被通告其系统存在安全漏洞的情况下，中国网站的平均漏洞修复率也仅为 42.9%，半数以上的政府部门、企业对自己的安全漏洞不闻不问。造成这种情况的一个重要原因就是，这些漏洞可能不会给网站自身带来直接的经济损失。比如，网站用户信息被泄露，用户可能因此面临网络诈骗等各种高危风险，但网站自身却可能没有任何直接经济损失，因此它们就对报告的漏洞睁一只眼闭一只眼。

但是，《网络安全法》给这种错误的观念敲响了警钟。其中第六十条规定，"对其产品、服务存在的安全缺陷、漏洞等风险未立即采取补救措施，或者未按照规定及时告知用户并向有关主管部门报告的，政府部门、企业将有可能面临五万元以上五十万元以下罚款，直接负责的主管人员将可能面临一万元以上十万元以下罚款"。

缺乏动态防御与应急响应意识

时至今日，仍然有相当多的政府部门、企业管理者认为，所谓政府部门、企业安全就是给政府部门、企业的每台电脑装上杀毒软件，给政府部门、企业网络边界安装一套防火墙。这些管理者完全没有运营监控和动态防御的意识。但实际上，现代网络安全实践已经证明，任何静态部署的防御系统都不可能有效地防御现代网络攻击。

此外，传统安全观主要立足于防护，尽可能地避免安全事件的发生，而不太重视应急响应机制的建设。然而，新型的安全观认为，"防不住是一定的"，应当立足于一定防不住的假设来设计自己的防御、监控和运营系统。

综上所述，现代大中型政府部门、企业在网络安全管理方面需要树立这样的正确安全观：注重实际效果，主动查找问题，坚持动态监控，做好数据运维，完善应急响应，兼顾社会责任。

▣ 建立数据驱动的内生安全体系

在本书中，我从多个角度论述了传统的安全防御体系已经过时了。新型防御体系需要以数据驱动为核心，建立内生安全体系，将安全能力内置在信息化系统当中，从而真正保证业务安全。

关于如何建立内生安全体系，本书的第九章有详细展开，在此我不再赘述。

建立有效的网络安全应急响应体系

网络安全应急响应体系建设的不足，是现代政府部门、企业网络安全建设的主要缺陷之一。这主要是源于人们对"防不住是一定的"这一客观事实的认识不足。

政府部门、企业的网络安全应急响应体系建设是一个系统工程。在网络安全应急响应体系中，最核心的部分是网络安全应急响应小组，这一小组是应急响应处置的核心协调机构，其上还设有应急响应领导小组。

应急响应小组在处置网络安全应急事件过程中，需要进行大量的内外协调工作。其中，内部协调需要分别调动指挥与事件相关的业务线人员以及专门负责技术维护的 IT 技术支持人员。而外部协调的对象则主要包括政府机构、业务关联方、相关供应商及专业安全服务商等。

数字时代，现代政府部门、企业是否能够建立一套技能专业、反应迅速、领导有力的网络安全应急响应体系，是其网络安全综合管理水平的重要体现。

专业的安全服务是保障安全的关键

需要特别指出的是，即便政府部门和企业采购了世界上最先进的全套网络安全产品，并且建立了完善的网络安全应急响应体系，也未必能胜任政府部门、企业的网络安全日常运维与管理工作。因为这些政府部门、企业在采购安全产品时，很可能忽略了一项最具商业价值的内容——"安全服务"。

在国内政府部门、企业的安全采购过程中，他们往往能够接受为软硬件安全产品买单，却普遍不愿意为安全服务买单。甚至很多政府部门、企业认为，安全服务本应该就是安全产品的售后服务，应该是无偿的。

但无论是从运营成本还是商业价值来看，安全服务都要比安全产品高得多。这就好比是再豪华的汽车，如果没有司机开也不过是废铁一堆。由于安全人才全球性的极度短缺，在网络安全领域，好的司机比好的汽车难找得多，这也就使得安全服务的成本事实上要远大于安全产品的研发成本。对于政府部门、企业安全服务商来说，安全服务的质量和水平才是服务商实力差距和价值高低的根本体现。

所以，政府部门、企业在选择安全服务商时，不应该只看中其产品的功能和报价，而更应该把关注的焦点放在服务商专家队伍技能水平和服务水平上。选择一支优秀的安全服务队伍，才是保障政府部门、企业网络安全的关键。

反之，如果政府部门、企业在安全采购过程中轻视安全服务，则必然导致安全服务质量的大幅下降，同时企业采购的各类安全产品的使用价值也将大打折扣。

"天之道，损有余而补不足。"书写至此，关于漏洞的故事即将在我的笔下结束。但在现实中，对抗漏洞的战争必将是一场持久战，如果你要问时限，我的回答是：只要存在网络，漏洞便会永无止境；只要网络与物理世界的边界愈发消亡，这场战役就永远不会停歇。

"孰能有余以奉天下"。在这场关乎我们生存和安危的战争中，需要你、我、他每一个社会主体都能够积极参与保护国家网络安全，共同应对一项项挑战与危机。唯有如此，我们才能终将胜利。我将带领奇安信集团，坚持初心，继续深耕，为保卫国家网络安全而奋斗，为维护人民群众利益而努力。

参考文献
Reference

1. 台积电三大生产基地遭病毒入侵致全线停摆，影响营收约 17 亿 . 搜狐网 .2018-08-06
   https://www.sohu.com/a/245496228_100229262
2. 网战"硝烟"印度核电站遭网络攻击，人类面临新核风险 . 澎湃新闻 .2019-11-30
   https://www.thepaper.cn/newsDetail_forward_5106661
3. 委内瑞拉国家电网干线遭攻击 全国大面积停电 . 人民网 .2020-05-06
   https://baijiahao.baidu.com/s?id=1665919341972623335&wfr=spider&for=pc
4. 美佛州发现一黑客试图在供水系统中"放毒"：将腐蚀性物质浓度提高 100 倍 . 新京报 .
   2021-02-09
   https://baijiahao.baidu.com/s?id=1691199261291437225&wfr=spider&for=pc
5. 《2020 年工业信息安全漏洞态势年度简报》. 国家工业信息安全漏洞库 .2021-01-19
6. 揭秘！"网络黑客"是如何攻击美国输油管道的？. 京报网 .2021-05-14
   https://baijiahao.baidu.com/s?id=1699736984485770515&wfr=spider&for=pc
7. 赔本买卖还是另有隐情 一场针对美国顶级安全公司的 APT 攻击 . 安全内参 .2020-12-09
   https://www.secrss.com/articles/27743
8. BlueLeaks 文件泄露 200 个美国警察局数据 . 安全牛 .2020-06-23
   https://www.aqniu.com/news-views/68162.html
9. 650 万名以色列公民数据在网络泄露 .cnBeta.2020-03-25
   https://baijiahao.baidu.com/s?id=1695178938650579818&wfr=spider&for=pc
10. 剑桥分析前员工再爆料：利用 Facebook 用户时尚偏好判断政治倾向 . 前瞻网 .
    2018-11-30
    https://baijiahao.baidu.com/s?id=1618539789350441805&wfr=spider&for=pc
11. FBI 突然重启"邮件门"调查，希拉里或遭遇"十月惊奇". 搜狐网 .2016-10-29
    https://www.sohu.com/a/117600657_411853
12. 宏碁遭遇黑客攻击，被勒索 5000 万美金 . 腾讯网 .2021-03-21
    https://new.qq.com/omn/20210321/20210321A09WC300.html

13. 起亚汽车遭遇勒索软件攻击，赎金高达 2000 万美元 . 安全内参 .2021-02-18
    https://www.secrss.com/articles/29313

14. 17 岁男子创造"比特币世纪骗局"，盗取比尔盖茨、奥巴马帐号 . 防骗大数据 .2020-08-04
    https://baijiahao.baidu.com/s?id=1674057608234942783&wfr=spider&for=pc

15. 俄罗斯黑客亲临美国，重金诱惑特斯拉员工植入恶意软件 . 腾讯网 .2020-08-28
    https://new.qq.com/omn/20200828/20200828A0S4Z700.html

16. 香港一电信技术员利用公司系统"起底"警员 4 项罪名成立 . 红网时刻 .2020-10-09
    http://moment.rednet.cn/pc/content/2020/10/09/8474238.html

17. 拨开年度最严重 APT 攻击疑云: 200 家机构受害、数百人集团作战 . 虎符智库 .2020-12-16.
    https://www.secrss.com/articles/27966

18. 航旅业"大地震": SITA 被黑 . 安全牛 .2021-03-08
    https://www.sohu.com/a/454656940_490113

19. 2020 年勒索软件攻击增长 150%，平均赎金提高至 2 倍 . 互联网安全研究院 .2021-03-11
    https://blog.csdn.net/cc18629609212/article/details/114652280

20. Unit 42 勒索软件威胁报告: 2020 年勒索软件的平均赎金增加近两倍达 31 万
    2493 美元 . 新浪科技 .2021-03-18
    http://finance.sina.com.cn/tech/2021-03-18/doc-ikknscsi7924890.shtml

21. 遭黑客攻击，爱尔兰医疗机构电脑系统紧急关闭 . 中国青年网 .2021-05-19
    https://baijiahao.baidu.com/s?id=1699796720419243685&wfr=spider&for=pc

22. 苏格兰环保局遭勒索袭击，瘫痪数月才能恢复 . 互联网安全内参 .2021-01-08
    https://www.secrss.com/articles/28749

23. 《2020 年度漏洞态势观察报告》. 奇安信安全监测与响应中心 .2021-02-01
    https://www.qianxin.com/threat/reportdetail?report_id=116

24. 起因 222 个摄像头，特斯拉工厂教会 IoT 行业的事 .Zaker.2021-03-10
    http://www.myzaker.com/article/604ab73bb15ec0171053299a/

25. GE 医疗集团的患者监护设备中发现安全漏洞 . 关键基础设施安全应急响应中心 .
    2020-02-25
    https://www.secrss.com/articles/17363

26. FDA: 使用 IPnet 组件的医疗设备存在大量严重漏洞 . 红数位 .2019-10-03
    https://www.secrss.com/articles/14104

27. 2020 年区块链黑客攻击致 38 亿美元被盗 . 搜狐网 .2021-01-18
    https://www.sohu.com/a/445274900_366844

28. "净网 2020" 打击网络黑产犯罪集群战役十大典型案例 . 甘肃网警 .2021-01-15
https://baijiahao.baidu.com/s?id=1688962723183653064&wfr=spider&for=pc

29. 2020 年破获电信网络诈骗案 32.2 万起 870 万名群众受劝阻免于被骗 . 央视网 .2021-04-29
https://news.cctv.com/2021/04/29/ARTILm7NZ8YHR2NG7zbaORtj210429.shtml

30. 曝腾讯员工参与跨境赌博 输掉近 500 万自杀被救 . 搜狐网 .2021-03-30
https://www.sohu.com/a/458073593_258858

31. 十大典型案例提醒 谨防网络电信诈骗 . 澎湃新闻 .2021-04-08
https://www.thepaper.cn/newsDetail_forward_12092601

32. 诈骗类型复杂化 手法精准化 地域跨境化 新形势下网络电信诈骗治理如何开展 .
新华网 .2020-12-22
http://www.xinhuanet.com/info/2020-12/22/c_139609375.htm

33. "公安 2020 成绩单" 2020 年公安机关立案侦办非法集资犯罪案件 6800 余起 .
公安部 .2021-01-08
https://baijiahao.baidu.com/s?id=1688284667078699632&wfr=spider&for=pc

34. ST 冠福实控人卷入华夏信财案 律师称其可能需承担退赔责任 . 新浪财经 .2020-05-14
https://baijiahao.baidu.com/s?id=1666669418666795447&wfr=spider&for=pc

35. 涉案几百亿的 "Plus Token" 特大虚拟币传销案从开始到崩盘的始末 . 搜狐网 .2020-09-05
https://www.sohu.com/a/416554399_120174693

36. 我直呼好家伙！30 人贩卖 6 亿个人信息获利 800 万，受害者遍布全国数十个省市 .
雷锋网 .2021-01
https://www.leiphone.com/category/gbsecurity/zQd7NphaySXXdHH7.html

37. 《2019 年中国互联网网络安全报告》. 中国网信网 .2020-08-11
http://www.cac.gov.cn/

38. 拍案丨 "黑钱"、比特币、"洗白" . 中国青年网 .2021-04-09
https://baijiahao.baidu.com/s?id=1696558764378708853&wfr=spider&for=pc

39. 辽宁本溪破获一起 500 亿元 "跑分平台" 案 切莫图小利沦为洗钱犯罪帮凶 .
中国青年网 .2021-05-17
https://baijiahao.baidu.com/s?id=1699999933726109811&wfr=spider&for=pc

40. 全球最大网络黑市 DarkMarket 遭欧洲多国警方拿下 . 腾讯网 .2021-01-13
https://new.qq.com/omn/20210113/20210113A08CZ800.html

41. 暗网卖口罩，推特卖厕纸，疫情下的海外黑灰产 . 搜狐网 .2020-04-08
https://www.sohu.com/a/386425461_354899

42. 暗网黑市上的新冠淘金热：卖疫苗，也卖感染者血液 . 腾讯网 .2021-01-05
https://new.qq.com/rain/a/20210105a039gg00

43. MyKings Botnet 近期活动跟踪：挖矿能力加持 . 安全内参 .2021-01-18
https://www.secrss.com/articles/28744

44. 欧洲多台超级计算机遭到黑客攻击，沦为挖矿肉鸡 . 搜狐网 .2020-05-20
https://www.sohu.com/a/396536558_750628

45. 特朗普竞选网站遭篡改：称"总统每天散布假消息". 安全内参 .2020-10-28
https://www.secrss.com/articles/26577

46. 数千个以色列网站遭重大网络攻击 显示大量反以色列信息！ .E 安全 .2020-05-20
https://t.cj.sina.com.cn/articles/view/6843636559/197e99b4f00100o146?
from=tech&subch=otech

47. 第 47 次《中国互联网络发展状况统计报告》. 中国网信网 .2021-02-03
http://www.cac.gov.cn/2021-02/03/c_1613923423079314.htm

48. 黑客"撞库"热门 APP 盗密码赚百万 撞到抖音栽了 . 中国新闻网 .2019-06-21
https://baijiahao.baidu.com/s?id=1636930178877826288&wfr=spider&for=pc

49. 美国疑遭到史上最大规模 DDoS 攻击，全国网络几乎瘫痪！怎样预防 DDoS 攻击？ .
搜狐网 .2020-06-19
https://www.sohu.com/a/402935136_742686

50. 奇安信发布春节期间 DDoS 攻击报告：受害者数量激增近 40%. 奇安信技术研究院 .
2021-02-22

https://research.qianxin.com/archives/974

51. 浙江警方破获"王者荣耀"外挂案 赴 11 省抓获犯罪嫌疑人 . 中国新闻网 .2020-12-30
https://baijiahao.baidu.com/s?id=1687504292851081458&wfr=spider&for=pc

52. 《2020 年全球 DNS 威胁报告》：DNS 攻击平均损失高达 92 万美元 . 安全牛 .
2020-06-12

https://www.aqniu.com/news-views/67982.html

53. DNS 高危漏洞威胁全球数百万物联网设备 . 腾讯网 .2021-04-14
https://xw.qq.com/cmsid/20210414A01Y9V00

54. 无孔不入：德国媒体遭受了全国性勒索软件的攻击 . 腾讯网 .2021-01-14
https://new.qq.com/omn/20210114/20210114A05B0S00.html

55. 美国医疗服务商遭勒索攻击，系统停顿损失数百万美元 . 安全内参 .2021-01-12
https://www.secrss.com/articles/28634

56. REvil 勒索软件黑客: 赎金4200万美元, 否则川普黑料曝光? .超级盾云防御 .2020-05-22
https://baijiahao.baidu.com/s?id=1667355411729059563&wfr=spider&for=pc

57. 2020 工业互联网安全发展与实践分析报告 . 奇安信官网 .2021-01-20
https://www.qianxin.com/threat/reportdetail?report_id=119

58. 转型中的制造业成网络攻击主要受害者 . 一点资讯 .2021-01-08
http://www.yidianzixun.com/article/0SlefGvd

59. 利刃鹰组织: 盘旋于中东西亚网空的针对性攻击组织活动揭露 . 安全内参 . 2020-11-30
https://www.secrss.com/articles/27453

60. 2020 年上半年我国互联网网络安全监测数据分析报告 . 澎湃新闻 .2020-09-28
https://www.thepaper.cn/newsDetail_forward_9388376

61. 2020 年勒索软件攻击增长 150%, 平均赎金提高至 2 倍 .CSDN 技术社区 . 2020-12-19
https://blog.csdn.net/cc18629609212/article/details/114652280

62. 智能驾驶板块 _ 预见 2020: 《2020 年智能汽车产业全景图谱》（附产业政策、市场
规模、竞争格局 .CSDN 技术社区 .2018-06-25
https://blog.csdn.net/weixin_29699579/article/details/112229053

63. 清华大学团队: 人脸识别爆出巨大丑闻, 15分钟解锁19款手机.CSDN技术社区 .2021-02-02
https://blog.csdn.net/weixin_46641057/article/details/113554749

64. 万店掌、悠络客、雅量科技、瑞为等人脸识别企业被央视315点名.新浪财经.2021-03-17
https://baijiahao.baidu.com/s?id=1694308453129832818&wfr=spider&for=pc

65. 德国一家医院因勒索软件攻击导致一名患者被迫转移后死亡 . 搜狐网 . 2020-09-21
https://www.sohu.com/a/419857977_442599

66. 美国连锁医院系统疑遭勒索软件攻击大规模瘫痪, 400 多医院受影响 . 中国青年网 .
2020-09-29
https://baijiahao.baidu.com/s?id=1679162572087131533&wfr=spider&for=pc

67. 上亿用户支付数据泄露, 印度面临严峻网络安全挑战 . 安全内参 .2021-04-12
https://www.secrss.com/articles/30436

68. 汽车在线销售发出警告, 330 余万名北美客户信息遭泄露 . 新浪财经 .2021-06-25
https://finance.sina.com.cn/tech/2021-06-25/doc-ikqcfnca3260053.shtml

69. 青岛啤酒: 获评全球首家啤酒饮料行业工业互联网"灯塔工厂". 搜狐网 . 2021-03-15
https://www.sohu.com/a/455753238_120214181

70. 欧洲能源技术供应商遭勒索攻击, 业务系统被迫关闭 . 安全内参 .2021-05-17
https://www.secrss.com/articles/31248

71. 2020 年度工业网络安全态势 - 专注 ICS 的攻击组织增至 15 个 . 腾讯网 .2021-02-25
    https://new.qq.com/rain/a/20210225A084R900

72. 可穿戴设备厂商佳明向勒索者支付赎金解密其服务 . 安全内参 .2020-07-29
    https://www.secrss.com/articles/24297

73. ITIF：云计算第一阶段的政府和工业行动议程 . 全球技术地图 .2021-06-26
    https://baijiahao.baidu.com/s?id=1703624512589682024&wfr=spider&for=pc

74. 赛迪顾问 2020-2021 中国云计算市场报告：预计到 2023 年中国云计算市场规模将达到
    3670.5 亿元 . 中华网 .2021-06-21
    https://tech.china.com/article/20210621/062021_808549.html

75. 云服务商 Blackbaud 遭勒索软件攻击，已支付赎金 . 安全内参 .2020-07-20
    https://www.secrss.com/articles/24033

76. Booking、Expedia 等公司敏感数据被泄露，涉及全球数百万客户 . 腾讯云 .2020-11-13
    https://cloud.tencent.com/developer/article/1747288

77. 诈骗者利用深度伪造模仿 CEO 声音 借此转账骗走 24.3 万美元 . 搜狐网 .2019-09-05
    https://www.sohu.com/a/338815148_488937

78. 委内瑞拉发生大规模停电 . 新华社 .2019-03-08
    https://baijiahao.baidu.com/s?id=1627415105701390046&wfr=spider&for=pc

79. 特朗普发动网络攻击！美国曾用病毒黑掉伊朗核设施，史上多次网络战揭秘 .
    每日经济新闻 .2019-06-23
    https://baijiahao.baidu.com/s?id=1637127859744741645&wfr=spider&for=pc

80. 伊朗核设施再遭网络攻击，我们能否扛住 "国家级别的网络攻击" ？. 环球时报 .2021-04-14
    https://baijiahao.baidu.com/s?id=1696978654094523156&wfr=spider&for=pc

81. 2020 年全球国防网络空间情况综述（力量建设篇）. 安全内参 .2021-01-22
    https://www.secrss.com/articles/28855

82. 2021 年上半年全球网络空间发展态势综述 . 安全内参 .2021-07
    https://www.secrss.com/articles/32616

83. 美国海军陆战队建立战术网络部队以应对日益增长的威胁 . 搜狐网 .2020-12-24
    https://www.sohu.com/a/440209659_313834

84. 美国太空部队开始组建网络部队 . 安全内参 .2021-02-13
    https://www.secrss.com/articles/29275

85. 美国网络司令部将增加 14 支新的网络任务部队 . 安全内参 .2021-06-16
    https://www.secrss.com/articles/31903

86. 捍卫网络领域安全：英国正式组建第一支国家网络部队 . 网易 .2020-12-13
   https://www.163.com/dy/article/FUGSVH2I0511PT5V.html

87. 德国政治家：第三次世界大战将是网络战 . 参考消息 .2021-05-24
   https://baijiahao.baidu.com/s?id=1700634500669444264&wfr=spider&for=pc

88. 俄罗斯的互联网主权：断网测试成功 . 搜狐网 .2019-12-24
   https://www.sohu.com/a/362581470_804262

89. 日媒：日本自卫队组建网络战部队，"网电"齐发力提升新战力 . 澎湃新闻 .
   2021-03-31
   https://baijiahao.baidu.com/s?id=1695730376982368381&wfr=spider&for=pc

90. 以色列国防军首次以空袭方式成功阻止激进组织哈马斯的网络攻击 . 搜狐网 .2019-05-06
   https://www.sohu.com/a/311987829_99956743

91. 代码战争：全球工业网络安全新战场大揭秘 . 经济网 .2016-04-25
   http://www.ceweekly.cn/2016/0425/148820.shtml

92. 美国国防部漏洞赏金计划扩展试点 . 腾讯网 .2021-05-08
   https://new.qq.com/omn/20210508/20210508A01MEC00.html

93. 美国国防部举行黑客大比武 寻找五角大楼网站漏洞 . 中华网 .2016-06-09
   https://news.china.com/international/1000/20160619/22898706.html

94. 世界上最著名也最危险的 APT 恶意软件清单 . 搜狐网 .2019-07-20
   https://www.sohu.com/a/328104505_354899

95. 美国家安全局警告：俄罗斯黑客正利用 Exim 漏洞攻击美国机构 . 安全内参 .2020-05-30
   https://www.secrss.com/articles/19892

96. 黑客组织 Pawn Strom 发动"零日"漏洞攻击：或牵涉俄罗斯政府 .IT 之家 .2015-07-14
   https://www.ithome.com/html/it/162583.htm

97. 美国防部 2022 预算：美军网络空间作战能力发展五大变化 . 安全内参 .2021-06-25
   https://www.secrss.com/articles/32148

98. 零信任安全市场迎来爆发式增长 . 新华社客户端 .2019-10-31
   https://baijiahao.baidu.com/s?id=1648870130821488193&wfr=spider&for=pc

99. 沈昌祥：可信计算已成为国家网络空间主权的核心技术 . 新浪财经 .2017-12-08
   http://finance.sina.com.cn/money/bank/bank_hydt/2017-12-08/doc-ifyppemf5827364.shtml

100.《中华人民共和国网络安全法》. 中国人大网 .2016-11-07
   http://www.npc.gov.cn/npc/xinwen/2016-11-07/content_2001605.htm

101. 国家互联网信息办公室关于《关键信息基础设施安全保护条例（征求意见稿）》公开征求意见的通知 . 中国网信网 .2017-07-11
http://www.cac.gov.cn/2017-07/11/c_1121294220.htm

102. 公安部关于《网络安全等级保护条例（征求意见稿）》公开征求意见的公告 . 中国公安部网站 .2018-06-27
http://www.mps.gov.cn/n2254536/n4904355/c6159136/content.html

103. 国务院关于印发"十三五"国家信息化规划的通知 . 中国政府网 .2016-12-27
http://www.gov.cn/zhengce/content/2016-12/27/content_5153411.htm

104. 《国家网络空间安全战略》全文 . 中国网信网 .2016-12-27
http://www.cac.gov.cn/2016-12/27/c_1120195926.htm

105. 国家互联网信息办公室关于《未成年人网络保护条例（草案征求意见稿）》公开征求意见的通知 . 中国网信网 .2016-09-30
http://www.cac.gov.cn/2016-09/30/c_1119656665.htm

106. 《中华人民共和国数据安全法》. 新华网 .2021-06-11
http://www.xinhuanet.com/2021-06/11/c_1127552204.htm

107. 个人信息保护法草案进入二审 强化互联网平台个人信息保护义务 . 中国人大网 .2021-04-27
http://www.npc.gov.cn/npc/c30834/202104/2941c951e03e4945a8d85958b2fa40fa.shtml

108. 《三部门关于印发网络产品安全漏洞管理规定的通知》. 中国工业和信息化部网站 .2021-07-13
https://www.miit.gov.cn/zwgk/zcwj/wjfb/zh/art/2021/art_0ee692709b76445e9237eb2ba908c5bb.html